"十三五"江苏省高等学校重点教材

编号：2018-2-011

段志贵 编著

# 数学解题研究

## ——数学方法论的视角

U0228506

清华大学出版社

北京

## 内 容 简 介

本书以数学方法论为基础，注重数学方法对解题的理论指导；以具体问题的解决为抓手，突出数学方法的引领作用；以解决问题的策略取向为线索，层层深入，旨在打开一扇通往成功解题的大门．

全书共九章，第一、二章提出数学解题首先要多途径观察，然后考虑化归；第三章介绍类比法，以探寻熟悉的解题模式或方法；第四章基于解题直觉探索解题思路的获取；第五、六章阐明构造是实现数学问题解决的一个捷径，建模是构造法解题的升级；第七章另辟蹊径，研究审美法对解题的意义；第八章探讨解决较复杂问题需要运用的变通策略与途径；第九章指明反思是数学解题不可或缺的一个环节，解题任务完成后要剖析错误、总结方法、比较鉴别及拓展延伸．

本书可供高等师范院校教育硕士学科教学（数学）方向专业学位研究生、全日制数学与应用数学专业本科生和小学教育（理科）专业本科生作为数学解题研究课程教材使用，也适用于中小学数学教师、教研员及初等数学爱好者阅读．

**图书在版编目（CIP）数据**

数学解题研究：数学方法论的视角/段志贵编著.—北京：清华大学出版社，2018（2025.1 重印）
ISBN 978-7-302-51153-3

Ⅰ．①数…　Ⅱ．①段…　Ⅲ．①数学方法—研究　Ⅳ．①O1-0

中国版本图书馆 CIP 数据核字（2018）第 203257 号

**责任编辑：**吴梦佳
**封面设计：**常雪影
**责任校对：**袁　芳
**责任印制：**丛怀宇

**出版发行：**清华大学出版社
　　　　　**网　　址：**https://www.tup.com.cn，https://www.wqxuetang.com
　　　　　**地　　址：**北京清华大学学研大厦 A 座　　　　　**邮　　编：**100084
　　　　　**社总机：**010-83470000　　　　　　　　　　　　**邮　　购：**010-62786544
　　　　　**投稿与读者服务：**010-62776969，c-service@tup.tsinghua.edu.cn
　　　　　**质 量 反 馈：**010-62772015，zhiliang@tup.tsinghua.edu.cn
　　　　　**课 件 下 载：**https://www.tup.com.cn，010-83470410
**印　装　者：**三河市龙大印装有限公司
**经　　销：**全国新华书店
**开　　本：**185mm×260mm　　　　**印　张：**14.25　　　**字　　数：**334 千字
**版　　次：**2018 年 12 月第 1 版　　　　　　　　　　　　**印　　次：**2025 年 1 月第 9 次印刷
**定　　价：**45.00 元

产品编号：072846-01

# 前　言

美籍匈牙利数学教育家乔治·波利亚曾经说过："掌握数学意味着善于解题."而能够做到善于解题,非一朝一夕所能达到,它需要长期的解题训练,这一训练需要厚实的数学知识作保证,更需要融合科学的方法去引领.许多人的解题能力不强,缺的不是知识,缺的是方法与策略,是能够灵活运用的数学方法和驾轻就熟的解题策略.相比方法而言,策略更宏观,本质上来说,策略就是若干方法集合在一起的行动方案.因此,从方法论的角度去探索数学解题的奥妙具有十分重要的现实意义和指导价值.

所谓解题,本质上来说就是把数学的一般原理运用于习题的条件或条件的推论而进行的一系列推理,直到求出习题解答为止的过程.这一过程蕴藏着比较复杂的思维活动,虽然有时比较艰辛,甚至有时苦思冥想也难得其法,然而不可否认,解题还是有一定规律可循的.

多年来,国内外许多专家、学者在解题研究上颇有建树.乔治·波利亚的名著《怎样解题》《数学与猜想》《数学的发现》,以及他的程序化的解题系统、启发式的过程分析、开放型的念头、诱发探索性的问题转换等观点,在国内外数学教育界广为传播.美国心理学家奥苏伯尔等人提出了四阶段解题模式,即呈现问题情境、明确问题的目标和已知条件、填补空隙(解题的核心)、检验,这一模式不仅描述了解题的一般过程,而且指出了原有认知结构中各种成分在问题解决过程中的不同作用,为培养解题能力指明了方向.苏联数学教育家 A.M.弗里德曼、A.B.瓦西列夫斯基,美国数学教育家 W.A.威克尔格伦、L.C.拉松等也在解题研究上发表了一系列论文,出版了相关专著,提出了他们在解题研究上的理论,都很有创意.

国内致力于解题研究的学者比较多,这与我国基础教育,特别是中小学数学教育的大环境有着密切的关联.多年来,我国基础教育阶段数学教学成就不凡,为国际数学教育界同人广泛关注.在解题研究领域比较出色的有南京师范大学单墫教授、陕西师范大学罗增儒教授、浙江教育学院戴再平教授等,他们的著作各有侧重.相比国外学者,国内学者运用数学方法论讨论数学解题的研究比较多,这应当与大连理工大学徐利治教授的贡献有关.在数学方法论上的理论建构奠定了徐教授在国内数学与数学教育界享有特定的地位.走在解题研究前沿的还有南京师范大学喻平教授及其研究团队,他们结合心理学研究成果建构了解题认知模式与解题教学理论.所有这些研究反映出数学解题研究持续成为国内外数学教育界的研究热点,并一直向前不断延伸.

本书是站在巨人肩上的学习体会之作,系编著者多年执教高师数学与应用数学(师范类)专业"数学解题研究"和"数学方法论"课程的教学实践总结之作.从开始的理论借鉴、典型例题收集整理、归类提取到后期的结构化、系统化凝练,多年来编著者从未间断过在数学解题研究上的理论与实践探索.本书虽未达尽善尽美,但却是真正的心血之作.本书的理论与实践观点主要体现在以下三个方面.

(1)学会思考:从数学方法论的视角认识解题.

解题就是"解决问题",即求出数学题的答案,这个答案在数学上也叫作"解",所以,数学解题就是找出数学问题解的活动过程.小至一个学生算出作业的答案、一个教师讲清定理的证明,大至一个数学课题得出肯定或否定的结论、一项数学理论应用于实际构建出适当的模型等,都叫解题.数学家的解题是一个创造和发现的过程,教学中的解题更多的是一个再创造或再发现的过程.本书所说的解题专指教学中的解题,本书所指向的解题研究就是通过典型数学问题的分析讲解,引领解题者学会数学家的"数学的思维",学会从数学方法论的视角认识、理解和掌握解题规律,发展解题思维,提高解题能力.

(2)揭示规律:确立数学解题研究的目标指向.

正如书名所说,本书是从数学方法论的视角研究数学解题.本书没有选用繁难的或是蕴藏特别技巧的竞赛题,而是选用基本的常见的数学问题,主要是高考题,也有部分中考题作为分析例题.本书的重点不在于系统的理论建构,而在于从数学方法论的视角把握数学解题规律,多维度引领解题方向,促进解题者的思维发展及分析、解决问题能力的提高.每一章节介绍的数学方法都能直奔"靶心",揭示数学解题的内在规律,努力把着力点放在问题的剖析与方法的探究上,放在有效地运用数学方法有目的、有计划地攻克问题、突破难点上.

(3)择法引领:科学地设计数学解题研究思路.

本书以数学方法论作为基础,注重数学方法对数学解题的理论指导;以具体问题的解决为抓手,突出数学方法的引领作用.在具体框架结构上,以解决问题的策略取向为线索展开论述.

具体地说,面对一个问题,首先要多途径观察,然后考虑化归,把待求问题转化为已解决的或较容易解决的问题;感觉不甚明了的问题可以考虑运用类比法,探寻熟悉的解题模式或方法以降低问题难度;解题中的直觉因素是必须关注的,它可能会在难题求解过程中发挥重要作用;构造是实现数学问题解决的一个捷径,但不是每一个问题的解决都需要构造;建模是对构造法解题的升级,建模法解题涵盖的内容更为丰富,解决问题的面更为宽广;审美法对于解题来说,是另辟蹊径,是寻找解题方法的一个重要补充;对于费时费力的疑难问题,要想办法进行多途径变通;最后是解题反思,提出反思是数学解题中不可或缺的环节,解题任务完成后要分析解题过程、剖析错误、总结方法、比较鉴别及拓展延伸等,促进思维发展,提高解题能力.因此,基于数学方法论的视角,拟定数学解题的策略路线图如下页图所示.

需要强调的是,这些解题策略与方法彼此间不是孤立的.观察伴随在解题过程中,化归也一直主导着解题全过程.类比可促成化归,常常源于观察而发生,因直觉而显现.构造是一种高级思维模式,需要综合运用类比或化归.建模类似于构造,同样依赖于对问题的观察与审美,依赖于化归思想,依赖于类比、直觉等方法.审美的产生,看似直觉,实质上与细致入微的观察有着紧密的关联,审美意识经常促成类比、构造、建模等解题方法的形成,也为解题化归的实现奠定基础.变通的前提是对问题有比较深刻的观察与理解,它是融直觉、审美、类比

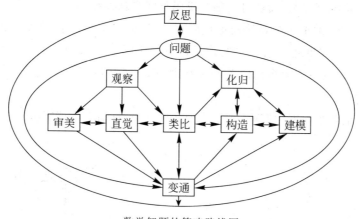

数学解题的策略路线图

等思想方法于一体的结果,反过来又指向合适的类比、创造性的构造与建模以及巧妙的化归.而解决问题不是最终的目的,对解题策略以及解题过程的深入反思,能够指导我们进一步学会观察,更深刻地理解和掌握化归、类比、构造、变通等解题策略与方法,更有效地发展数学思维,提高解题能力.

本书共分九章,内容分别如下.

第一章　观察:解题的起点,主要从观察的一般方法、数与式的观察、图形的观察、条件与结论的观察及问题结构的观察入手,阐述数学解题观察的重要意义及观察法解题的基本路径.

第二章　化归:解题的方向,通过对化归法解题模式的具体论述,结合实例,着重讨论特殊化、一般化、分解与组合、映射与反演等化归策略在数学解题中的具体应用.

第三章　类比:解题的抓手,从类比的意义和分类入手,详细介绍问题解决过程中的题型结构类比、方法技巧类比、空间与平面类比、抽象与具体类比及跨学科类比等.

第四章　直觉:解题的精灵,从直觉解题的心理机制,解题直觉的呈现、捕获及运用等方面,具体讨论直觉在解题中的作用.

第五章　构造:解题的突破,从揭示构造法的本质特征入手,深入研剖挖掘问题背景、借用数形结合、透析结构相似及运用等效转换等途径进行构造的具体策略.

第六章　建模:解题的支架,基于数学建模的基本内涵,具体阐述从实际问题中抽象出数学模型的基本方法,并就初等数学解题常见、常用数学模型的类型及其多维建构作了较详细的解析.

第七章　审美:解题的意愿,从数学解题中的审美意蕴出发,介绍对称美、简洁美、和谐美、奇异美及数学文化等在数学解题中的具体应用.

第八章　变通:解题的调适,结合具体问题,概述数学解题中的变通思维方法及追本溯源、变换主元、有效增设、正难则反四个变通策略.

第九章　反思:解题的延伸,着重阐明解题后有待反思的基本路径,主要包括寻求问题的多种解法、解题错误的类型与归因、"形"与"质"的比较与分析及问题的拓展与延伸等.

　　本书各章末均配有习题,读者可扫描二维码查阅习题答案.

　　本书系"十三五"江苏省高等学校重点教材,江苏高校品牌专业建设工程资助项目(编号:PPZY2015C211)成果之一.在本书写作过程中,参阅了许多文献资料,并得到了众多数学教育界前辈、同仁以及我的学生们的关心和帮助,得到了盐城师范学院领导的大力支持,在此一并表示感谢!

　　由于编著者的水平与能力有限,不足之处在所难免,恳请广大读者批评、指正.

2018 年 9 月于江苏盐城

# 目　　录

观察可能导致发现.观察将揭示某种规律、模式或定律.

——[美]乔治·波利亚(1887—1985)

对微小事物的仔细观察,就是事业、艺术、科学及生命各方面的成功秘诀.

——[英]史迈尔(1812—1904)

# 第一章　观察:解题的起点

从信息加工的角度来看,数学活动中的观察是有目的、有选择地对各种数学材料进行概括的知觉过程,其成果就是发现数学材料的外部特征和整体特征.通过观察,把外部事物的各种信息反映到人的大脑里.但这绝不是一种机械的条件反射,伴随着观察同时会发生一系列的心理活动,如注意、感知、记忆、想象等,而且其中一定还存在着积极的思维活动.

观察本身不是一种独立解题的思维方法,但它是产生数学思想方法的基础.高质量的观察能迅速、合理地引发好的解题思路.因此,观察作为解题的第一步显得特别重要,绝不能将它与数学解题的思维分割开.

## 第一节　观察的一般方法

所谓解题中的观察,本质上就是审题,它不同于单纯地用眼去看,而是有目的、有步骤、有方法地对数学题目进行剖析.它要求观察者通过观察了解题目的条件是什么(特别不能遗漏隐蔽条件和特殊情况)、问题的结论是什么(或者要求是什么)以及题目中有无图形.如果有图形,还要对照观察图形中各元素(如边、角、面积等),最好能将各相应量标在图形上.在此基础上,发现并获取必要的信息.当观察的信息比较熟悉,与自己掌握的解题模式很接近,与自己的认知结构相合拍,那么就能立即进入试探过程,大部分这类问题便可很快获解.

在数学学习与研究中,观察起着十分重要的作用.欧拉指出:"数学这门科学需要观察,还需要实验."在观察探索时,可行且有效的步骤是:

整体⇌局部⇌特殊

从一般到特殊,从全局到细节的反复观察,有利于发现新的信息.有些问题,如能根据题中所提供的信息不断地改变观察角度,往往能越过"思维障碍",突破解题难关,获得"柳暗花明又一村"的效果.

## 一、整体观察

解题障碍形成的一个主要原因是忽视对问题整体的观察,从而无法下手.任何一个事物,都存在整体与局部的关系.在进行数学观察时,观察整体的同时,还必须观察其局部的特点.从整体中看局部,从局部中把握整体,只有这两个层面都考虑周到,才能真正抓住问题的关键,看出被观察题目的特点.

**例 1.1** 设等差数列 $\{a_n\}$ 的前 $n$ 项和为 $S_n$,$a_1 > 0$,$S_{12} > 0$,$S_{13} < 0$,问:数列中前几项的和最大?

**分析** 在等差数列中求前几项的和最大,一定是首项大于零,公差小于零的数列,所以解题的关键是寻找等差数列的正负分界点,即 $a_k \geqslant 0$ 且 $a_{k+1} \leqslant 0$ 的 $k$ 的值.因此,一般的思路是用首项 $a_1$ 和公差 $d$ 表示 $a_k$ 和 $a_{k+1}$,而在此题中要做到这一点还比较困难.我们仔细观察题目所给的条件,对 $S_{12} > 0$ 和 $S_{13} < 0$ 作整体处理.利用等差数列的求和公式和性质可得:$\dfrac{12(a_1 + a_{12})}{2} > 0$,$\dfrac{13(a_1 + a_{13})}{2} < 0$,所以 $a_6 + a_7 > 0$,$2a_7 < 0$,因此有 $a_6 > 0$,$a_7 < 0$.所以数列的前 6 项的和最大.

**例 1.2** 如图 1.1 所示,在 $\triangle ABC$ 中,$AB = AC = 2$,$BC$ 边上有 100 个不同的点 $P_1, P_2, \cdots, P_{100}$,记 $m_i = AP_i^2 + BP_i \cdot CP_i$($i = 1, 2, \cdots, 100$).求 $m_1 + m_2 + \cdots + m_{100}$ 的值.

**分析** 从整体来看,求式 $m_1 + m_2 + \cdots + m_{100}$ 的项数多,可猜想各项间必有规律.为发现这一规律,我们从观察特殊点入手.

抓住关键词"100 个不同点",考虑 $P_i$ 恰取 $B$ 或 $C$ 时,易知有

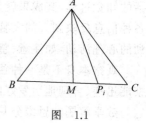

图　1.1

$$AB^2 = AC^2 = 4.$$

再看一特例:取 $BC$ 中点 $M$,有

$$AM^2 + BM \cdot CM = AB^2 - BM^2 + BM \cdot CM = AB^2 = 4.$$

由此可猜想,$m_i$ 均为 4($i = 1, 2, \cdots, 100$),且从上面的特例可找到解题方法:对 $BC$ 边上任一点 $P_i$(不妨取在线段 $MC$ 上),由图 1.1 可知

$$\begin{aligned}
m_i &= AP_i^2 + BP_i \cdot CP_i = AM^2 + MP_i^2 + (BM + MP_i)(CM - MP_i) \\
&= AM^2 + MP_i^2 + BM^2 - MP_i^2 \\
&= AM^2 + BM^2 = AB^2 = 4.
\end{aligned}$$

故 $m_1 + m_2 + \cdots + m_{100} = 400$.

## 二、实验观察

在学习物理和化学时,人们常常通过物理演示实验或化学反应实验帮助认识物理现象的本质和化学性质的特点.同样的道理,对于数学中的某些问题,一时看不出它具有哪些特征,或者很难寻找解决问题的办法,常常可以通过实验观察,从而获得猜测.然后对其正确性进行推断,达到解决问题的目的.

**例 1.3**　平面上有 $n$ 条直线，且任意两条都不平行，任意 3 条都不共点，则这 $n$ 条直线互相之间能分割为多少条不重合的线段（或直线或射线）？

**分析**　要想直接解决本题好像不是很容易，我们可以进行实验，在厘清 1 条、2 条、3 条时的具体情况，探索规律，从而对 $n$ 条直线加以分析和研究.

当 $n=1$ 时，有 1 条；当 $n=2$ 时，有 4 条；当 $n=3$ 时，有 9 条.由此我们可以猜测：$n$ 条直线可分为 $n^2$ 条.猜测的结论是否正确，需要证明.

若 $n=k$ 时，有 $k^2$ 条，则当 $n=k+1$ 时，增加的一条直线被原来的 $k$ 条直线分为 $k+1$ 部分，而原来的 $k$ 条直线也都有一部分被分为了两部分，增加了 $k$ 条，因此 $n=k+1$ 时，有 $k^2+k+1+k=(k+1)^2$（条），所以结论正确.

**例 1.4**　试证：只有一个质数 $p$，使 $p+10,p+14$ 仍是质数.

**分析**　当问题较为抽象，思路、方法难寻时，不妨将问题具体化，进行实验观察，使思路清晰，便于解题.

取 $p=2$ 时，$p+10=12$，$p+14=16$，不是质数；

取 $p=3$ 时，$p+10=13$，$p+14=17$，是质数；

取 $p=5$ 时，$p+10=15$，$p+14=19$，不全是质数；

取 $p=7$ 时，$p+10=17$，$p+14=21$，不全是质数；

取 $p=11$ 时，$p+10=21$，$p+14=25$，不是质数.

由此观察出，$p=3$ 是所要求的一个质数.接下来证明这一结论.

当 $p=3k+1$ 时，$p+14=3k+15=3(k+5)$ 是合数；当 $p=3k+2$ 时，$p+10=3k+12=3(k+4)$ 是合数；故只有当 $p=3k(k \in \mathbf{N}_+)$ 时，才有可能使 $p+10,p+14$ 都为质数，而 $p=3k$ 中的质数只有 3 这一个.

## 三、比较观察

比较是人脑中确定各种事物之间差异和关系的思维过程.俗话说："有比较才有鉴别."数学学习中的比较是将有可比意义的概念、题目、方法等组合在一起进行求同存异地观察分析，通过类比联想找到解决问题的思路和方法，这是一种知识间的同化策略.

**例 1.5**　判断：以过椭圆的焦点的弦为直径的圆，和椭圆相应的准线的位置关系.

**分析**　此题的结构和要求，让我们联想到抛物线的一个结论：以过抛物线焦点弦为直径的圆，必和抛物线的准线相切.几乎相同的条件，在不同的曲线下结论会发生何种变化？观察一下抛物线时对该题的证明，也许对我们会有所启发.

设焦点为 $F$，过焦点的弦为 $AB$，曲线的离心率为 $e$，$A$、$B$ 两点到准线的距离分别为 $m$、$n$.则 $AB$ 中点 $M$ 到准线的距离 $d=\dfrac{m+n}{2}$.而由抛物线的定义可得 $|AF|=m$，$|BF|=n$.所以有

$$d=\frac{m+n}{2}=\frac{|AF|+|BF|}{2}=\frac{1}{2}|AB|.$$

因此，以过抛物线焦点的弦为直径的圆，必和抛物线的准线相切，如图 1.2 所示.

把椭圆与抛物线相比较，可以仿照抛物线探索解题思路.利用椭圆的第二定义可得

$$d = \frac{m+n}{2} = \frac{|AF| + |BF|}{2e} = \frac{1}{e} \cdot \frac{1}{2} |AB|.$$

因为椭圆的离心率有 $0 < e < 1$，所以 $d > \frac{|AB|}{2}$，则圆和椭圆相应的准线相离，如图 1.3 所示. 我们还可以联想到双曲线的情形，$e > 1$，所以 $d < \frac{|AB|}{2}$，则圆和双曲线相应的准线相交，如图 1.4 所示.

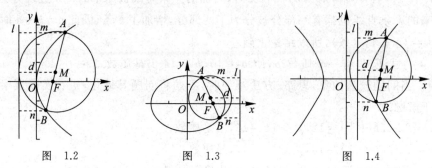

图 1.2        图 1.3        图 1.4

**例 1.6** 设 $a > 0$，$\frac{1}{b} - \frac{1}{a} = 1$，比较下列四个数的大小：$\sqrt{1+a}$，$\dfrac{1}{1 - \frac{b}{2}}$，$1 + \frac{a}{2}$，$\dfrac{1}{\sqrt{1-b}}$.

**分析** 对于这四个数如果用求差的方法比较大小，要进行 $C_4^2 = 6$ 次比较，才能得到答案. 是否可先估计一下这四个数的大小关系呢？不妨先用具体数值代入比较，然后猜想证明.

因为 $a > 0$，不妨设 $a = 1$，由 $\frac{1}{b} - \frac{1}{a} = 1$，得 $b = \frac{1}{2}$. 于是有

$$\sqrt{1+a} = \sqrt{2}, \quad \frac{1}{1 - \frac{b}{2}} = \frac{4}{3}, \quad 1 + \frac{a}{2} = \frac{3}{2}, \quad \frac{1}{\sqrt{1-b}} = \sqrt{2}.$$

由此可以猜想，对于满足 $a > 0$，$\frac{1}{b} - \frac{1}{a} = 1$ 的一切 $a$、$b$ 值都有

$$\frac{1}{1 - \frac{b}{2}} < \frac{1}{\sqrt{1-b}} = \sqrt{1+a} < 1 + \frac{a}{2}.$$

对于这一猜想的结论再进行证明，只需作三次比较即可（证明略）.

## 四、极端观察

数学问题的表现形式是多种多样的. 极端观察是指通过对研究对象极端情形的观察，帮助我们判断问题的类型，探索解决问题的方法.

**例 1.7** 已知异面直线 $a$ 与 $b$ 所成的角为 $60°$，$P$ 为空间一定点，则过点 $P$ 且与 $a$、$b$ 所成的角都是 $60°$ 的直线有且只有（    ）条.

A. 1            B. 2            C. 3            D. 4

**分析**　这个题目在一般的情况下连图形都不容易画出来,无从找到思路.

由异面直线所成角的意义,我们可以考虑把两条异面直线平行移动,移到过定点 $P$ 的极端位置,在此位置下问题变得直观和清楚,即从同一点出发的 3 条直线,其中两条直线间夹角为 $60°$,问第三条直线和它们都成 $60°$ 有多少种可能? 不难得到这样的直线共有 3 条.

**例 1.8**　已知二次函数 $y=ax^2+bx+c(a>0)$ 图象经 $M(1-\sqrt{2},0)$、$N(1+\sqrt{2},0)$、$P(0,k)$ 三点,若 $\angle MPN$ 是钝角,求 $a$ 的取值范围.

**分析**　若利用余弦定理,并由 $-1<\cos\angle MPN<0$,将得到一个较复杂的不等式.观察 $\angle MPN$ 的变化状态,显然直角是钝角的极限情形.

事实上,当 $\angle MPN$ 为直角时,则点 $P$ 在以 $MN$ 为直径的圆周上,于是 $P$ 为该圆与 $y$ 轴的交点.如图 1.5 所示,由勾股定理不难得 $k=\pm 1$.

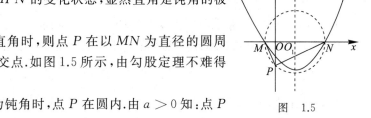

图 1.5

由此推断,当 $\angle MPN$ 为钝角时,点 $P$ 在圆内.由 $a>0$ 知:点 $P$ 应在 $y$ 轴的负半轴上.把 $P(0,k)$ 的坐标代入 $y=a(x-1+\sqrt{2})(x-1-\sqrt{2})$ 得 $a=-k$,因此,$0<a<1$.

## 第二节　数与式的观察

数学离不开数与式.可利用数的表征,如整数、无理数、质数、勾股数、数的组成、数的整除性等;可利用式的特征,如共轭因式、互为倒数因式、对偶式等.问题所给的数与式,常常给问题的求解指明探索的思路.只要仔细观察,发现数字、式子间的内在联系,往往能找到解决问题的突破口.

**例 1.9**　设 $A=(2+1)(2^2+1)(2^4+1)(2^8+1)(2^{16}+1)(2^{32}+1)(2^{64}+1)$,求 $A$ 的末位数字.

**分析**　此题若企图把等式右边各个因数相乘是极不现实的.观察所给式子的特征,容易想到用 $(2-1)$ 同乘等式两边进行试探:

$$(2-1)A=(2-1)(2+1)(2^2+1)\cdots(2^{64}+1)=2^{128}-1=(2^4)^{32}-1=16^{32}-1.$$

因为 $16^{32}$ 的末位数字是 6,所以 $A$ 的末位数字是 5.

本题还有一个观察的视角,就是敏锐地捕捉到 $A$ 中一个因式 $(2^2+1)$ 是 5,其他所有的各项都是奇数,因此,$A$ 的末尾数字是 5.

**例 1.10**　解方程 $(\sqrt{2+\sqrt{3}})^x+(\sqrt{2-\sqrt{3}})^x=4$.

**分析**　观察方程左边两个代数式中的底数的数字特征,不难发现 $\sqrt{2+\sqrt{3}}$ 与 $\sqrt{2-\sqrt{3}}$ 互为倒数.如令 $(\sqrt{2+\sqrt{3}})^x=y$,则问题可纳入解 "$y+\dfrac{1}{y}=a$ 型" 方程的模式,不难求出 $y$ 的值,从而解出 $x=\pm 2$.

**例 1.11** 解方程 $x^3 - (\sqrt{2} + \sqrt{3} + 1)x^2 + (\sqrt{2} + \sqrt{3} + \sqrt{6})x - \sqrt{6} = 0$.

**分析** 解决本题的关键是拥有一双慧眼发现方程系数的关系,通过试根观察可以发现:

$$1 - (\sqrt{2} + \sqrt{3} + 1) + (\sqrt{2} + \sqrt{3} + \sqrt{6}) - \sqrt{6} = 0,$$

方程有一根为 $x_1 = 1$.从而在方程的左边可以提取公因式 $(x-1)$,得

$$(x-1)[x^2 - (\sqrt{2} + \sqrt{3})x + \sqrt{6}] = 0.$$

由此可求得另两根为 $x_2 = \sqrt{2}$,$x_3 = \sqrt{3}$.

**例 1.12** 已知三角形的三边分别为 $108$、$144$、$180$.求此三角形的最大角.

**分析** 本题用余弦定理计算比较麻烦.若认真观察数字间的特征,就会发现:

$$108 : 144 : 180 = 3 : 4 : 5.$$

由勾股定理的逆定理即可知此三角形为直角三角形,所以最大角是 $90°$.

类似地,通过对特殊常数的仔细观察获得解题方法的习题比较多.

例如,已知 $\sin\theta \cdot \cos\theta = \dfrac{60}{169}$,$0 < \theta < \dfrac{\pi}{2}$,可以观察数字,$\dfrac{60}{169} = \dfrac{5}{13} \times \dfrac{12}{13}$.联想到数组

$(5, 12, 13)$,于是可以构造直角三角形.又 $\theta$ 为锐角,可知 $\sin\theta = \dfrac{12}{13}$ 或 $\cos\theta = \dfrac{5}{13}$,$\sin\theta = \dfrac{5}{13}$ 或

$\cos\theta = \dfrac{12}{13}$,故 $\cos\theta + \sin\theta = \dfrac{17}{13}$.

**例 1.13** 解方程 $\sqrt{2 + \sqrt{2 + \sqrt{2 + x}}} = x$.

**分析** 本题用常规的方法,即不断对两边取平方(有时需移项后再取),可化为一个八次方程.不过这样求解不但计算量大,而且也不容易求解出来.但是,不管计算过程多么复杂,解答结果只可能是:无解;有唯一正根;有若干个正根.

而它是否有解,往往可以从是否存在正数能使两边相等得出.

实际上,只要略加观察,就可发现:由于 $\sqrt{2+2} = 2$,可依次推得

$$2 = \sqrt{2+2} = \sqrt{2 + \sqrt{2+2}} = \sqrt{2 + \sqrt{2 + \sqrt{2+2}}}. \qquad ①$$

因此,$x = 2$ 是方程的根,方程是有解的.

但上述根是方程唯一的根,还是它的若干个正根中的一个根呢?如果回到上面发现 $x = 2$ 这个根的起点,就不难看出能使 $\sqrt{2+x} = x$ 的正数原来就只有一个 $2$,从而大致估量出其他的正数是不可能满足题设方程的.由此进一步猜想到:用不等于 $2$ 的正数代 $x$,① 中的一串等号将可能变为一串大于(或小于)号.

为证实上面的猜想,必须做些计算.事实上,如果解不等式

$$\sqrt{2+x} < x$$

可知 $x > 2$ 时,恒有 $x > \sqrt{2+x}$,于是依次推得

$$x > \sqrt{2+x} > \sqrt{2+\sqrt{2+x}} > \sqrt{2+\sqrt{2+\sqrt{2+x}}}\,. \qquad ②$$

因此，大于 2 的正数都不是方程的根.

而当 $0 < x < 2$ 时，可得到类似于 ② 的结果，这时只要把大于号改为小于号即可.因此，小于 2 的正数同样也都不是方程的根.

这样，就用分类淘汰法从方程可能的根（无穷多个正数）中去掉了所有不等于 2 的正数，至此，我们就可以肯定方程只有唯一的根：$x = 2$.

**例 1.14** 求证：$1 > \dfrac{1}{n+1} + \dfrac{1}{n+2} + \cdots + \dfrac{1}{2n} \geqslant \dfrac{1}{2}\,(n \in \mathbf{N}_+)$.

**分析** 观察可发现 $n \cdot \dfrac{1}{2n} = \dfrac{1}{2}$，而 $n$ 又恰为不等式中间项的项数，于是可进行如下试探：

$$\frac{1}{n} > \frac{1}{n+1} \geqslant \frac{1}{2n},$$

$$\frac{1}{n} > \frac{1}{n+2} \geqslant \frac{1}{2n},$$

$$\vdots$$

$$\frac{1}{n} > \frac{1}{n+n} \geqslant \frac{1}{2n},$$

则有

$$1 = n \cdot \frac{1}{n} = \underbrace{\frac{1}{n} + \frac{1}{n} + \cdots + \frac{1}{n}}_{n\text{个}} > \frac{1}{n+1} + \frac{1}{n+2} + \cdots + \frac{1}{n+n}$$

$$\geqslant \underbrace{\frac{1}{2n} + \frac{1}{2n} + \cdots + \frac{1}{2n}}_{n\text{个}} = \frac{1}{2},$$

即

$$1 > \frac{1}{n+1} + \frac{1}{n+2} + \cdots + \frac{1}{2n} \geqslant \frac{1}{2} \quad (n \in \mathbf{N}_+).$$

**例 1.15** 若 $x \geqslant 0$，求 $y = \dfrac{4x^2 + 8x + 13}{6(x+1)}$ 的最小值.

**分析** 初步观察可断定用判别式法，但若再仔细观察可发现分子能写成 $4(x+1)^2 + 9$，分母是 $6(x+1)$，不妨做一试探：

$$y = \frac{4x^2 + 8x + 13}{6(x+1)} = \frac{4(x+1)^2 + 9}{6(x+1)} = \frac{2}{3}(x+1) + \frac{1}{\dfrac{2}{3}(x+1)},$$

因 $x \geqslant 0$，故 $\dfrac{2}{3}(x+1) > 0$，由均值不等式可知，$y \geqslant 2\sqrt{\dfrac{2}{3}(x+1) \cdot \dfrac{1}{\dfrac{2}{3}(x+1)}} = 2,$

从而可知：当 $x = \dfrac{1}{2}$ 时，$y_{\min} = 2$.

**例 1.16**　对任意的正整数 $k$，令 $f_1(k)$ 定义为 $k$ 的各位数字的和的平方，对于 $n \geqslant 2$，令 $f_n(k) = f_1(f_{n-1}(k))$，求 $f_{2018}(11)$.

**分析**　最直接的方法是先求出 $f_1(11)$，$f_2(11)$，$f_3(11)$，…，进行观察，由定义可得

$$f_1(11) = (1+1)^2 = 4,$$
$$f_2(11) = f_1(f_1(11)) = f_1(4) = 4^2 = 16,$$
$$f_3(11) = f_1(f_2(11)) = f_1(16) = (1+6)^2 = 49,$$
$$f_4(11) = f_1(f_3(11)) = f_1(49) = (4+9)^2 = 169,$$
$$f_5(11) = f_1(f_4(11)) = f_1(169) = (1+6+9)^2 = 256,$$
$$f_6(11) = f_1(f_5(11)) = f_1(256) = (2+5+6)^2 = 169,$$
$$\cdots$$

因为 $f_n(11)$ 只依赖于 $f_{n-1}(11)$，所以 256 和 169 将连续交替出现，也就是 $n \geqslant 4$ 时有

$$f_n(11) = \begin{cases} 169, & n \text{ 是偶数}, \\ 256, & n \text{ 是奇数}. \end{cases}$$

由于 2018 是偶数，所以 $f_{2018}(11) = 169$.

**例 1.17**　已知 $a_1$、$a_2$、$a_3$、$a_4$ 为非零实数，且满足

$$(a_1^2 + a_2^2)a_4^2 - 2a_2a_4(a_1 + a_3) + a_2^2 + a_3^2 = 0.$$

求证：$a_1$、$a_2$、$a_3$ 成等比数列.

**分析**　通过对已知等式的观察，注意到 $a_1$、$a_2$、$a_3$、$a_4$ 为非零实数，可以把等式看成以 $a_4$ 为未知数的方程，且方程有实根，于是

$$\Delta = [-2a_2(a_1 + a_3)]^2 - 4(a_1^2 + a_2^2)(a_2^2 + a_3^2) = -4(a_2^2 - a_1a_3)^2 \geqslant 0.$$

由此可得到 $a_2^2 = a_1a_3$，故 $a_1$、$a_2$、$a_3$ 成等比数列.

此题还可将已知等式展开，应用配方知识解答.

**例 1.18**　已知数列 $\{a_n\}$ 满足 $a_1 = 1$，$a_2 = 2$，$\dfrac{a_n + a_{n-1}}{a_{n-1}} = \dfrac{a_{n+1} - a_n}{a_n}$（$n \geqslant 2$，$n \in \mathbf{N}$），求 $a_{n+1}$.

**分析**　如果不加思索地去分母，这样下去是比较麻烦的.留心观察一下已知等式，容易发现 $\dfrac{a_n}{a_{n-1}} + 1 = \dfrac{a_{n+1}}{a_n} - 1$，即 $\dfrac{a_{n+1}}{a_n} - \dfrac{a_n}{a_{n-1}} = 2$，所以数列 $\left\{\dfrac{a_{n+1}}{a_n}\right\}$ 是首项为 2、公差为 2 的等差数列，因此 $\dfrac{a_{n+1}}{a_n} = 2 + 2(n-1) = 2n$.再利用累乘法可得 $a_{n+1} = 2^n n!$.

显然，在去分母和不去分母之间作出正确选择之后，问题就容易解决了.

## 第三节　图形的观察

学习数学离不开图形.注意观察图形特征，可以发现其中隐含的重要的关系，同时也有利于运用数形结合的方法，在解题过程中获得优解.

**例 1.19** 已知 $x$、$y \in \mathbf{R}$,且 $x^2 + y^2 = 4$,求 $x + y$ 的最大值和最小值.

**分析** 观察已知等式知,它表示一个以原点为圆心,以 2 为半径的圆,如图 1.6 所示,于是问题转化为当点 $(x, y)$ 在圆上运动时,直线 $x + y = b$ 在 $y$ 轴上的截距 $b$ 的最值问题.再借助于图形进一步观察,可得结论:当且仅当直线 $x + y = b$ 运动到 $l_1$ 位置与圆相切时,取得最大值;运动到 $l_2$ 位置与圆相切时,取得最小值.由此不难求得 $x + y$ 的最大值为 $2\sqrt{2}$,最小值为 $-2\sqrt{2}$.

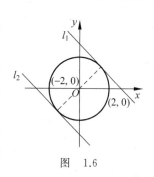

图 1.6

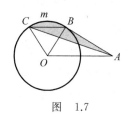

图 1.7

**例 1.20** 如图 1.7 所示,$A$ 是半径为 1 的圆外一点,$OA = 2$,$AB$ 是圆的切线,$B$ 是切点,弦 $BC \parallel OA$,连结 $AC$,试求阴影部分面积.

**分析** 从弦 $BC \parallel OA$ 出发,观察图形特征,连结 $OC$、$OB$,发现 $\triangle BOC$ 与 $\triangle ABC$ 有相同的底和高,其面积相等.于是

$$S_{阴影} = S_{弓形BmC} + S_{\triangle ABC} = S_{弓形BmC} + S_{\triangle BOC} = S_{扇形BOC}.$$

而要求 $S_{扇形BOC}$,关键是求 $\angle BOC$,再观察图形知:在 $\mathrm{Rt}\triangle AOB$ 中,由已知条件得 $\angle OAB = 30°$.

因而 $\angle CBO = \angle BOA = 60°$.所以 $\triangle BOC$ 为等边三角形,$\angle BOC = 60°$.最后得到 $S_{阴影} = S_{扇形BOC} = \dfrac{\pi}{6}$.

**例 1.21** 平面上有两点 $A(-1, 0)$、$B(1, 0)$,在圆周 $(x-3)^2 + (y-4)^2 = 4$ 上取一点 $P$,求使 $AP^2 + BP^2$ 最小时点 $P$ 的坐标.

**分析** 观察图 1.8 知:$PO$ 为 $\triangle PAB$ 的边 $AB$ 上的中线,易证 $AP^2 + BP^2 = 2OP^2 + 2OB^2 = 2OP^2 + 2$.$OP$ 最小时,$AP^2 + BP^2$ 也最小,因此连结点 $O$ 和圆心 $O'$ 的线段与圆的交点即为所求的点 $P$.解方程组

$$\begin{cases} y = \dfrac{4}{3}x, \\ (x-3)^2 + (y-4)^2 = 4, \end{cases}$$

求得 $P\left(\dfrac{9}{5}, \dfrac{12}{5}\right)$.

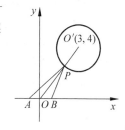

图 1.8

**例 1.22** 已知抛物线 $y = x^2 + 2kx - k + 1(k \in \mathbf{R})$ 在 $x$ 轴上的两个交点分别在区间 $(0, 1)$ 与 $(1, 2)$ 内,求 $k$ 的取值.

**分析** 可设想有一条满足条件的抛物线如图 1.9 所示.观察图形,由于抛物线开口向上,故 $k$ 应满足

$$\begin{cases} f(0) = 0^2 + 2k \cdot 0 - k + 1 > 0, \\ f(1) = 1^2 + 2k \cdot 1 - k + 1 < 0, \\ f(2) = 2^2 + 2k \cdot 2 - k + 1 > 0, \end{cases} 解得, \begin{cases} k < 1, \\ k < -2, \\ k > -\dfrac{5}{3}, \end{cases} 所以 k 的值不$$

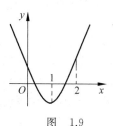

图 1.9

存在.

**例 1.23** 已知变量 $x$、$y$ 满足条件 $\begin{cases} x \geqslant 1, \\ x - y \leqslant 0, \\ x + 2y - 9 \leqslant 0, \end{cases}$ 求 $x + y$ 的最大值.

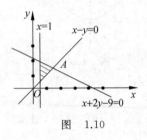

图　1.10

**分析** 本题实质上是线性规划问题,利用数形结合,首先画出可行域,再求线性目标函数的最值.如图 1.10 所示,可行域为图中阴影部分(包括边界线),则 $z = x + y$ 在 $A$ 点处取得最大值,由 $\begin{cases} x - y = 0 \\ x + 2y - 9 = 0 \end{cases}$ 得 $A(3,3)$,故 $x + y$ 的最大值为 $3 + 3 = 6$.

本题属于典型的数形结合案例.值得注意的是,目标函数对应的直线与边界直线斜率的大小关系用于确定最优解的正确位置,应仔细观察各直线的倾斜程度,准确判定可行域内的最优解.

**例 1.24** 正方体 $ABCD-A'B'C'D'$ 中,边长为 1,求二面角 $A-BD'-B'$ 的大小.

**分析** 求二面角有多种方法.这里借用图形的观察,运用向量法求二面角 $A-BD'-B'$ 的大小.如图 1.11 所示,建立空间直角坐标系.平面 $ABD'$ 的方程是 $x + z - 1 = 0$,法向量为 $\boldsymbol{u} = (-1, 0, -1)$,平面 $BD'B'$ 的方程是 $x - y = 0$,法向量 $\boldsymbol{v} = (-1, 1, 0)$,两个法向量所成的夹角的余弦值是

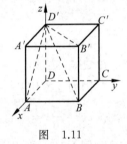

图　1.11

$$\cos\theta = \frac{\boldsymbol{u} \cdot \boldsymbol{v}}{|\boldsymbol{u}||\boldsymbol{v}|} = \frac{1}{2}, \theta = 60°.$$

依照"同进同出法向量的夹角为所求二面角的平面角的补角,一进一出则为二面角的平面角"的原则,就能根据所求法向量直接求出二面角的值.事实上,平面 $ABD'$ 的法向量为 $\boldsymbol{u} = (-1, 0, -1)$,平面 $BD'B'$ 的法向量 $\boldsymbol{v} = (-1, 1, 0)$.在平面 $ABD'$ 上取点 $A(1, 0, 0)$,则法向量终点为 $M(0, 0, -1)$.因为 $x + z - 1 < 0$,所以法向量 $\boldsymbol{u}$ 指向二面角外.同理可知,平面 $BD'B'$ 法向量 $\boldsymbol{v}$ 也指向二面角外.所以上述法向量 $\boldsymbol{u}$、$\boldsymbol{v}$ 所成的夹角是所求二面角的补角.故所求二面角为 $120°$.

## 第四节　条件与结论的观察

数学题目浩如烟海、形式各异,但基本结构都包含"条件""结论"两部分.在数学问题的叙述中,几乎所有的题目都不会直接地把与解题有关的全部信息明确显示出来,因此找出已知条件或待求结论中的关键词句,挖掘隐含的信息,并了解它们的意义,是数学解题中一个极其重要的环节.

**例 1.25** 已知 $a > b > 0$,且 $ab = 1$,求 $\dfrac{a^2 + b^2}{a - b}$ 的取值范围.

**分析** 由已知条件与所求问题的特征可知,它们之间隐含如下关系. $a^2 + b^2 = (a - b)^2 + 2ab$,以此为切入点,把分子转化为 $(a - b)^2$ 与 $ab$ 的关系式,问题获解.事实上

$$\frac{a^2+b^2}{a-b}=\frac{(a-b)^2+2ab}{a-b}=\frac{(a-b)^2+2}{a-b}$$

$$=(a-b)+\frac{2}{a-b}\geqslant 2\sqrt{(a-b)\frac{2}{a-b}}=2\sqrt{2}.$$

故 $\frac{a^2+b^2}{a-b}$ 的取值范围是 $[2\sqrt{2},+\infty)$.

**例 1.26** 已知 $a$、$b$、$c$ 互不相等.求证:

$$\frac{(x-b)(x-c)}{(a-b)(a-c)}+\frac{(x-a)(x-c)}{(b-a)(b-c)}+\frac{(x-a)(x-b)}{(c-b)(c-a)}=1.$$

**分析** 本题条件"$a$、$b$、$c$ 互不相等"便是解题思路来源的关键词句.将等式看成关于 $x$ 的二次方程,仔细观察可发现 $a$、$b$、$c$ 为该方程的根,因为 $a$、$b$、$c$ 互不相等,说明这个关于 $x$ 的"二次方程"有三个相异的根,这就说明原等式不是普通方程,而是恒等式.

**例 1.27** 求 $\sqrt{1+\sqrt{1+\cdots+\sqrt{1}}}$($n$ 重根号,$n\in \mathbf{N}_+$)的值的范围.

**分析** 注意到"范围"这个关键词,由此想到把问题转化为不等式求解.

令原式 $=x_n$,则 $x_n=\sqrt{1+x_{n-1}}$,$x_n^2=1+x_{n-1}$.

显然 $1\leqslant x_{n-1}<x_n$,进而可知 $x_n^2<1+x_n$.解这个不等式得

$$\frac{1-\sqrt{5}}{2}<x_n<\frac{1+\sqrt{5}}{2}.$$

所以 $1\leqslant x_n<\frac{1+\sqrt{5}}{2}$.

**例 1.28** 若 $2A+2B+C=0$,试求直线 $Ax+By+C=0$ 被抛物线 $y^2=2x$ 所截得的中点轨迹方程.

**分析** 观察已知条件,发现题中隐含着直线过点 $P(2,2)$.又 $P(2,2)$ 也在 $y^2=2x$ 上,这样如果设所截弦中点坐标为 $M(x,y)$,则直线与抛物线的另一交点为

$$Q(2x-2,2y-2).$$

又 $Q$ 在抛物线上,所以

$$(2y-2)^2=2(2x-2).$$

因此 $(y-1)^2=x-1$ 即为所求.

**例 1.29** 已知 $af(2x^2-1)+bf(1-2x^2)=4x^2$,$a^2-b^2\neq 0$,求 $f(x)$.

**分析** 本题虽然讨论的函数并不是一个解,但观察到已知条件中的"$2x^2-1$"与"$1-2x^2$"互为相反数,可以运用换元法简化已知条件.只需令 $2x^2-1=y$,条件等式就可化为 $af(y)+bf(-y)=2y+2$,在此条件下求 $f$,关系就明朗许多.由新条件等式中 $f(y)$ 与 $f(-y)$ 的特殊关系,我们可想到在等式中用 $-y$ 代 $y$,仍会得到一个关于 $f(y)$、$f(-y)$ 的等式,这样,问题就化归为求解这两个等式组成的关于 $f(y)$、$f(-y)$ 的方程组

$$\begin{cases} af(y) + bf(-y) = 2y + 2, \\ af(-y) + bf(y) = -2y + 2. \end{cases}$$

这是一个简单的解二元一次方程组问题.

**例 1.30**  证明 $\dfrac{\cos^2\theta}{\cot\dfrac{\theta}{2} - \tan\dfrac{\theta}{2}} = \dfrac{1}{4}\sin 2\theta$.

**分析**  从角来看,左边是 $\dfrac{\theta}{2}$ 和 $\theta$,而右边是 $2\theta$,应当想到要用倍(或半)角公式;从函数的角度来看,左边有正切、余切和余弦,右边是正弦,应当想到用弦函数;从运算的角度来看,左边是商和差,右边是积,应当想到分母化积后再化简.

也许我们并没有现成的解法,但基于上述观察,已经有了基本的解题方向,比如,先把左边的字母变为弦函数,并把角 $\dfrac{\theta}{2}$ 升为 $\theta$,对这两个要求作出反应,自然想到公式

$$\frac{1 - \cos\theta}{\sin\theta} = \frac{\sin\theta}{1 + \cos\theta} = \tan\frac{\theta}{2},$$

因而

$$\tan\frac{\theta}{2} = \frac{1 - \cos\theta}{\sin\theta},$$

$$\cot\frac{\theta}{2} = \frac{1 + \cos\theta}{\sin\theta},$$

于是有

$$左边 = \frac{\cos^2\theta}{\dfrac{2\cos\theta}{\sin\theta}} = \frac{1}{2}\sin\theta\cos\theta = \frac{1}{4}\sin 2\theta = 右边.$$

**例 1.31**  已知 $a$、$b$、$c \in \mathbf{R}_+$,求证:$a^a b^b c^c \geqslant (abc)^{\frac{a+b+c}{3}}$.

**分析**  从本题要证明的结论来看,不等式中各式关于 $a$、$b$、$c$ 对称,故不妨设 $a \geqslant b \geqslant c > 0$,则 $a-b$、$b-c$、$a-c$ 皆大于 $0$,$\dfrac{a}{b}$、$\dfrac{b}{c}$、$\dfrac{a}{c}$ 皆不小于 $1$.再从结论左右两端的式子观察,两端都是积的形式,且都大于 $0$,因而可以运用商值比较.从这两个观察点出发,得到

$$\frac{a^a b^b c^c}{(abc)^{\frac{a+b+c}{3}}} = \left(\frac{a}{b}\right)^{\frac{a-b}{3}} \left(\frac{b}{c}\right)^{\frac{b-c}{3}} \left(\frac{a}{c}\right)^{\frac{a-c}{3}} \geqslant 1.$$

**例 1.32**  已知三角形 $ABC$ 的三个内角 $A$、$B$、$C$ 满足 $A + C = 2B$,$\dfrac{1}{\cos A} + \dfrac{1}{\cos C} = -\dfrac{\sqrt{2}}{\cos B}$,求 $\cos\dfrac{A-C}{2}$ 的值.

**分析**  观察题目所求结论,可以看到要求的三角函数值中是一个复角的形式,且其中不含角 $B$,这就要求我们在解题时把条件中的单角化为复角,且把其中的角 $B$ 消掉,故产生如

下解法.

由已知条件 $A+C=2B$ 得 $B=60°,A+C=120°$,又 $\dfrac{1}{\cos A}+\dfrac{1}{\cos C}=-2\sqrt{2}$,即 $\cos A+\cos C=-2\sqrt{2}\cos A\cos C$.利用和差化积与积化和差公式有

$$2\cos\frac{A+C}{2}\cos\frac{A-C}{2}=-\sqrt{2}\left[\cos(A+C)+\cos(A-C)\right],$$

又 $\cos\dfrac{A+C}{2}=\cos 60°=\dfrac{1}{2},\cos(A+C)=-\dfrac{1}{2}$,则有

$$\cos\frac{A-C}{2}=\frac{\sqrt{2}}{2}-\sqrt{2}\cos(A-C),$$

再利用二倍角公式易得

$$\cos\frac{A-C}{2}=\frac{\sqrt{2}}{2}.$$

基于观察,本题紧紧抓住条件与结论中角的差异进行分析,使得解题过程自然流畅,水到渠成.

## 第五节 问题结构的观察

通常,一个数学问题定义的结构包含着量性对象和关系结构两个方面.仔细观察问题的结构特征,便会联想到有关的公式、定理、证题方法等,也就找到了沟通已知与未知的路径.例如"在实数范围内解方程 $\sqrt{2x-1}+\sqrt{1-2x}+y-2=0$".看见方程中的两个根式 $\sqrt{2x-1}$ 和 $\sqrt{1-2x}$ 有着特殊的结构形式,立即可知 $2x-1=0$,即 $x=\dfrac{1}{2}$,从而 $y=2$.

事实上,从问题结构入手,就有可能观察到问题中的各种差异,设法消除差异,或者是发现问题中式子间的共同特征,激发我们展开想象,进行类比,从而转化问题,找到解决问题的突破口.

**例 1.33** 若 $a+b-c=0$,证明直线系 $ax+by+c=0$ 恒过一定点.

**分析** 观察条件式和直线系方程的异同.可将直线系方程化为 $-ax-by-c=0$,与条件式结构比较,易知点 $(-1,-1)$ 在直线系上,故知直线系恒过定点 $(-1,-1)$.

**例 1.34** 在 $\triangle ABC$ 中,求证:$b^2+c^2-2bc\cos(A+60°)=c^2+a^2-2ca\cos(B+60°)$.

**分析** 由观察知式子的结构与余弦定理相似.于是启发我们改造 $\triangle ABC$,在 $\triangle ABC$ 外部分别以 $AB$、$AC$ 为边作正 $\triangle ABE$ 和正 $\triangle ACD$,如图 1.12 所示.

易知 $\triangle ABD\cong\triangle AEC$,所以 $BD=CE$.

在 $\triangle ABD$ 中,$BD^2=b^2+c^2-2bc\cos(A+60°)$;在 $\triangle BCE$ 中,$CE^2=c^2+a^2-2ca\cos(B+60°)$.

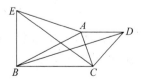

图 1.12

因此，$b^2 + c^2 - 2bc\cos(A + 60°) = c^2 + a^2 - 2ca\cos(B + 60°)$.

**例 1.35**   设 $f$ 是 $(0,1)$ 区间上的实函数，如果

(1) $f(x) > 0$，对任何 $x \in (0,1)$；

(2) $\dfrac{f(x)}{f(y)} + \dfrac{f(1-x)}{f(1-y)} \leqslant 2$，对任何 $x$、$y \in (0,1)$.

求证：$f$ 必定是常数函数.

**分析**   要证 $f$ 是常数函数，只需证对任何 $x$、$y \in (0,1)$ 恒有 $f(x) = f(y)$. 要由不等式条件 (2) 出发证明等量关系，启发我们应该寻找一对反向的不等式：“若 $A \leqslant B$，且 $A \geqslant B$，则 $A = B$.”

观察条件 (2) 知 $x$、$y$ 换位后仍然成立，即有 $\dfrac{f(y)}{f(x)} + \dfrac{f(1-y)}{f(1-x)} \leqslant 2$. 再对比观察一下这个条件和条件 (2) 的结构特征，我们不禁想起代数中的基本不等式：$a$、$b > 0, \dfrac{b}{a} + \dfrac{a}{b} \geqslant 2$（等号仅当 $a = b$ 时成立）. 由此出发，问题就容易解决了.

由 $f(x) > 0, f(y) > 0, f(1-x) > 0, f(1-y) > 0$，有 $\dfrac{f(x)}{f(y)} + \dfrac{f(y)}{f(x)} \geqslant 2, \dfrac{f(1-x)}{f(1-y)} + \dfrac{f(1-y)}{f(1-x)} \geqslant 2$.

于是，$\dfrac{f(x)}{f(y)} + \dfrac{f(y)}{f(x)} + \dfrac{f(1-x)}{f(1-y)} + \dfrac{f(1-y)}{f(1-x)} \geqslant 4$，又由条件 $\dfrac{f(x)}{f(y)} + \dfrac{f(1-x)}{f(1-y)} \leqslant 2$ 知 $\dfrac{f(y)}{f(x)} + \dfrac{f(1-y)}{f(1-x)} \leqslant 2$，从而有 $\dfrac{f(x)}{f(y)} + \dfrac{f(y)}{f(x)} + \dfrac{f(1-x)}{f(1-y)} + \dfrac{f(1-y)}{f(1-x)} \leqslant 4$.

比较 (1) 和 (2)，对于任何 $x$、$y \in (0,1)$，都有 $f(x) = f(y), f(1-x) = f(1-y)$ 成立，所以 $f(x)$ 必定是常数函数.

**例 1.36**   求函数 $f(x) = \sqrt{x^2 + 9} + \sqrt{(x-5)^2 + 4}$ 的最小值.

**分析**   从不同角度观察可得到不同的解法.

**方法 1**   观察 $f(x)$ 表达式的结构特征，发现它近似于两个两点间距离公式的和，于是将其变形为

$$f(x) = \sqrt{(x-0)^2 + (0-3)^2} + \sqrt{(x-5)^2 + (0+2)^2}.$$

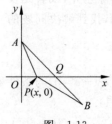

图 1.13

作图 1.13 并观察图形特征，可看出 $f(x)$ 表示 $x$ 轴上的动点 $P(x, 0)$ 到两定点 $A(0,3)$、$B(5,-2)$ 的距离之和. 显然此距离之和在线段 $AB$ 所在的直线 $y = -x + 3$ 与 $x$ 轴交点 $Q(3,0)$ 处取到最小，故当 $x = 3$ 时，$f(x)$ 取最小值为 $5\sqrt{2}$.

**方法 2**   由 $f(x)$ 表达式的结构特征，联想到两个复数的模的和，问题可利用复数法求解. 可设 $z_1 = x + 3i, z_2 = (5-x) + 2i$. 则

$$f(x) = |z_1| + |z_2| \geqslant |z_1 + z_2| = |x + 3i + (5-x) + 2i| = |5 + 5i| = 5\sqrt{2}.$$

**例 1.37**   设复数 $z_1$ 和 $z_2$ 满足关系式 $z_1\overline{z_2} + \overline{A}z_1 + A\overline{z_2} = 0$，其中 $A$ 为不等于 0 的复数.

证明：$|z_1 + A| |z_2 + A| = |A|^2$.

**分析** 待证式左边 $= |z_1 z_2 + A z_1 + A z_2 + A^2|$，观察它的前三项与条件式，发现它们的差异仅在于 $z_2$ 和 $A$ 有无共轭记号上.利用复数模的性质 $|\bar{z}| = |z|$，设法消除这种差异，于是得，左边 $= |(z_1 + A)(\overline{z_2 + A})| = |(z_1 + A)(\overline{z_2} + \bar{A})| = |z_1 \overline{z_2} + \bar{A} z_1 + A \overline{z_2} + A \bar{A}| = |A \bar{A}| = |A|^2 = $ 右边.

**例 1.38** 已知点 $P$ 的坐标 $(x, y)$ 满足

$$(x - a)\cos\theta_1 + y\sin\theta_1 = a \qquad ①$$
$$(x - a)\cos\theta_2 + y\sin\theta_2 = a \qquad ②$$

且 $\tan\dfrac{\theta_1}{2} - \tan\dfrac{\theta_2}{2} = 2c (a \neq 0, c > 1, c$ 为常数$)$.求点 $P$ 的轨迹方程.

**分析** 观察可发现①②两式结构相同，由此知 $\theta_1, \theta_2$ 是关于 $\theta$ 的方程 $(x - a)\cos\theta + y\sin\theta = a$ 的两个根.再观察此方程与另一已知条件 $\tan\dfrac{\theta_1}{2} - \tan\dfrac{\theta_2}{2} = 2c$ 的差异，由此可知应把方程变换成含正切函数的方程.由万能公式知 $\cos\theta = \dfrac{1 - \tan^2\dfrac{\theta}{2}}{1 + \tan^2\dfrac{\theta}{2}}$，$\sin\theta = \dfrac{2\tan\dfrac{\theta}{2}}{1 + \tan^2\dfrac{\theta}{2}}$，所以有

$x\tan^2\dfrac{\theta}{2} - 2y\tan\dfrac{\theta}{2} - x + 2a = 0$.由题设知 $\tan\dfrac{\theta_1}{2}$、$\tan\dfrac{\theta_2}{2}$ 是这个关于 $\tan\dfrac{\theta}{2}$ 的一元二次方程的两个根，用韦达定理即可求解.

事实上，$\begin{cases} \tan\dfrac{\theta_1}{2} + \tan\dfrac{\theta_2}{2} = \dfrac{2y}{x}, \\ \tan\dfrac{\theta_1}{2} \cdot \tan\dfrac{\theta_2}{2} = \dfrac{2a - x}{x}, \\ \tan\dfrac{\theta_1}{2} - \tan\dfrac{\theta_2}{2} = 2c, \end{cases}$ 消去 $\tan\dfrac{\theta_1}{2}$、$\tan\dfrac{\theta_2}{2}$ 可得 $(c^2 - 1)x^2 + 2ax - y^2 = 0$.

# 习 题 一

1. 解方程：$2x^2 - (1 + \sqrt{3})x + \sqrt{3} - 1 = 0$.

2. 将 $(2a - b - c)^3 + (2b - c - a)^3 + (2c - a - b)^3$ 分解因式.

3. 已知数列 $\{a_n\}$ 的前五项是 $1, 2, 4, 7, 11$.试写出这个数列的一个通项公式.

4. 已知 $x + \dfrac{1}{x - 1} = 3$.求 $x^{2018} + \dfrac{1}{(x - 1)^{2018}}$ 的值.

5. 已知 $(x - 3)^2 + (y + 4)^2 = 25$.求 $x^2 + y^2$ 的最大值.

6. 设 $k \in \left(0, \dfrac{1}{2}\right)$，求方程 $\sqrt{|1 - x|} = kx$ 的实数根的个数.

7. 已知方程 $\lg x + \lg(x - 4) = \lg a$ 仅有一解，求 $a$ 的取值范围.

8. 证明:方程 $(x-a)(x-a-b)=1$ 有两个相异实根,且一根大于 $a$,另一根小于 $a$.

9. 以正方体的 8 个顶点中的 4 个顶点为顶点,可做成多少个三棱锥?

10. 化简:$a^2\left(\dfrac{b+\sqrt{b^2-4ac}}{2a}\right)^4+(2ac-b^2)\left(\dfrac{b+\sqrt{b^2-4ac}}{2a}\right)+c^2$(其中 $b^2-4ac\geqslant 0$).

11. 设 $a$、$b$、$x$、$y$ 均为正数,且 $x^2+y^2=1$.试证:$\sqrt{a^2x^2+b^2y^2}+\sqrt{a^2y^2+b^2x^2}\geqslant a+b$.

12. 正方形的边长为 $a$,以各边为直径在正方形内画半圆.求所围成的图形(如图 1.14 中阴影部分)的面积.

图 1.14

13. 已知 $\sin\alpha=m\cdot\sin\beta$,$\tan\alpha=n\cdot\tan\beta$($\alpha$、$\beta$ 为锐角,$\alpha\neq\beta$).求证:$\cos\alpha=\sqrt{\dfrac{m^2-1}{n^2-1}}$.

14. 已知 $a$、$b$、$c>0$,求证:$a^{2a}b^{2b}c^{2c}\geqslant a^{b+c}b^{c+a}c^{a+b}$.

15. 已知 $y=u\sqrt{ax-b}+v\sqrt{b-ax}+ab$,式中的字母均表示大于零的实数,求 $\dfrac{1}{b}\sqrt{xy}$ 的值.

16. 已知 $a>0$,$f(x)=a(x^2+1)$,$g(x)=(1-2a)x$.则当 $f(x)\geqslant g(x)$ 时,求 $a$ 的取值范围.

17. 如图 1.15 所示,在三棱锥 $P-ABC$ 中,$PA=a$,$AB=AC=2a$,$\angle PAB=\angle PAC=\angle BAC=60°$.求三棱锥 $P-ABC$ 的体积.

18. 在三棱锥 $P-ABC$ 中,已知 $PA\perp BC$,$PA=BC=l$,$PA$、$BC$ 的公垂线 $ED=h$,如图 1.16 所示.求证:三棱锥 $P-ABC$ 的体积 $V=\dfrac{1}{6}l^2h$.

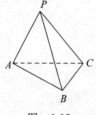

图 1.15

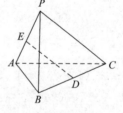

图 1.16

19. 已知 $a$、$b$、$c\in \mathbf{R}_+$,且 $abc(a+b+c)=4$,求 $(a+b)(b+c)$ 的最小值.

20. 已知 $a_i>0(i=1,2,\cdots,n)$,且 $\displaystyle\sum_{i=1}^{n}a_i=1$,求证:

$$A=\frac{a_1^4}{a_1^3+a_1^2a_2+a_1a_2^2+a_2^3}+\frac{a_2^4}{a_2^3+a_2^2a_3+a_2a_3^2+a_3^3}+\cdots+\frac{a_n^4}{a_n^3+a_n^2a_1+a_na_1^2+a_1^3}\geqslant\frac{1}{4}.$$

数学解题的过程,就是不断化归的过程.

——[苏]柯瓦列夫斯卡娅(1895—1966)

数学家往往不是对问题实施正面的攻击,而是不断地将它变形,直至把它变成能够得到解决的问题.

——[匈]罗莎·彼得(1905—1977)

# 第二章　化归:解题的方向

苏联数学家雅诺夫思卡娅曾说:"解题 —— 就是意味着把所要解的问题转化为已经解决或容易解决的问题."在处理和解决数学问题时,总的指导思想是把问题转化为能够解决的问题,这就是化归思想.正如古之"围魏救赵"是战史上"避实就虚"的典型战例,军事上的这种策略思想迁移到数学解题方面,"实"是指繁、难、隐蔽、曲折,"虚"是指简、易、明显、径直,就是要化难为易,避繁从简,转暗为明,变生为熟.

## 第一节　化归法解题模式

让我们首先来看看一元三次方程求根公式的发现.

由于一元二次方程 $ax^2+bx+c=0(a\neq 0)$ 的求解公式早已得出,因此,容易想到,如果能把三次方程转化为二次方程求解,一元三次方程的问题也就解决了.16 世纪意大利数学家塔塔里亚正是采用参数变异法求得一元三次方程的解的.

**例 2.1**　解方程 $ay^3+by^2+cy+d=0(a\neq 0)$.

**分析**　对于一元三次方程 $ay^3+by^2+cy+d=0(a\neq 0)$……①,为求得它的根,我们引进参数 $k$,使得 $y=x+k$,则有

$$a(x+k)^3+b(x+k)^2+c(x+k)+d=0,$$

即

$$ax^3+(3ak+b)x^2+(3ak^2+2bk+c)x+(ak^3+bk^2+ck+d)=0.$$

令 $3ak+b=0$,即 $k=-\dfrac{b}{3a}$,方程 ① 化归为特殊形式 $x^3+px+q=0$……②.

再引进参数 $u$ 和 $v$,令 $x=u+v$,方程 ② 就可变形为 $(u+v)^3+p(u+v)+q=0$.即 $u^3+3u^2v+3uv^2+v^3+pu+pv+q=0$,也即

$$u^3 + (3uv + p)u + (3uv + p)v + v^3 + q = 0.$$

因此,如果取 $3uv = -p$,对这样选取的 $u$ 和 $v$ 就有

$$\begin{cases} u^3 + v^3 + q = 0, & ③ \\ 3uv + p = 0. & ④ \end{cases}$$

由 ④ 可变形为 $uv = -\dfrac{p}{3}$,即 $u^3 v^3 = -\dfrac{p^3}{27}$.因此,由二次方程的有关知识就可知道,$u^3$、$v^3$ 就是二次方程 $z^2 + qz - \dfrac{p^3}{27} = 0$ 的根.于是,由二次方程的求根公式即可求得 $u^3 = -\dfrac{q}{2} + \sqrt{\dfrac{q^2}{4} + \dfrac{p^3}{27}}$,$v^3 = -\dfrac{q}{2} - \sqrt{\dfrac{q^2}{4} + \dfrac{p^3}{27}}$.因此,方程 ② 的解为

$$x = \sqrt[3]{-\dfrac{q}{2} + \sqrt{\dfrac{q^2}{4} + \dfrac{p^3}{27}}} + \sqrt[3]{-\dfrac{q}{2} - \sqrt{\dfrac{q^2}{4} + \dfrac{p^3}{27}}}.$$

以上解题过程如图 2.1 所示.

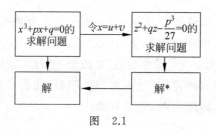

图　2.1

求出 $x$,则 $y$ 自然就可以求出来了.

与一般的科学家(如物理学家)相比,数学家在思想方法上具有其特殊的地方.如果把"化归"理解为"由未知到已知、由难到易、由复杂到简单的转化",那么可以说,数学家思维的重要特点之一,就是他们特别善于使用化归的方法解决问题.在上述一元三次方程的求解过程中,我们通过设定参数进行换元,把原方程逐步转化为可以求解的一元二次方程,从而实现了原一元三次方程的求解.这种把一个难以解决的问题,通过某种方法或途径转化为熟悉的、简单的、能够解决的问题的过程,就是化归.

化归的基本特征是在解决一个问题时,人们不是直接寻找问题的答案,而是寻找一些熟悉的结果,设法将面临的问题化为某一规范的问题,以便运用已知的理论、方法和技术使问题得到解决.

化归法在中学数学中有着广泛的应用.例如,有理数的四则运算应包含两部分,即绝对值的计算与符号的确定.而在确定了符号之后,就只需对有理数的绝对值进行运算,这样就把有理数的运算问题化归为小学里的算术数的运算问题.又如,解无理方程通常是通过两边平方或换元的方法去除根号,从而使之化归为有理方程,再解这个有理方程获得原方程的解.

上述问题的解决有一个共同的特点,就是通过转化,将待解决的问题化归为一个已解决

或容易解决的问题.这种求解问题的过程如图 2.2 所示.

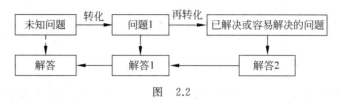

图 2.2

化归法主要包括三个要素:化归对象、化归目标和化归途径.化归对象,即把什么东西进行化归;化归目标,即化归到何处去;化归途径,即如何进行化归.

**例 2.2** 求证:$f(n)=n^3+6n^2+11n+12(n\in\mathbf{N}_+)$ 能被 6 整除.

**分析** 把原式进行适当的变形:$f(n)=n^3+6n^2+11n+12=(n+1)(n+2)(n+3)+6$.

上式表明,$f(n)$ 是三个连续自然数之积与 6 之和.因而原问题的证明转化为要证问题①:三个连续自然数之积总能被 6 整除.如果我们已经掌握对问题①的证明方法,那么原问题便可由此而获证,但若我们对问题①的证法仍属未知,那么因为 $6=2\times3$,而 2 与 3 又互质,因而问题①又可被转化为要证问题②:三个连续自然数之积,既能被 2 整除,又能被 3 整除.由于对问题②的处理方法为大家所熟知,因此原问题由此而获解.

**例 2.3** 在边长为 2 的正方形内,任意放置 5 个点,求证其中必存在两个点,它们之间的距离不大于 $\sqrt{2}$.

**分析** 注意 $\sqrt{2}$ 这个数值,它使我们联想到单位正方形对角线的长.众所周知,在单位正方形内,任意两点间的距离都不大于对角线的长,即小于或等于 $\sqrt{2}$.因此原问题便转化为在所设条件下证明"至少有两个点落在同一个单位正方形之中".

如图 2.3 所示,我们把边长为 2 的正方形划分为 4 个单位正方形,那么问题便可进一步转化为"证明在 4 个单位正方形内任意放置 5 个点,至少有两个点在同一正方形内".由于这个问题与大家在生活中早就体验过的下述问题完全一样,即"在 4 个抽屉内放 5 个苹果,至少有一个抽屉内要放进两个苹果."因而根据抽屉原理,原问题也就获证.

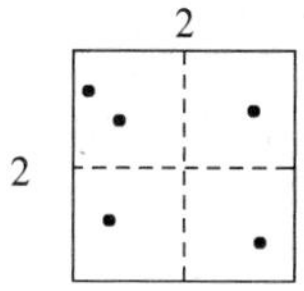

图 2.3

**例 2.4** 已知 $A$、$B$、$C$ 是 $\triangle ABC$ 的三内角,求 $y=\sin A\sin B\sin C$ 的最大值.

**分析** 注意到函数式中的 $\sin A$、$\sin B$、$\sin C$,它容易使我们联想到正弦定理:

$$\frac{a}{\sin A}=\frac{b}{\sin B}=\frac{c}{\sin C}=2R \quad (R\text{ 是三角形外接圆半径}).$$

考虑到 $y$ 值的大小与三角形外接圆半径的大小无关,因此不妨假定 $R=1$,于是根据正弦定理便可将原函数式变形为

$$y=\sin A\sin B\sin C=\sin A\cdot\frac{b}{2}\cdot\frac{c}{2}=\frac{1}{2}\cdot\frac{1}{2}bc\sin A.$$

其中 $\frac{1}{2}bc\sin A$ 是我们所熟悉的三角形面积公式,于是原问题就转化为"求单位圆内接三角形面积的最大值".

这是一个为我们所熟悉并能求解的问题,从而原问题也就由此而得解.事实上,由于圆内接三角形中以正三角形面积最大,因而当 $A=\dfrac{\pi}{3}$, $b=c=\sqrt{3}$ 时 $\dfrac{1}{2}bc\sin A$ 取得最大值 $\dfrac{3\sqrt{3}}{4}$. 故所求 $y$ 的最大值为 $\dfrac{3\sqrt{3}}{8}$.

上述解法只是一种化归路径.在本章第四节例 2.28 还将从分解与组合的视角探寻本例的化归方法,也会就"圆内接三角形面积之最大值"给出具体的解题过程.

**例 2.5**　已知 $0<a<1$, $x^2+y=0$,求证: $\log_a(a^x+a^y)\leqslant\log_a2+\dfrac{1}{8}$.

**分析**　根据题意,因为 $0<a<1$,由对数函数的单调性,原不等式变形为 $a^x+a^y\geqslant 2a^{\frac{1}{8}}$ ……①.这样原来的问题就转化为在 $0<a<1$, $x^2+y=0$ 的条件下,证明不等式 ①.

注意到 $x^2+y=0$,不等式 ① 又化归为 $a^x+a^{-x^2}\geqslant2a^{\frac{1}{8}}$ ……②.

再注意到不等式右边有一个系数 2,为得到这个系数,会联想到均值不等式.由 $0<a<1$, $a^x>0$, $a^{-x^2}>0$ 得 $a^x+a^{-x^2}\geqslant2a^{\frac{x-x^2}{2}}$ ……③.

比较不等式 ② 和 ③,若能够证明 $a^{\frac{x-x^2}{2}}\geqslant a^{\frac{1}{8}}$ ……④,则不等式 ② 就成立.因为 $0<a<1$,不等式 ④ 又可转化为 $\dfrac{x-x^2}{2}\leqslant\dfrac{1}{8}$,即证 $-x^2+x-\dfrac{1}{4}\leqslant0$ ……⑤.

这样,最终将所求证的不等式转化为求证不等式 ⑤,原问题转化为这个简单、熟悉的问题.事实上,$-x^2+x-\dfrac{1}{4}=-\left(x-\dfrac{1}{2}\right)^2\leqslant0\left(\text{当且仅当 }x=\dfrac{1}{2}\text{ 时不等式取等号}\right)$,从而可推出不等式 ④、② 和 ① 成立,最后得到原不等式成立.

# 第二节　特　殊　化

在解决数学问题时,对于一些较复杂、较一般的问题,如果一时找不到解题的思路而难以入手时,不妨先考虑某些简单的、特殊的情形,通过它们摸索出一些经验,或对答案作出一些估计,然后再设法解决问题本身.这一方法称为问题的特殊化方法.特殊化方法是探求解题思路时常用的方法,许多数学问题常常可以从研究它的特殊情况出发,通过观察、类比、归纳、推广等方法,获得关于所研究对象的性质或关系的认识,找到解决问题的方向、途径或方法.

**例 2.6**　设 $a$、$b$、$c\in\mathbf{R}_+$,求证 $a^n+b^n+c^n\geqslant a^pb^qc^r+a^qb^rc^p+a^rb^pc^q$,其中 $n\in\mathbf{N}$, $p$、$q$、$r$ 都是非负整数,且 $p+q+r=n$.

**分析**　欲证的不等式涉及量较多,似乎无从下手,为此考察特殊情形 $p=2$, $q=1$, $r=0$,即欲证明 $a^3+b^3+c^3\geqslant a^2b+b^2c+c^2a$ ……①

从本题要证明的结论来看,不等式中各式关于 $a$、$b$、$c$ 对称,故不妨设 $a\geqslant b\geqslant c>0$. 事实上,

$$a^3 + b^3 + c^3 - (a^2b + b^2c + c^2a) = a^2(a-b) + b^2(b-c) + c^2(c-a)$$
$$= a^2(a-b) + b^2(b-c) + c^2(c-b+b-a)$$
$$= (a^2-c^2)(a-b) + (b^2-c^2)(b-c) \geqslant 0,$$

故 ① 成立.

进一步分析发现,① 本身无助于原不等式的证明,其证明方法也不能推广到原不等式.故需要重新考虑 ① 的具有启发原不等式证明的其他证法.考虑常用不等式证明方法发现,① 式可利用"均值不等式"获证,即

$$a^2b = a \cdot a \cdot b = \sqrt[3]{a^3 a^3 b^3} \leqslant \frac{a^3 + a^3 + b^3}{3} = \frac{2a^3 + b^3}{3},$$

同理

$$b^2c \leqslant \frac{2b^3 + c^3}{3}, \ c^2a \leqslant \frac{2c^3 + a^3}{3}.$$

相加即得 ① 式.运用此法再考虑原一般问题就简单多了:

$$a^p b^q c^r = \sqrt[n]{\underbrace{a^n \cdots a^n}_{p\text{个}} \cdot \underbrace{b^n \cdots b^n}_{q\text{个}} \cdot \underbrace{c^n \cdots c^n}_{r\text{个}}} \leqslant \frac{pa^n + qb^n + rc^n}{n}.$$

同理

$$a^q b^r c^p \leqslant \frac{qa^n + rb^n + pc^n}{n}, \ a^r b^p c^q \leqslant \frac{ra^n + pb^n + qc^n}{n}.$$

上面三式相加即得原不等式

$$a^n + b^n + c^n \geqslant a^p b^q c^r + a^q b^r c^p + a^r b^p c^q.$$

当一个一般性的问题求解无路时,由于"一般即寓于特殊之中",我们可以寻觅它的一种特殊情形,研究求解,如获得反面结果,则原问题也就被反面解决(对极端的或边界情形另当别论);如得到正面结果,则应仔细回顾和深入认识解题过程中的策略、思想、方法,尽量概括出一般性的东西,再设法用于原问题的求解,成功则原问题获解,不成功可再寻觅另一种特殊情形,如图 2.4 所示.

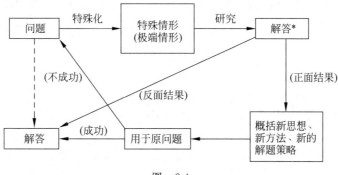

图　2.4

从形式上来看,将一般性问题特殊化是不困难的,但某个一般性问题经过不同的特殊化处理会得到多个不同的特殊化命题,那么,哪个特殊化命题最有利于一般性问题的解决呢?显然,较为理想化的特殊问题是其自身容易解决,且从其解决过程中又易发现或得到一般性问题的解法.一方面,题目的特殊情形往往比它的一般情形易于解出;另一方面,由于特殊情形的解与一般情形的解往往有共性,特殊情形的解往往能给出怎样解一般情形的启示.因此,先求出特殊情形的解,再根据它的启示去解一般情形往往是很可取的.

对数学中的某些特殊图形、特殊关系和某些特殊概念及其性质掌握得越多、越熟练,就越易发现问题中的特殊因素.一般来说,将问题特殊化的常用途径主要包括以下几类.

## 一、从特殊关系切入

在问题结构中常常存在一些特殊的关系,抓住这些特殊关系往往就能直接切中问题的要害,找到解决问题的突破口.但这类特殊关系有时却难以察觉.

**例 2.7**　已知函数 $y=f(x)$ 满足 $f(x)+f(-x)=2018$,求 $f^{-1}(x)+f^{-1}(2018-x)$ 的值.

**分析**　由题目要求的式子的形式,很容易联想到 $f(x)+f(2a-x)$,而从这个形式容易联想到一个特殊的关系 —— 点对称.再看看已知条件,可以联想到 $f(a+x)+f(a-x)=2b$,由此我们就找到解题的方向,从点对称这一特殊关系入手.事实上,由已知式 $f(x)+f(-x)=2018$(即在对称关系式 $f(a+x)+f(a-x)=2b$ 中取 $a=0,b=1009$),得函数 $y=f(x)$ 的图象关于点 $(0,1009)$ 对称.

再根据原函数与其反函数的特殊关系,知函数 $y=f^{-1}(x)$ 的图象关于点 $(1009,0)$ 对称,所以 $f^{-1}(x+1009)+f^{-1}(1009-x)=0$,将上式中的 $x$ 用 $x-1009$ 替换,得 $f^{-1}(x)+f^{-1}(2018-x)=0$.

**例 2.8**　求证:任何整数都可表示为 5 个整数的立方和的形式.

**分析**　题中的"任何整数"是不易入手思考的,为此先考虑特殊情形:$n=0,1,2,3,4,5$ 时,结论是显然的;当 $n \geqslant 6$ 时,随着 $n$ 值的增大,困难就越大,而且很难找出解决问题的一般方法,此时我们不妨先考虑某一类特殊整数,同时将和数的个数也减少一个,有下面一个特殊的数量关系,

$$(n+1)^3+(-n)^3+(-n)^3+(n-1)^3=6n.$$

这就是说,能被 6 整除的任何整数均可表示为 4 个整数的立方和.由此在所作等式上进一步考虑.

$$6n=6n+0^3;$$
$$6n+1=6n+1^3;$$
$$6n+2=6(n-1)+2^3;$$
$$6n+3=6(n-4)+3^3;$$
$$6n+4=6(n+2)+(-2)^3;$$
$$6n+5=6(n+1)+(-1)^3.$$

这样,结论就得到了证明.

## 二、从特殊对象切入

对数学问题中的特殊对象的探索,有可能帮助我们形成问题解决的宏观思路.

**例 2.9** 是否存在一个二次函数 $y=f(x)$,使得对一切 $x\in[-1,1]$ 有 $|f(x)|\leqslant 1$,且 $|f(2)|>8$.若存在,请求出一个二次函数;若不存在,请说明理由.

**分析** 二次函数通常是给出一个等量关系,建立方程求解.而本题则是不等式给出的问题.寻找突破口需要思维的引导,从特殊点(端点及中点)$-1$、$0$、$1$ 出发进行的探索,是揭示本质的关键.事实上,假设存在二次函数 $f(x)=ax^2+bx+c$ 满足题意,则

$$|f(1)|=|a+b+c|\leqslant 1,$$
$$|f(-1)|=|a-b+c|\leqslant 1,$$
$$|f(0)|=|c|\leqslant 1.$$

又 $f(2)=4a+2b+c=3(a+b+c)+(a-b+c)-3c$,

因此 $|f(2)|=|3f(1)+f(-1)-3f(0)|\leqslant 3|f(1)|+|f(-1)|+3|f(0)|\leqslant 3+1+3=7$,但题中要求 $|f(2)|>8$,故不存在满足题意的二次函数.

**例 2.10** 将 10 个相同的小球装入 3 个编号为 1、2、3 的盒子(每次要把 10 个球装完),要求每个盒子里球的个数不少于盒子的编号数,这样的装法种数有多少种?

**分析** 许多人在本例上很难找到问题的切入点,并非缺少知识,而在于思维的惯性,一定要用排列组合原理才可行.通过简单启发,相对而言,3 号盒子较复杂,能否先解决它(特殊)是求解本题的关键.

事实上,3 号盒子装 7 个时,有 1 种装法(2 号盒子装 2 个、1 号盒子装 1 个);3 号盒子装 6 个时,有 2 种装法(2 号盒子装 2 个、1 号盒子装 2 个;2 号盒子装 3 个、1 号盒子装 1 个);依次分析可得共有装法 $1+2+3+4+5=15$(种).

## 三、从特殊取值切入

许多时候,代数式(或等式)中的字母取特殊值,可以让解题思路更清晰.

**例 2.11** 已知三角形的三边长分别是 $m^2+m+1$、$2m+1$、$m^2-1$,则该三角形是什么三角形?

**分析** 该题的关键是找出三角形的最大角,根据最大角判断三角形的形状.而三角形的最大角对应着最大边,所以,问题化归为求出三角形的最大边长.为此,我们赋值于 $m$,也就是将 $m$ 特殊化,用以判断三边的长度关系.令 $m=2$,则有 $m^2+m+1>2m+1>m^2-1$,下面证三边长度的一般性结论.

由于 $m^2+m+1$、$2m+1$、$m^2-1$ 是三角形的边长,所以有

$$\begin{cases} m^2+m+1>0, \\ 2m+1>0, \\ m^2-1>0. \end{cases}$$

解得 $m>1$.故有 $(m^2+m+1)-(2m+1)=m^2-m=m(m-1)$,$(m^2+m+1)-(m^2-1)=m+2>0$.

所以，$m^2+m+1$ 是三角形的最大边，设它所对应的角度是 $\alpha$，则由余弦定理得

$$\cos\alpha = \frac{(2m+1)^2+(m^2-1)^2-(m^2+m+1)^2}{2(2m+1)(m^2-1)} = -\frac{1}{2}.$$

所以，$\alpha = 120°$，此三角形是钝角三角形.

**例 2.12**　$x$、$y \in \mathbf{R}$ 且满足 $(x+\sqrt{x^2+1})(y+\sqrt{y^2+1})=1$，求 $x+y$ 的值.

**分析**　本题属于二元不定方程，其难点在于找到变形的切入点.可从特殊取值入手，令 $x=0$（特殊化），得 $y+\sqrt{y^2+1}=1$，$y=0$，据此找到目标：$x+y=0$.事实上，

$$x+\sqrt{x^2+1} = \frac{1}{y+\sqrt{y^2+1}} = \sqrt{y^2+1}-y,$$

得
$$x+y = \sqrt{y^2+1}-\sqrt{x^2+1} \qquad ①$$

同理，$y+\sqrt{y^2+1} = \dfrac{1}{x+\sqrt{x^2+1}}$，

得
$$x+y = \sqrt{x^2+1}-\sqrt{y^2+1} \qquad ②$$

①＋② 得 $2(x+y)=0$，所以 $x+y=0$.

## 四、从特殊位置切入

各类几何问题中常有研究对象之间隐藏的或动态的关系与形式需要确定，在这里，特殊位置的利用具有非常特别的价值.

**例 2.13**　已知一大一小两个正方形 $ABCD$、$BEFG$，如图 2.5 所示，求 $\dfrac{AE}{DF}$.

**分析**　本题求两条线段的比值，可以先利用特殊图形的特殊位置进行探究，如图 2.6 和图 2.7 所示，小正方形 $BEFG$ 的边长分别是大正方形 $ABCD$ 的边长、对角线的一半，这时都有 $\dfrac{AE}{DF}=\dfrac{1}{\sqrt{2}}=\dfrac{\sqrt{2}}{2}$.注意到任何一个正方形的边长与对角线之比为 $\dfrac{1}{\sqrt{2}}$，再回到图 2.5，可以想办法证明 $\dfrac{AE}{DF}=\dfrac{AB}{BD}=\dfrac{BE}{BF}$，于是作辅助线 $BD$、$BF$，易证 $\triangle ABE \backsim \triangle BDF$，至此本题得到解决.

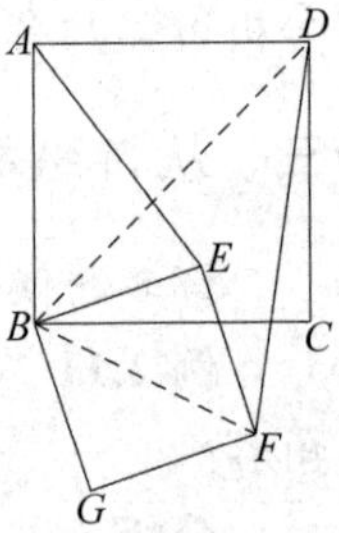

图　2.5

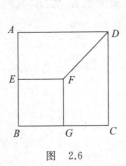

图　2.6

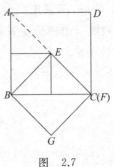

图　2.7

**例 2.14** 如图 2.8 所示,在 $\triangle ABC$ 中,$P$、$Q$、$R$ 将其周长三等份,且 $P$、$Q$ 在 $AB$ 边上.求证:$\dfrac{S_{\triangle PQR}}{S_{\triangle ABC}} > \dfrac{2}{9}$.

**分析** 在题设条件下,当 $Q$ 点往 $B$ 点方向移动时,$R$ 点往 $A$ 点方向移动,$\triangle PQR$ 的面积减小(移动时底边没变,高变小).当 $Q$ 点移动到与 $B$ 点重合的位置时,$\triangle PQR$ 变成 $\triangle BST$,这时它的面积最小,用静止的 $\triangle BST$ 代替动 $\triangle PQR$,于是只需证明 $\dfrac{S_{\triangle BST}}{S_{\triangle ABC}} > \dfrac{2}{9}$.

记 $BC = a$,$CA = b$,$AB = c$,依题得 $BS = \dfrac{a+b+c}{3}$,$AT = \dfrac{2(a+b+c)}{3} - c = \dfrac{2a+2b-c}{3}$,所以,$\dfrac{S_{\triangle BST}}{S_{\triangle ABC}} = \dfrac{a+b+c}{3c} \cdot \dfrac{2a+2b-c}{3b}$.

由于 $a+b > c$,$a > 0$,考虑上式右边的式子,得

$$(a+b+c)(2a+2b-c) > (c+c)(a+b) > 2bc,$$

即得所需证的不等式.

通过前面的例子可以看出,在数学解题中,常由任意的特殊化了解问题,由系统的特殊化为一般情形提供基础,由巧妙的特殊化对一般性结论进行检验.

# 第三节 一 般 化

希尔伯特说过:"在解决一个数学问题时,如果我们没有获得成功,原因常常在于我们没有认识到更一般的观点,即眼下要解决的问题不过是一连串有关问题的一个环节."

对于一般情况而言,特殊情况往往比较熟悉而易于认识,因而常把特殊化作为实现化归的途径之一.然而,由于特殊情况往往涉及过多无关宏旨的枝节,从而掩盖了问题的关键,而一般情况则更能明确地表达问题的本质特性.因此,若对一般形式比较熟悉时,可用一般化方法探索.

所谓一般化方法,是指为解决某一问题,我们先解决比其更一般的问题,然后将之特殊化,从而得到原问题的解.一般化方法一方面有助于命题的推广;另一方面它也是解决许多数学问题的有效途径.

实际上,对于某些问题,如果仅仅停留在数值的计算上,或者只是孤立地考察这些问题本身,往往难以奏效.但如果把眼界放宽,把问题一般化,借助于一般化的结论或者方法,有时却可使特殊问题容易解决.这是因为,一般化命题中的关系和规律有时更容易看清楚.

如比较 $1009^{2017}$ 与 $2017!$ 的大小.问题不容易直接解决,但是研究它的一般形式,即比较 $\left(\dfrac{n+1}{2}\right)^n$ 与 $n!$ 的大小,因为

$$\left(\frac{n+1}{2}\right)^n = \left(\frac{1+2+3+\cdots+n}{n}\right)^n > (\sqrt[n]{1 \cdot 2 \cdot 3 \cdot \cdots \cdot n})^n = (\sqrt[n]{n!})^n = n!$$

问题很快获得解决.

波利亚在其名著《怎样解题》中是这样阐述一般化方法的:"一般化就是从考虑一个对象过渡到考虑包含该对象的一个集合,或者从考虑一个较小的集合过渡到考虑一个包含该较小集合的更大集合。"一般化是与特殊化相反的一个过程。运用一般化方法的基本思想是:为解决问题 $P$,我们先解比 $P$ 更一般的问题 $Q$,然后,将之特殊化,便得到 $P$ 的解。

利用一般化方法解题的基本模式如图 2.9 所示。

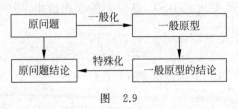

图 2.9

**例 2.15** 计算 $\sqrt{2015 \times 2016 \times 2017 \times 2018 + 1} - 2016^2$。

**分析** 一眼看上去,会感觉本题计算量太大而望而却步。显然,本题死算不可取。观察数字特征,可将数字一般化后,寻找化归途径,令 $a = 2016$,则原式 $= \sqrt{(a-1)a(a+1)(a+2)+1} - a^2 = (a^2 + a - 1) - a^2 = a - 1$,故原式 $= 2015$。

**例 2.16** 证明不等式 $\left(\dfrac{2^{2018}-2}{2017}\right)^{2017} > 2^{1+2+\cdots+2017}$。

**分析** 这是一个极其特殊又很难入手的计算问题。先把问题一般化为证明不等式

$$\left(\frac{2^{n+1}-2}{n}\right)^n > 2^{1+2+\cdots+n} \quad (n \in \mathbf{N}_+).$$

这个问题仍很困难,注意到不等式右边是 $2^1 \cdot 2^2 \cdot 2^3 \cdot \cdots \cdot 2^n$ 数列的 $n$ 项积,可将问题进一步一般化。

构造一个首项为 $a_1 = 2$,公比为 $q = 2$ 的等比数列 $\{a_n\}$,则问题变为只需证明

$$\left[\frac{2(a_n-1)}{n}\right]^n > a_1 a_2 \cdots a_n.$$

即只要证

$$\frac{2(a_n-1)}{n} > \sqrt[n]{a_1 a_2 \cdots a_n}.$$

因为

$$\frac{a_1 + a_2 + \cdots + a_n}{n} > \sqrt[n]{a_1 a_2 \cdots a_n} \quad (a_i \text{ 各不相等}, i = 1, 2, \cdots, n),$$

所以只要证明

$$\frac{2(a_n-1)}{n} \geqslant \frac{a_1 + a_2 + \cdots + a_n}{n},$$

即只要证明

$$2(a_n - 1) \geqslant a_1 + a_2 + \cdots + a_n.$$

由等比数列前 $n$ 项和公式,知当 $q = 2$ 时,

$$a_1 + a_2 + \cdots + a_n = \frac{a_n q - a_1}{q - 1} = 2(a_n - 1).$$

至此,问题得证.

回到原来的问题,当 $n = 2017$ 时,命题仍然成立,这就证明了原命题.

**例 2.17**　已知实数 $a > b > e$,其中 e 是自然对数的底,证明: $a^b < b^a$.

**分析**　欲证 $a^b < b^a$,只需证 $b \ln a < a \ln b$,即 $\dfrac{\ln a}{a} < \dfrac{\ln b}{b}$.为此,只需证明一个更一般化的命题:函数 $f(x) = \dfrac{\ln x}{x}$ 在 $(e, +\infty)$ 内是严格递减的.

事实上,在 $(e, +\infty)$ 内,$f'(x) = \dfrac{1 - \ln x}{x^2} < 0$,即 $f(x)$ 是严格递减的.从而对于 $a > b > e$,有 $f(a) < f(b)$,结论得证.

**例 2.18**　正方形纸片内有 2018 个点,连同正方形的 4 个顶点,共有 2022 个点.已知这些点无三点共线,现要将该正方形纸片剪成三角形,三角形的顶点都是这 2022 个点中的点,且这 2022 个点都是某些这种三角形的顶点.问共可剪成多少个三角形? 为剪成这些三角形要剪多少刀(沿三角形一条边剪算一刀)?

**分析**　这是一个很特殊的问题,为找到规律,我们来研究正方形内有 $n$ 个点的情况.对 $n$ 特殊化,如表 2.1 所示.

表　**2.1**

| 正方形内点数 | 可剪成三角形的个数 | 须剪的刀数 |
| --- | --- | --- |
| 1 | 4 | 4 |
| 2 | 6 | 7 |
| 3 | 8 | 10 |
| 4 | 10 | 13 |
| 5 | 12 | 16 |
| ⋮ | ⋮ | ⋮ |
| $n$ | $2(n+1)$ | $3n+1$ |

表 2.1 中最后一行是从特殊情况得到的猜测:正方形内有 $n$ 个点时,可剪成 $[2(n+1)]$ 个三角形,须剪 $(3n+1)$ 刀.下面用数学归纳法证明.

当 $n = 1$ 时,易知结论正确.

设 $n = k$ 时,结论也正确,即正方形内有 $k$ 个点时,可剪成 $[2(k+1)]$ 个三角形,须剪 $(3k+1)$ 刀.

当 $n = k+1$ 时,因在正方形内增加了一个点,由已知,这一点必落在已有的三角形的某一个当中,这样沿此点与这个三角形的 3 个顶点可剪成 3 个三角形,比原来多出 2 个三角形,

多剪了 3 刀.于是

$$2(k+1)+2=2[(k+1)+1],$$
$$3k+1+3=3(k+1)+1.$$

因此,结论对 $n=k+1$ 时也正确.

回到原问题,当 $n=2018$ 时,通过计算,可剪成 4038 个三角形,须剪 6055 刀.

**例 2.19** 设 $x+y+z=0$,试证:$\dfrac{x^2+y^2+z^2}{2} \cdot \dfrac{x^5+y^5+z^5}{5}=\dfrac{x^7+y^7+z^7}{7}$.

**分析** 对这个恒等式最容易想到的是直接将 $z=-(x+y)$ 代入等式两边验证,但这样做是非常麻烦的.利用递推方法不但可以较容易地解决这一个问题,而且能解决这一类问题.

我们先来建立递推关系,设 $f(n)=x^n+y^n+z^n(n \in \mathbf{N})$,$xy+yz+zx=-a$,$xyz=b$,又 $x+y+z=0$,则以 $x$、$y$、$z$ 为根的三次方程为 $\beta^3-a\beta-b=0$.

容易得到

$$(x^n-ax^{n-2}-bx^{n-3})+(y^n-ay^{n-2}-by^{n-3})+(z^n-az^{n-2}-bz^{n-3})=0$$

即 $\quad (x^n+y^n+z^n)-a(x^{n-2}+y^{n-2}+z^{n-2})-b(x^{n-3}+y^{n-3}+z^{n-3})=0,$

则 $\quad\quad\quad\quad f(n)=af(n-2)+bf(n-3) \quad (n \geqslant 4)$ $\quad\quad\quad\quad\quad\quad(*)$

因为

$$f(1)=x+y+z=0,$$

所以

$$f(2)=x^2+y^2+z^2=-2(xy+yz+zx)=2a;$$
$$f(3)=x^3+y^3+z^3=3xyz=3b;$$
$$f(4)=af(2)+bf(1)=2a^2;$$
$$f(5)=af(3)+bf(2)=5ab;$$
$$f(7)=af(5)+bf(4)=7a^2b.$$

由上可知:

$$\frac{f(2)}{2} \cdot \frac{f(5)}{5}=\frac{f(7)}{7},$$

即

$$\frac{x^2+y^2+z^2}{2} \cdot \frac{x^5+y^5+z^5}{5}=\frac{x^7+y^7+z^7}{7}.$$

在本例中,依据递推关系 $(*)$,我们还可证明

$$\frac{f(2)}{2} \cdot \frac{f(3)}{3}=\frac{f(5)}{5}.$$

**例 2.20** 求证 $C_n^0+C_n^1+C_n^2+\cdots+C_n^n=2^n$.

**分析** 考察等式左边,发现它的每一项恰好是二项式定理展开式 $(a+b)^n=C_n^0a^n+C_n^1a^{n-1}b+C_n^2a^{n-2}b^2+\cdots+C_n^nb^n$……① 的系数.

比较原题和①,即知①是原题左边的一般形式,而原题左边只是①右边当 $a=b=1$ 时的特殊形式,于是问题迎刃而解.事实上,只要令①中 $a=b=1$,便有

$$2^n = (1+1)^n = C_n^0 + C_n^1 + C_n^2 + \cdots + C_n^n.$$

对二项展开式中的 $a$、$b$ 赋予特殊值,就改变了它原先的形态,然后把赋值的过程抽去,仅仅把赋值后的结论摆到我们面前,就构成了一个"特殊形式"的问题.这类问题比比皆是,而且随着电子计算机的出现,也有其现实意义,尽管特殊形式常以"陌生的面孔"出现,但由于特殊性中包含着普遍性,所以不管怎样改变形态,总离不开"一般"所概括出来的本质特征.只要我们细心观察、分析,总能找到蛛丝马迹,从而发现它的一般原型.

基于上述一般化推广方法,我们还可以很快推证出以下几个等式.

$$\sum_{k=0}^{n} 2^k C_n^k = 3^n;$$

$$\sum_{k=0}^{n} (-1)^k 3^k C_n^k = (-1)^n 2^n;$$

$$\sum_{k=0}^{n} k \cdot C_n^k = n \cdot 2^{n-1}.$$

**例 2.21** 当 $k$ 为何值时,关于 $x$ 的方程 $7x^2 - (k+13)x + k^2 - k - 2 = 0$ 的两个根分别在区间 $(0,1)$ 与 $(1,2)$ 内.

**分析** 若设 $0 < x_1 < 1, 1 < x_2 < 2$,然后根据韦达定理求 $k$ 值,显然是不充分的.我们可以把方程置于函数中考虑.从方程到函数,问题转化为例 1.22 的形式.

设 $f(x) = 7x^2 - (k+13)x + k^2 - k - 2$,如图 2.10 所示,该函数的图象只有在区间 $(0,1)$ 内穿过 $x$ 轴一次,又在区间 $(1,2)$ 内穿过 $x$ 轴一次才能满足题意要求.也就是说,$f(x)$ 必须在 $(0,1)$ 内变号,并且又在 $(1,2)$ 内变号.其充要条件是:

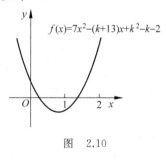

图　2.10

$$\begin{cases} f(0) > 0, \\ f(1) < 0, \\ f(2) > 0. \end{cases}$$

据此即可获知本例的答案应该是 $-2 < k < -1$ 或 $3 < k < 4$.

**例 2.22** 已知 $x \in [0,1]$,试证明:若 $p \in \mathbf{N}, p > 1$,则 $\dfrac{1}{2^{p-1}} \leqslant x^p + (1-x)^p \leqslant 1$.

**分析** 在不等式的证明方法中,有一种方法叫作构造函数法.其具体过程是:先找到不等式的一般原型,即相应的函数,再研究这个函数的性质,然后把研究结果落实到所要证明的不等式中.

我们暂时不管"$\leqslant$"号能否成立,而在更为广阔的领域中考虑 $x^p + (1-x)^p$ 的范围,即构造这样一个函数 $f(x) = x^p + (1-x)^p$,并考虑 $f(x)$ 的值域.

因为 $f'(x) = p[x^{p-1} - (1-x)^{p-1}]$,我们令 $f'(x) = 0$ 可解得唯一的驻点 $x = \dfrac{1}{2}$ 是极小值点,故 $f\left(\dfrac{1}{2}\right) = \dfrac{1}{2^{p-1}}$ 是极小值(也是最小值).又因为 $f(0) = f(1) = 1$,故 $f(x)$ 的最大值

为 1.所以不等式 $\dfrac{1}{2^{p-1}} \leqslant x^p + (1-x)^p \leqslant 1$ 成立.

**例 2.23**    证明不等式 $\log_a(a+b) > \log_{(a+c)}(a+b+c)(a>1,b、c>0)$.

**分析**    可以发现不等式左右两边的结构完全相同,差别仅仅在于右边对数的底数和真数比左边多一个 $c$.因此我们考虑构造这样一个函数,$f(x) = \log_x(x+b)$,$x \in (1,+\infty)$,这样待证不等式就是 $f(a) > f(a+c)$,但由于 $c>0$,故 $a < a+c$,所以我们需要证明 $f(x)$ 是减函数.

由于

$$f(x) = \log_x(x+b) = \frac{\ln(x+b)}{\ln x},$$

所以

$$f'(x) = \frac{\dfrac{1}{x+b} \cdot \ln x - \dfrac{1}{x}\ln(x+b)}{\ln^2 x}$$

$$= \frac{x\ln x - (x+b) \cdot \ln(x+b)}{x(x+b)\ln^2 x}.$$

上式中分母显然是正数,又由于

$$\begin{cases} 1 < x < x+b, \\ 0 < \ln x < \ln(x+b), \end{cases}$$

故

$$x\ln x < (x+b) \cdot \ln(x+b),$$

所以

$$f'(x) < 0.$$

因而 $f(x)$ 在区间 $(1,+\infty)$ 内是减函数,

$$f(a) > f(a+c),$$

命题得证.

数学题目有的具有一般性,有的具有特殊性,化归法的运用需要我们根据问题特点把一般问题化归为特殊问题,或把特殊问题化归为一般问题,其解题模式是:先是设法使问题特殊化(或一般化)降低难度;然后解这个特殊(或一般)性的问题,从中获得信息;再运用类比使原问题获解.

"从特殊到一般"与"由一般到特殊"是人类认识客观世界的普遍规律,在如下两个方面制约着化归方法的运用.

一方面,由于事物的特殊性中包含着普遍性,即所谓共性存在于个性之中,而相对一般而言,特殊的事物往往显得简单、直观和具体,并为人们所熟知,因而当我们处理问题时,必须注意问题的普遍性存在于特殊性之中,进而分析考虑有没有可能把待解决的问题化归为某个特殊问题.

另一方面,由于"一般"概括了"特殊","普遍"更能反映事物的本质,因而当我们处理问题时,也必须置待解决的问题于更为普遍的情形之中,通过对一般情形的研究处理特殊情形.

从总体角度来看,这两个方面既各有独特的作用,又互相制约、互相补充.

# 第四节 分解与组合

分解与组合是实现化归的重要途径.所谓分解,就是把一个复杂的问题分成若干个较简单或较熟悉的问题,从而使原问题得以解决.诚然,在许多情况下,"分解"并不能单独解决问题,为完全实现化归过程,还要结合"组合",即把所给出的问题与有关的其他问题作综合的研究,使原问题得以解决.分解与组合是相辅相成的,其模式如图 2.11 所示.

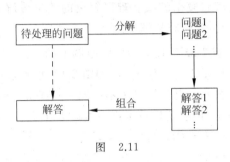

图 2.11

对一个问题实施分解与组合,除基本的问题分解与分类讨论外,还有一些升级的分解与组合方法,如局部分解法、逐步逼近法等.

## 一、问题分解

**例 2.24** 在边长为 1 的正方形的周界上任意两点间连一条曲线,把正方形的面积分为相等的两部分.求证:曲线的长不小于 1.

**分析** 这两点在正方形边界上各种可能的分布显然有三种情形(分割):①在同一条边上;②在相邻的两边上;③在相对的两边上.

其中 ③ 是不证自明的,因为正方形对边两点连线不小于边长.因此,我们只需将 ①、②化归为 ③.

设正方形为 $ABCD$,曲线 $\overset{\frown}{PQ}$ 将其面积分为相等的两部分,如图 2.12 所示.

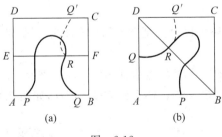

图 2.12

(1) 当 $P$、$Q$ 都在 $AB$ 上时,如图 2.12(a) 所示,设 $E$、$F$ 分别为 $AD$、$BC$ 的中点,则 $EF$ 与曲线 $\overset{\frown}{PQ}$ 必有交点 $R$.否则,以线段 $PQ$ 为一边的曲边图形完全位于长方形 $ABFE$ 内,因而面积小于正方形 $ABCD$ 的面积的一半,与题意不合.以 $EF$ 为轴,将曲线 $\overset{\frown}{RQ}$ 翻转到曲线 $\overset{\frown}{RQ'}$,则

$Q'$ 落在 $CD$ 上,至此,问题转化为 ③.

(2) 当 $P$、$Q$ 分别在 $AB$、$AD$ 上时,如图 2.12(b) 所示,连结 $BD$,则 $BD$ 与曲线 $\overset{\frown}{PQ}$ 必有交点 $R$(理由同前).今以 $BD$ 为轴,将曲线 $\overset{\frown}{RQ}$ 翻转到曲线 $\overset{\frown}{RQ'}$,则 $Q'$ 落在 $CD$ 上,至此,问题也转化为 ③.

综上所述(组合),命题获证.

在数学解题中,我们的困难往往是难以对结论进行抽象概括,不会把条件和结论直接联系起来.例 2.24 启示我们可否将复杂的或者难以解决的结论分解开来,分为简单、易证的多个部分,逐个击破,问题可能会变得较易解决.

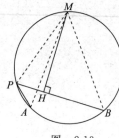

图 2.13

**例 2.25** 设 $A$、$B$、$M$ 是圆上的三点,$\overset{\frown}{AM}=\overset{\frown}{BM}$.$P$ 是 $\overset{\frown}{AM}$ 上的一点,且 $MH\perp PB$ 于 $H$,如图 2.13 所示.求证:$BH=PA+PH$.

**分析** $PA$ 与 $PH$ 不在同一直线上,要用它们的和与 $BH$ 比较长短很不方便,所以可考虑在线段 $BH$ 上找一点 $C$,把结论分解为 $BC=PA$,$CH=PH$ 两个等式证明.

**证明** 在线段 $BH$ 上截取 $BC=PA$.在 $\triangle BCM$ 和 $\triangle APM$ 中,注意到 $\overset{\frown}{AM}=\overset{\frown}{BM}$,有

$$\left.\begin{array}{r}BM=AM\\BC=AP\\\angle MBC=\angle MAP\end{array}\right\}\Rightarrow\triangle BCM\cong\triangle APM\Rightarrow CM=PM.$$

在等腰 $\triangle CMP$ 中,由 $MH\perp PC$ 即得 $CH=PH$,所以,$BH=BC+CH=PA+PH$.

本题的解题思想,对于证明线段或角的和差倍分问题,具有普遍指导意义.本题也可以按下面的途径分解结论.

(1) 在线段 $HB$ 上截取 $HC=PH$,然后证 $PA=CB$,如图 2.14 所示.

(2) 在线段 $BH$ 上取一点 $C$,使 $MC=MP$,然后证 $PA=CB$,$PH=HC$,如图 2.14 所示.

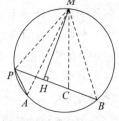

图 2.14

依据简单化原则,本题还可以设法把 $PA$ 和 $PH$ 合成一线,证合成后的线段与 $BH$ 相等,具体途径有:

(1) 延长 $AP$ 至 $C$,使 $PC=PH$,然后证 $AC=BH$,如图 2.15(a) 所示.

(2) 延长 $HP$ 至 $C$,使 $PC=PA$,然后证 $CH=BH$,如图 2.15(b) 所示.

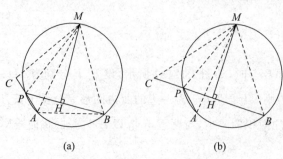

(a)                    (b)

图 2.15

## 二、分类讨论

分类讨论也是对问题进行分解的一种方法.通过对问题相关变量或讨论对象的分类,把原问题转化为有限个相对具体、方便解决的问题.

**例 2.26**　设函数 $f(x)=ax^2-2x+2$,对于满足 $1<x<4$ 的一切 $x$ 值都有 $f(x)>0$,求实数 $a$ 的取值范围.

**分析**　含参数的一元二次函数在有界区间上的最大值、最小值等值域问题,需要先对开口方向进行讨论,再对其抛物线对称轴的位置与闭区间的关系进行分类讨论,最后综合得解.

(1) 当 $a>0$ 时,$f(x)=a\left(x-\dfrac{1}{a}\right)^2+2-\dfrac{1}{a}$,

$$\begin{cases}\dfrac{1}{a}\leqslant 1,\\ f(1)=a-2+2\geqslant 0;\end{cases}\text{或}\begin{cases}1<\dfrac{1}{a}<4,\\ f\left(\dfrac{1}{a}\right)=2-\dfrac{1}{a}>0;\end{cases}\text{或}\begin{cases}\dfrac{1}{a}\geqslant 4,\\ f(4)=16a-8+2\geqslant 0.\end{cases}$$

解之得,$a\geqslant 1$ 或 $\dfrac{1}{2}<a<1$ 或 $\phi$,即 $a>\dfrac{1}{2}$;

(2) 当 $a<0$ 时,$\begin{cases}f(1)=a-2+2\geqslant 0,\\ f(4)=16a-8+2\geqslant 0,\end{cases}$ 解得 $\phi$;

(3) 当 $a=0$ 时,$f(x)=-2x+2$,$f(1)=0$,$f(4)=-6$,不合题意.

综上所述,实数 $a$ 的取值范围是 $a>\dfrac{1}{2}$.

本题分两级讨论,先对决定开口方向的二次项系数 $a$ 进行讨论,分 $a>0$、$a<0$、$a=0$ 三种情况;然后,每种情况结合二次函数的图象,在 $a>0$ 时将对称轴与闭区间的关系再分三种,即在闭区间左边、右边、中间.本题的解答,关键是分析符合条件的二次函数的图象,也可以看成是"数形结合法"的运用.

**例 2.27**　解不等式 $\dfrac{(x+4a)(x-6a)}{2a+1}>0\left(a\text{ 为常数},a\neq-\dfrac{1}{2}\right)$.

**分析**　含参数的不等式,参数 $a$ 决定了 $2a+1$ 的符号和两根 $-4a$、$6a$ 的大小,故对参数 $a$ 应分四种情况 $a>0$、$a=0$、$-\dfrac{1}{2}<a<0$、$a<-\dfrac{1}{2}$ 分别加以讨论.

**解**　(1) 当 $2a+1>0$ 时,$a>-\dfrac{1}{2}$.

当 $a>0$ 时,$(x+4a)(x-6a)>0$,解得 $x<-4a$ 或 $x>6a$;

当 $a=0$ 时,$x^2>0$,解得 $x\neq 0$;

当 $-\dfrac{1}{2}<a<0$ 时,$(x+4a)(x-6a)>0$,解得 $x<6a$ 或 $x>-4a$.

(2) 当 $2a+1<0$ 时,$a<-\dfrac{1}{2}$,则 $(x+4a)(x-6a)<0$,解得 $6a<x<-4a$.

综上所述,当 $a>0$ 时,$x<-4a$ 或 $x>6a$;当 $a=0$ 时,$x\neq0$;当 $-\dfrac{1}{2}<a<0$ 时,$x<$

$6a$ 或 $x>-4a$;当 $a<-\dfrac{1}{2}$ 时,$6a<x<-4a$.

## 三、局部变动

局部变动法是一种特殊而重要的分解方法,其处理方法是暂时固定问题中的一些可变因素,使之不变,先研究另一些可变因素对求解问题的影响,取得局部的结果后,再从原先保持不变的因素中取出一些继续研究,直到问题全部获解.

局部变动法属于求取依赖于多重因素的单变量的极值的方法.由于所求取的极值对每个可变的因素来说也都必然是极值,因此,在此类问题的研究中,我们就可以暂时固定除一个因素外的所有可变因素,并单独研究这一因素变化的结果,然后,在解决这一较为特殊的问题后,我们又可以由局部到整体地求得原来所要求取的极值.

**例 2.28**　在 $\triangle ABC$ 中,求函数 $y=\sin A\sin B\sin C$ 的最大值.

**分析**　在本章第一节例 2.4 中,我们曾给出了一种化归方法.这里我们换一个思路,先将 $A$ 固定下来,视 $A$ 为常量考察 $B$、$C$ 变化时函数的最值情况.

在 $\triangle ABC$ 中有 $A+B+C=\pi$ 且 $0<A<\pi,0<B<\pi,0<C<\pi$,从而得

$$y=\sin A\sin B\sin C=\sin A\left\{-\frac{1}{2}[\cos(B+C)-\cos(B-C)]\right\}$$

$$=\sin A\left\{\frac{1}{2}[\cos A+\cos(B-C)]\right\}.$$

使 $A$ 固定,由 $\sin A>0$ 知,当 $\cos(B-C)=1$,即 $B=C$ 时,$y$ 达到最大值.这时 $y=$

$\sin A\left[\dfrac{1}{2}(\cos A+1)\right]=\sin A\cos^2\dfrac{A}{2}=2\sin\dfrac{A}{2}\cos^3\dfrac{A}{2}$.因 $\sin\dfrac{A}{2}>0,\cos^3\dfrac{A}{2}>0$,所以 $y=$

$2\sin\dfrac{A}{2}\cos^3\dfrac{A}{2}$ 与 $y^2=4\sin^2\dfrac{A}{2}\cos^6\dfrac{A}{2}$ 同时达到最大值.

而 $y^2=4\sin^2\dfrac{A}{2}\left(1-\sin^2\dfrac{A}{2}\right)^3=4\sin^2\dfrac{A}{2}\left(1-\sin^2\dfrac{A}{2}\right)\left(1-\sin^2\dfrac{A}{2}\right)\left(1-\sin^2\dfrac{A}{2}\right)$.

因为 $\sin^2\dfrac{A}{2}>0,1-\sin^2\dfrac{A}{2}>0$,且 $3\sin^2\dfrac{A}{2}+\left(1-\sin^2\dfrac{A}{2}\right)+\left(1-\sin^2\dfrac{A}{2}\right)+$

$\left(1-\sin^2\dfrac{A}{2}\right)=3$(定值),从而有 $y^2\leqslant\dfrac{4}{3}\times\left(\dfrac{3}{4}\right)^4=\dfrac{27}{64}$.

所以,当 $3\sin^2\dfrac{A}{2}=1-\sin^2\dfrac{A}{2}$ 时,即 $\sin^2\dfrac{A}{2}=\dfrac{1}{4},\sin\dfrac{A}{2}=\dfrac{1}{2},0<\dfrac{A}{2}<\dfrac{\pi}{2}$,也即 $\dfrac{A}{2}=30°$.

所以,当 $A=60°,B=C=(180°-A)\times\dfrac{1}{2}=60°$ 时,$y=\sin A\sin B\sin C$ 取得最大值 $\dfrac{3\sqrt{3}}{8}$.

**例 2.29**　求证:圆的诸内接三角形中,正三角形的面积最大.

**分析**　设圆的内接三角形的三个顶点分别为 $A$、$B$、$C$.由于 $A$、$B$、$C$ 三点均可在圆周上任意变动,所以这是一个有多个可变因素的问题.为化难为易,我们先把 $B$、$C$ 暂时保持不动,

只让 $A$ 点在圆周上任意变动,如图 2.16 所示,那么 $|BC|$ 就暂时被认为是定值,三角形面积的大小就决定于 $A$ 点到 $BC$ 的距离,即 $BC$ 边上的高 $AD$.

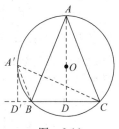

图　2.16

　　显然,当高 $AD$ 通过圆心时,其值最大,从而可知,当 $AB=AC$ 时,三角形面积最大.接着,我们再把 $A$、$C$ 固定,让 $B$ 点自由变动.同样可得 $AB=BC$ 时三角形面积最大.根据两次变动的结果可知,只有当 $AB=BC=CA$ 时三角形面积最大,即正三角形面积最大.

　　**注意**:在上述第二次局部变动时,我们并没有要求 $A$ 点必须固定在第一次局部变动的最后位置上.重要的是在局部变动中如何取得"经验",也即设法找到影响最大值的本质因素,如本例中的"$AB=AC$"显然就是本质因素,而 $A$ 点在第一次局部变动时的最后位置则不是本质因素.本质因素常常是几次变动中影响结论的共同因素.

　　用同样的方法,我们还可证明圆的内接 $n$ 边形中,以边长相等者面积最大,即正 $n$ 边形面积最大.

## 四、逐步逼近

　　数学中的逐步逼近法是这样一种方法:为解决一个数学问题,先从与该问题的实质内容有着本质联系的某些容易着手的条件或某些减弱的条件出发,再逐步地扩大(或缩小)范围,逐步逼近,以至最后找到问题所要求的解.

　　公元前 3 世纪,希腊数学家爱拉托斯芬利用逐步淘汰逼近法对质数进行探求:他先把大于 2 的 2 的倍数划去,再把大于 3 的 3 的倍数划去,接着又把大于 5 的 5 的倍数划去 …… 直至划去了在一定范围内的所有合数,再划去 1.正是利用这种近乎"笨拙"的朴素的逐步淘汰法,他筛选出了十万以内的质数.

　　**例 2.30**　设 $a$、$b$ 为正整数,$ab+1$ 整除 $a^2+b^2$.证明:$\dfrac{a^2+b^2}{ab+1}$ 是完全平方数.

　　**分析**　设 $\dfrac{a^2+b^2}{ab+1}=q$,则 $a^2+b^2=q(ab+1)$ ……①,因而 $(a,b)$ 是不定方程 $x^2+y^2=q(xy+1)$ ……② 的一组整数解.如果 $q$ 不是完全平方数,那么 ② 的整数解中 $x$、$y$ 均不为 0,因而 $q(xy+1)=x^2+y^2>0$,则 $xy>-1$,推出 $xy\geqslant0$,所以 $x$、$y$ 同号.

　　现在设 $a_0$、$b_0$ 是 ② 的正整数解中使 $a_0+b_0$ 为最小的一组解,$a_0>b_0$,那么 $a_0$ 是方程 $x^2-qb_0x+(b_0^2-q)=0$ ……③ 的解.

　　由韦达定理知,方程 ③ 的另一解 $a_1=qb_0-a_0$,$a_1$ 是整数,而且 $(a_1,b_0)$ 也是 ② 的解,所以 $a_1$ 与 $b_0$ 同为正整数.但由韦达定理得 $a_1=\dfrac{b_0^2-q}{a_0}<\dfrac{b_0^2}{a_0}\leqslant a_0$.

　　这与 $a_0+b_0$ 为最小矛盾,说明 $q$ 一定是完全平方数.

　　这种解法就是所谓无穷递降法:如果在 $q$ 不是完全平方数时,不定方程 ② 有正整数解 $(a_0,b_0)$,那么它一定还有另一组正整数解 $(a_1,b_1)$,并且 $a_1+b_1<a_0+b_0$.这样下去,将有无穷多组正整数解 $(a_n,b_n)$ 满足 ②,并且

$$a_0 + b_0 > a_1 + b_1 > \cdots > a_n + b_n > \cdots.$$

但这是不可能的,因为一个严格递减的正整数序列,只有有限多项(这与上述解法中,存在一个"最小解"是等价的).这种方法是 17 世纪的数学家费尔马特别钟爱的.他用这种方法证明了许多不定方程的问题,如 $x^4 + y^4 = z^4$ 没有正整数解.

**例 2.31** 一个定义在有理数数集上的实值函数 $f$,对一切有理数 $x$ 和 $y$,都有 $f(x+y) = f(x) + f(y)$.求证:对一切有理数都有 $f(x) = kx$,其中 $k$ 为实常数.

**分析** $k$ 究竟是什么数? 不妨从 $x=0,1,2$ 等考察.在等式 $f(x+y) = f(x) + f(y)$ 中,令 $x=y=1$,就有 $f(2) = f(1) + f(1) = 2f(1)$;若取 $x=y=0$,就有 $f(0) = f(0) + f(0) = 2f(0)$,即有 $f(0) = 0 = f(1) \times 0$.这使我们猜测 $k = f(1)$,即对一切有理数 $x$,有 $f(x) = f(1) \cdot x$.

下面逐步逼近目标.

(1) 先考虑 $x$ 为任意整数的情形.

若 $x$ 为正整数 $n$,则当 $n=1$ 时,有 $f(1) = f(1) \times 1$.

设当 $n=k$ 时,有 $f(k) = f(1) \times k$,那么当 $n=k+1$ 时,就有 $f(k+1) = f(k) + f(1) = f(1)(k+1)$,即对一切正整数 $n$ 都有 $f(n) = f(1) \times n$.

又由 $0 = f(0) = f(n + (-n)) = f(n) + f(-n)$,知 $f(-n) = -f(n) = f(1) \times (-n)$,从而对一切整数 $x$,都有 $f(x) = f(1) \cdot x$.

(2) 再考虑 $x$ 为整数的倒数的情形.

假设 $n$ 为正整数.反复运用等式 $f(x+y) = f(x) + f(y)$,可得

$$f(1) = f\left(\frac{1}{n}\right) + f\left(\frac{n-1}{n}\right) = 2f\left(\frac{1}{n}\right) + f\left(\frac{n-2}{n}\right) = \cdots = nf\left(\frac{1}{n}\right).$$

即

$$f\left(\frac{1}{n}\right) = f(1) \times \frac{1}{n}.$$

又由 $0 = f(0) = f\left(\frac{1}{n} - \frac{1}{n}\right) = f\left(\frac{1}{n}\right) + f\left(-\frac{1}{n}\right)$ 知

$$f\left(-\frac{1}{n}\right) = f(1) \times \left(-\frac{1}{n}\right).$$

故对一切整数 $x$ 的倒数,也都有

$$f(x) = f(1) \times x.$$

(3) 最后设 $x$ 为任意有理数,记 $x = \frac{m}{n}$,其中 $m$ 和 $n$ 是互质的整数,$n > 0$.此时有

$$f\left(\frac{m}{n}\right) = f\left(\frac{1}{n}\right) + f\left(\frac{m-1}{n}\right) = 2f\left(\frac{1}{n}\right) + f\left(\frac{m-2}{n}\right) = \cdots = m \times f\left(\frac{1}{n}\right) = f(1) \times \frac{m}{n}.$$

故对一切有理数 $x$,都有 $f(x) = f(1) \cdot x$.

## 第五节　映射与反演

数学中存在各种结构系统,如代数、平面几何、立体几何、三角函数等,这些结构系统之间存在着密切的联系,有些甚至可以一一对应起来.这种把两个结构系统中的问题对应起来的方法,就称为关系映射反演.本质上来说,关系映射反演属于一般科学方法论的范畴,其实际应用可渗透到现实生活、社会生活和自然科学各个领域.这一方法内涵丰富,在中学数学解题中有着比较广泛的应用.

### 一、反演法

反演法即假定结论正确,然后从结论出发往回推,以获取结论成立的条件.也可比较与给出的条件是否相符,判定结论的正确性.这是古代印度数学家们常用的一种方法.为加深对反演法的理解,让我们首先看一下阿利耶波多(约 475—550 年)在公元 6 世纪给出的下述问题:"什么数乘以 3,加上这个乘积的 $\frac{3}{4}$,然后除以 7,减去此商的 $\frac{1}{3}$,自乘,减去 52,取平方根,加上 8,除以 10,得 2? "

根据反演法,我们从 2 这个数开始往回推.于是,$(2\times10-8)^2+52=196,\sqrt{196}=14,14\times\frac{3}{2}\times7\times\frac{4}{7}\times\frac{1}{3}=28$,即为答案.

这个问题告诉我们:在哪个地方除以 10,反演时就乘以 10;在哪个地方加上 8,反演时就减去 8;在哪个地方取得平方根,反演时就自乘,等等.因为对每一个运算都以其逆运算代替,所以称为反演法.

**例 2.32**　给定 $A$、$B$、$C$ 三个点,作一直线交 $AC$ 于 $X$ 点,交 $BC$ 于 $Y$ 点,使得 $AX=XY=YB$,如图 2.17 所示.

**分析**　先设想已经知道 $X$ 和 $Y$ 两个点中某一个点的位置,我们就能用作中垂线的方法求得另一个点.然而,我们没法知道两个点中的任何一个,此路暂时不通.

再设想:把问题当作是已解决了的,即设想图 2.17 中 $AXYB$ 这条折线的三段 $AX$、$XY$ 和 $YB$ 正好相等.尝试着再添上一条相等的线段,即作 $YZ$ 平行且等于 $XA$,如图 2.18 所示.

图　2.17　　　　　　　　　　　　　　图　2.18

在作了辅助线 $YZ$ 之后,再把 $Z$ 点和 $A$ 点、$B$ 点连结起来,如图 2.19 所示,得到菱形 $XAZY$ 和等腰 $\triangle BYZ$.再把 $A$ 点和 $B$ 点连结起来,得到 $\triangle ABZ$,如图 2.20 所示.

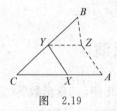

图 2.19

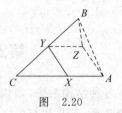

图 2.20

进一步想:能否实际地作出等腰 $\triangle BYZ$?虽然不知道其大小,但知道了其形状,很容易作出与之相似的三角形.于 $BC$ 边上任意一点 $Y'$ 作 $CA$ 的平行线 $Y'Z'$,且令 $Y'Z'=Y'B$.则所得 $\triangle BY'Z'$ 必与我们想得到的 $\triangle BYZ$ 相似.

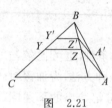

图 2.21

再进一步,作四边形 $BY'Z'A'$,使之与四边形 $BYZA$ 相似是可能的.实际上,只是在 $AB$ 上确定一点 $A'$,使得 $A'Z'=Y'Z'$.再考虑作 $AZ \parallel A'Z'$,作 $YZ \parallel Z'Y'$,则实际上得到了四边形 $BYZA$,如图 2.21 所示.

最后作 $YX \parallel ZA$,所得 $X$ 即我们所要求的折线上一点.易证:此时折线 $AXYB$ 符合要求,即 $AX=XY=YB$.

这是波利亚关于一道几何作图题的解题思路,在问题假想已经解决的基础上,反过来寻找与条件相符的答案,在一定意义上来讲,运用的也是反演法.

## 二、映射法

在中学数学中,为谋求解题的突破,在不同系统中的两个集合之间建立必要的映射关系,这种解题方法称为映射法.由于系统的状况各异,因此系统间的映射也存在着很大的差别.根据系统内是否规定了运算及规定何种运算,可将系统间的映射分为以下四种类型.

(1) 不必考虑或无法规定运算的系统间的一般映射.例如,立体几何问题与平面几何问题之间、点的问题与数的问题之间建立的映射关系.以下各举一例加以说明.

**例 2.33**　如图 2.22 所示,圆台上、下底面半径分别为 2cm、10cm,母线 $AB$ 长为 24cm,从 $AB$ 中点 $M$ 拉一条绳子,绕圆台侧面一周到达 $B$ 点,这条绳子的最短长度是多少?

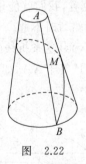

图 2.22

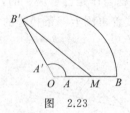

图 2.23

**分析**　由图 2.22 和图 2.23 可以看出,圆台侧面与扇环 $AA'B'B$ 的点存在一一对应关系,圆台侧面上的最短线段就是扇环内的线段 $B'M$.故可将其映射为平面几何问题:以 $O$ 为中心的两个同心圆,$OA=6$cm,$OB=30$cm,$\angle AOA'=\dfrac{2\pi}{3}$,$M$ 为 $AB$ 的中点,求线段 $MB'$ 的长.

运用余弦定理可算得 $MB'$ 长为 42cm.

**例 2.34**　平面上有 600 个点所组成的点集,证明存在 201 个同心圆,使得其中每相邻两圆周所组成的 200 个圆环中,每个圆环内恰有 600 个点中的 3 个点.

**分析**　对于平面上 $n$ 个点,我们可以找到一点 $O$,使它不在任何两点连线的垂直平分线上,于是,点 $O$ 到这 $n$ 个点的距离两两互不相等了.那么平面上点的问题与数的排序问题间就可以建立映射关系了.将点的问题映射为数的问题如下.

有 600 个两两不相等的正数 $0<t_1<t_2<t_3<\cdots<t_{600}$,证明存在 201 个正数 $0<r_1<r_2<r_3<\cdots<r_{201}$,使每相邻的两个 $r_i$ 与 $r_{i+1}$ 间恰含有 3 个 $t_j,j=1,2,3,\cdots,600$.显然在 $t_{3i}$ 与 $t_{3i+1}$ 之间插入 $r_i$ 即可证得.

(2) 规定简单运算的系统间的有限值的映射.例如,实际问题与有限值建立的一种保持运算关系的映射.

**例 2.35**　桌面上有 9 只大小一样的杯子,杯口全朝下.规定同时翻转其中 4 只杯子作为一次操作,问能否进行有限次操作,使 9 只杯子的杯口全朝上.

**分析**　若将杯口朝下记为 $-1$,杯口朝上记为 $+1$,那么一次翻转即改变一个数的符号,可将该实际问题映射为有限值问题.

黑板上写着 9 个 $-1$,规定同时改变其中 4 个数的符号作为一次操作,问能否进行有限次操作,使 9 个数全变为 $+1$.

答案是不能,因为一开始 9 个 $-1$ 相乘是 $-1$,一次操作改变 4 个数的符号,于是乘积变为 $(-1)^4\times(-1)=-1$,经 $n$ 次操作,乘积变为 $(-1)^{4n}\times(-1)=-1$,问题要实现的目标是经有限次操作能全部变为 $+1$,而这些数的乘积是 $-1$,所以不能经有限次操作使得最后 9 个数全变成 $+1$.

(3) 有单个运算的系统间的同构映射.例如,复数问题与向量问题之间建立的一种具有一一对应关系的映射.

**例 2.36**　设 $z_1$、$z_2\in\mathbf{C}$,求证:$|z_1+z_2|^2+|z_1-z_2|^2=2(|z_1|^2+|z_2|^2)$.

**分析**　一个复数在复平面上所表示的点可对应一个向量,复数的模可对应到向量的模,于是将 $z_1$、$z_2$ 分别对应到 $\overrightarrow{OZ_1}$、$\overrightarrow{OZ_2}$,$z_1+z_2$ 对应到 $\overrightarrow{OP}$.那么复数问题映射成向量问题:以 $\overrightarrow{OZ_1}$、$\overrightarrow{OZ_2}$ 为边作平行四边形 $OZ_1PZ_2$,证明:$|\overrightarrow{OP}|^2+|\overrightarrow{Z_2Z_1}|^2=2\left(|\overrightarrow{OZ_1}|^2+|\overrightarrow{OZ_2}|^2\right)$.

事实上,$|\overrightarrow{OP}|^2=\left(\overrightarrow{OZ_1}+\overrightarrow{OZ_2}\right)^2=|\overrightarrow{OZ_1}|^2+|\overrightarrow{OZ_2}|^2+2\overrightarrow{OZ_1}\cdot\overrightarrow{OZ_2}$,

$$|\overrightarrow{Z_2Z_1}|^2=\left(\overrightarrow{OZ_1}-\overrightarrow{OZ_2}\right)^2=|\overrightarrow{OZ_1}|^2+|\overrightarrow{OZ_2}|^2-2\overrightarrow{OZ_1}\cdot\overrightarrow{OZ_2},$$

所以,　　　　　　　$|\overrightarrow{OP}|^2+|\overrightarrow{Z_2Z_1}|^2=2\left(|\overrightarrow{OZ_1}|^2+|\overrightarrow{OZ_2}|^2\right)$.

(4) 有多种运算的系统间的同构映射.例如,复数问题与复平面上点的问题之间建立的映射.

**例 2.37**　求满足 $|z-25\mathrm{i}|\leqslant20$ 且辐角主值最小的复数 $z$.

**分析**　复数可与复平面上的点建立起一一对应关系,故可将复数问题同构映射为复平面上点的问题:复平面上有一个以 $25\mathrm{i}$ 为圆心,以 20 为半径的圆 $P$,$OT$ 为在第一象限内圆 $P$ 的切线,$T$ 为切点,$O$ 为原点.求 $T$ 点所表示的复数.

利用解析几何的知识可算得 $T=12+9\mathrm{i}$,即满足条件的辐角主值最小的复数是 $12+9\mathrm{i}$.

### 三、RMI 方法

通过寻求合适的映射实现问题化归的方法被著名数学方法论专家徐利治教授科学抽象为关系映射反演方法(或关系映射反演原则),简称 RMI 方法(或 RMI 原则).表述如下:给定一个含有目标原像 $x$ 的关系结构 $S$,如果能找到一个映射 $f$,将 $S$ 映入或映满 $S^*$,则可从 $S^*$通过一定的数学方法把目标映像 $y = f(x)$ 确定出来,这样,原来的问题就得到了解决.RMI方法如图 2.24 所示.

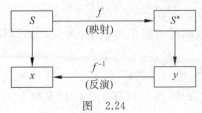

图    2.24

简而言之,RMI 方法的全过程表现为关系结构 — 映射 — 定映 — 反演 — 得解.

**例 2.38**    求 $x = 437^2 \times \sqrt[3]{5.61} \div 17.49^4$.

**分析**    运用对数计算方法可解,实际上就是 RMI 方法的应用.

映射 —— 取对数得 $\lg x = 2\lg 437 + \dfrac{1}{3}\lg 5.61 - 4\lg 17.49$(把乘除法的关系结构映射为加减法的关系结构).

定映 —— 计算 $\lg x = 2 \times 2.6405 + \dfrac{1}{3} \times 0.7490 - 4 \times 1.2428 = 0.5595$.

反演 —— 取反对数得 $x = 3.6266$.

运用 RMI 方法时,重要的是寻求适当的映射实现由未知(难、复杂)到已知(易、简单)的化归.

**例 2.39**    计算 $(\sqrt{3} - \mathrm{i})^6$.

**分析**    这里直接计算比较麻烦.若把复数 $\sqrt{3} - \mathrm{i}$ 映射成三角式,那么用棣莫弗公式计算它的六次方就比较简单,然后把结果反演成代数形式,问题便得到解决.

由于 $\sqrt{3} - \mathrm{i} = 2\left(\cos\dfrac{11\pi}{6} + \mathrm{i}\sin\dfrac{11\pi}{6}\right)$,则 $\left(2\cos\dfrac{11\pi}{6} + 2\mathrm{i}\sin\dfrac{11\pi}{6}\right)^6 = 64(\cos\pi + \mathrm{i}\sin\pi) = -64$.

所以 $(\sqrt{3} - \mathrm{i})^6 = -64$.

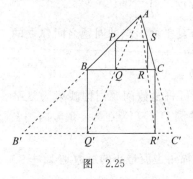

图    2.25

**例 2.40**    求作 $\triangle ABC$ 的内接正方形.

**分析**    本题直接在 $\triangle ABC$ 内作正方形是很难的.我们先通过"位似"变换,使其映射到另一个三角形中解决,则很方便.如图 2.25 所示,以 $BC$ 为边向外作正方形 $BQ'R'C$(映射),连结 $AQ'$、$AR'$ 交 $BC$ 于 $Q$、$R(Q'R'$ 反演成 $QR$),以 $QR$ 为边在 $\triangle ABC$ 内作正方形 $PQRS$,该正方形为所求(证明从略).

**例 2.41**    证明三角形的外心、重心、垂心三点共线.

**分析**    本题用几何方法直接证明较难,可采用坐标法解决.

选择适当的坐标系,把原问题中的点、线间的几何关系映射成代数关系,然后利用代数关系证明外心、重心、垂心满足共线的代数条件,最后把代数关系反演,便知外心、重心、垂心共线.

$P$、$G$、$H$ 分别为 $\triangle ABC$ 的外心、重心、垂心,如图 2.26 所示,建立直角坐标系,这样就把原题中的一个点映射成一个有序实数对 $(x,y)$,一条直线映射成一个二元一次方程.

假如能求得 $P$、$G$、$H$ 三点的坐标 $(x_1,y_1)$,$(x_2,y_2)$,$(x_3,y_3)$,并能证明行列式:

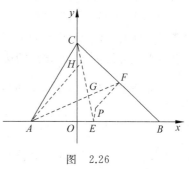

图　2.26

$$D=\begin{vmatrix} x_1 & y_1 & 1 \\ x_2 & y_2 & 1 \\ x_3 & y_3 & 1 \end{vmatrix}=0 \qquad ①$$

这个代数关系反演回几何问题中,便是 $P$、$G$、$H$ 三点共线.

因为 $\triangle ABC$ 是已知的,故可设其各顶点坐标为 $A(a,0)$,$B(b,0)$,$C(0,c)$.

这样可求得 $AB$、$BC$ 的中点 $E$ 及 $F$ 的坐标,并可求得直线 $CH$、$CE$、$PE$、$AH$、$PF$、$AF$ 的方程,从而可求得 $P$、$G$、$H$ 的坐标,并证得 ① 成立,问题便可解决.

**例 2.42**　已知半圆的直径 $AB$ 长为 $2r$,半圆外的直线 $l$ 与 $BA$ 的延长线垂直,垂足为 $T$.$|AT|=2a\left(2a<\dfrac{1}{2}r\right)$.半圆上有相异两点 $M$、$N$,它们与直线 $l$ 的距离 $|MP|$、$|NQ|$ 满足条件 $|MP|=|AM|$,$|NQ|=|AN|$.求证:$|AM|+|AN|=|AB|$.

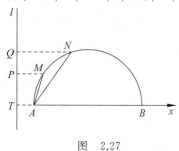

图　2.27

**分析**　建立极坐标系,如图 2.27 所示,$A$ 为极点,则 $M$、$N$ 所在的半圆的方程为 $\rho=2r\cos\theta$,$MN$ 所在的抛物线方程为 $\rho\cos\theta+2a=\rho$,消去 $\cos\theta$ 得 $\rho^2-2r\rho+4ra=0$.由韦达定理得 $\rho_1+\rho_2=2r$,故 $|AM|+|AN|=|AB|$.

从例 2.41 和例 2.42 的解题方法容易看出,其关键在于通过建立欧氏平面 $S$ 到有序实数对集合上的映射,把几何问题转化成了代数(计算)问题.这种化归方法就是解析法,解析法已具模型化,可用以解决相当广泛的一类问题.

# 习　题　二

1. 已知 $m^2+m-1=0$,求代数式 $m^3+2m^2-2018$ 的值.

2. 解方程 $\sin x+\cos x+\sin 2x=1$.

3. 已知 $|a|<1,|b|<1,|c|<1$,求证:$abc+2>a+b+c$.

4. 如图 2.28 所示,在四边形 $ABCD$ 中,已知 $AB:BC:CD:DA=2:2:3:1$,且 $\angle B=90°$,求 $\angle DAB$ 的度数.

5. 给定实数 $a$,$a\neq 0$ 且 $a\neq 1$,设函数 $y=\dfrac{x-1}{ax-1}$$\left(\text{其中},x\in \mathbf{R} \text{ 且 } x\neq\dfrac{1}{a}\right)$,

图　2.28

证明:经过这个函数图象上任意两个不同点的直线不平行于 $x$ 轴.

6. 一条路上共有 9 个路灯,为节约用电,拟关闭其中 3 个,要求两端的路灯不能关闭,任意两个相邻的路灯不能同时关闭,求关闭路灯的方法总数.

7. 甲、乙两名同学在同一道路上从相距 5km 的 A、B 两地同向而行,甲的速度为 5km/h,乙的速度为 3km/h,甲带着一条狗,当甲追乙时,狗先追上乙,再返回遇上甲,又返回追上乙,直至甲追上乙为止,已知狗的速度为 15km/h,求在此过程中,狗跑的总路程是多少?

8. 等差数列 $\{a_n\}$ 和 $\{b_n\}$ 的前 $n$ 项和分别用 $S_n$ 和 $T_n$ 表示,若 $\dfrac{S_n}{T_n}=\dfrac{4n}{3n+5}$,求 $\lim\limits_{n\to\infty}\dfrac{a_n}{b_n}$ 的值.

9. 已知 $m_1=\dfrac{a+b}{a-b}$,$m_2=\dfrac{c+d}{c-d}$,$m_3=\dfrac{ac-bd}{ad+bc}$,求证:$m_1+m_2+m_3=m_1m_2m_3$.

10. 下面是按一定规律排列的一列数.

第 1 个数:$\dfrac{1}{2}-\left(1+\dfrac{-1}{2}\right)$;

第 2 个数:$\dfrac{1}{3}-\left(1+\dfrac{-1}{2}\right)\left[1+\dfrac{(-1)^2}{3}\right]\left[1+\dfrac{(-1)^3}{4}\right]$;

第 3 个数:$\dfrac{1}{4}-\left(1+\dfrac{-1}{2}\right)\left[1+\dfrac{(-1)^2}{3}\right]\left[1+\dfrac{(-1)^3}{4}\right]\left[1+\dfrac{(-1)^4}{5}\right]\left[1+\dfrac{(-1)^5}{6}\right]$;

$\vdots$

第 $n$ 个数:$\dfrac{1}{n+1}-\left(1+\dfrac{-1}{2}\right)\left[1+\dfrac{(-1)^2}{3}\right]\left[1+\dfrac{(-1)^3}{4}\right]\cdots\left[1+\dfrac{(-1)^{2n-1}}{2n}\right]$.

求在第 10 个数、第 11 个数、第 12 个数、第 13 个数中最大的数.

11. 如图 2.29 所示,$AB$ 是半圆 $O$ 的直径,$C$ 为半圆上一点,$N$ 是线段 $BC$ 上一点(不与 $B$、$C$ 重合),过 $N$ 点作 $AB$ 的垂线交 $AB$ 于 $M$,交 $AC$ 的延长线于 $E$,过 $C$ 点作半圆 $O$ 的切线交 $EM$ 于 $F$.

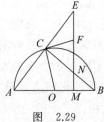

图　2.29

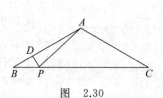

图　2.30

(1) 求证:$\triangle ACO\backsim\triangle NCF$;

(2) 若 $NC:CF=3:2$,求 $\sin B$ 的值.

12. 已知 $f(x)=\lg(x+1)$,$g(x)=2\lg(2x+t)(t\in\mathbf{R}$,是参数).

(1) 当 $t=-1$ 时,解不等式 $f(x)\leqslant g(x)$;

(2) 如果当 $x\in[0,1]$ 时,$f(x)\leqslant g(x)$ 恒成立,求参数 $t$ 的取值范围.

13. 已知等腰 $\triangle ABC$ 中,$AB=AC=4$,$\angle BAC=120°$,点 $P$ 是 $BC$ 边上一个动点,如图 2.30 所示,设点 $P$ 到点 $A$ 的距离是 $x$,点 $P$ 到边 $AB$ 的距离 $PD=y$,求 $x+y$ 的最小值.

14. 对于 $a\in[-1,1]$,求使不等式 $\left(\dfrac{1}{2}\right)^{x^2+ax}<\left(\dfrac{1}{2}\right)^{2x+a+1}$ 恒成立的 $x$ 的取值范围.

15.（1）已知 $p$、$q$ 为实数，并且 $e < p < q$，证明 $p^q > q^p$；

（2）已知正实数 $p$、$q$ 满足 $p^q = q^p$，且 $p < 1$，证明 $p = q$.

16. 如图 2.31 所示，图 2.31(a) 为大小可变化的三棱锥 $P—ABC$.

（1）将此三棱锥沿三条侧棱剪开，假定展开图刚好是一个直角梯形 $P_1P_2P_3A$，如图 2.31(b) 所示，求证：侧棱 $PB \perp AC$；

（2）由（1）的条件和结论，若三棱锥中 $PA = AC$，$PB = 2$，求侧面 $PAC$ 与底面 $ABC$ 所成角的角度.

17. 如图 2.32 所示，在五棱锥 $P—ABCDE$ 中，$PA = AB = AE = 2a$，$PB = PE = 2\sqrt{2}a$，$BC = DE = a$，$\angle EAB = \angle ABC = \angle DEA = 90°$.

（1）求证：$PA \perp$ 平面 $ABCDE$；

（2）求二面角 $A—PD—E$ 的大小；

（3）求点 $C$ 到平面 $PDE$ 的距离.

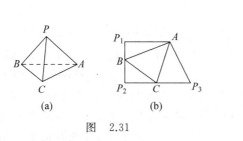

(a)　　(b)

图　2.31

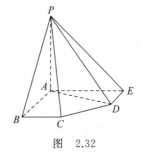

图　2.32

18. 已知双曲线 $\dfrac{x^2}{1} - \dfrac{y^2}{b^2} = 1(b > 0)$ 的左右焦点分别为 $F_1$、$F_2$，直线 $l$ 过 $F_2$ 且与双曲线交于 $A$、$B$ 两点.

（1）若直线 $l$ 的倾斜角为 $\dfrac{\pi}{2}$，$\triangle F_1AB$ 是等边三角形，求双曲线的渐近线方程；

（2）设 $b = \sqrt{3}$，若直线 $l$ 斜率存在，且 $\left( \overrightarrow{F_1A} + \overrightarrow{F_2A} \right) \cdot \overrightarrow{AB} = 0$，求直线 $l$ 的斜率.

19. 把 $\triangle ABC$ 的各边 $n$ 等份，过各分点分别作各边的平行线，得到一些由三角形的边和这些平行线所组成的平行四边形，试计算这些平行四边形的个数.

20. 设 $A$、$B$、$C$ 是平面上的任意三个整点（即坐标都是整数的点），求证：$\triangle ABC$ 不是正三角形.

21. 在直角坐标系中，$O$ 为坐标原点，设直线 $l$ 经过点 $P(3, \sqrt{2})$，且与 $x$ 轴交于点 $F(2, 0)$.

（1）求直线 $l$ 的方程；

（2）如果一个椭圆经过点 $P$，且以点 $F$ 为它的一个焦点，求椭圆的标准方程；

（3）若在（1）、（2）的情况下，设直线 $l$ 与椭圆的另一个交点为 $Q$，且 $\overrightarrow{PM} = \lambda \overrightarrow{PQ}$，当 $|\overrightarrow{OM}|$ 最小时，求 $\lambda$ 的对应值.

类比是一个伟大的引路人.

——[美]乔治·波利亚(1887—1985)

每当理智缺乏可靠论证的思路时,类比这个方法往往能指引我们前进.

——[德]伊曼努尔·康德(1724—1804)

# 第三章　类比:解题的抓手

类比是科学研究常用的方法之一,也是一种重要的推理方式,是人们认识新事物或科学新发现的一种重要的创新思维方法.类比不同于演绎和归纳,它是从一个对象的特殊形态过渡到另一个对象的特殊形态.可见,它缺乏逻辑上的严格性和充足的理由,带有假定和猜测的色彩.因此,它所推出的结论带有或然性.正是由于类比是一种或然性推理,是一种富于猜测、想象和创造的重要的思维方法,许多重要研究成果的产生都是基于成功地运用了类比的方法.而且,从某种意义上来讲,类比的猜测和想象的成分越大,发现和创造的潜在机会就越多.

数学解题与科学发现一样,经常会利用类比的方法把待解问题与相关问题作对照,基于对有关问题的结论或解决方法先行猜想,然后再设法证明或否定猜想,进而达到解决问题的目的.

## 第一节　类比的思维方式

在西方,类比(analogy)的含义为"按比率"或"比例".古希腊数学家用类比表示相似图象的比例关系.而在中国,最早出现类比的影子是在古代文学中,如常常用"譬"或"类"等词语表示相类似,也就是现在认为的"比喻".墨子是我国最早阐述类比的思想家.他首先提出"明故"和"察类"这两个词,其中明故是指明确事物发生的原因、条件,而察类是指观察比较事物间的相似性,之后他又提出"以故生,以理长,以类行"的推理原理,即要根据事物的原因和条件,按照一定的准则和事物的相似性进行推理.

类比(即类比推理)是由两个对象的某些相同或相似的属性,推断它们在其他性质上也有可能相同或相似的一种推理形式.类比要求人们把陌生的对象同熟悉的对象联系起来,把未知的东西与已知的东西联系起来,异中求同,同中求异,从而推出新知识.

**例 3.1**　如图 3.1 所示,一直线交四边形 $ABCD$ 各边 $AB$、$BC$、$CD$、$DA$ 或其延长线于 $E$、$F$、$G$、$H$,则有 $\dfrac{AE}{EB} \cdot \dfrac{BF}{FC} \cdot \dfrac{CG}{GD} \cdot \dfrac{DH}{HA} = 1$.

**分析** 此例中条件和结论都类似于梅氏定理，由此考虑将梅氏定理的证明方法用于此例.连结 $BD$，交 $HF$ 于点 $O$，在 $\triangle ABD$ 和 $\triangle BCD$ 中，分别使用梅氏定理可得

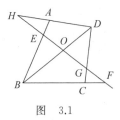

图 3.1

$$\frac{AE}{EB} \cdot \frac{BO}{OD} \cdot \frac{DH}{HA} = 1, \qquad \frac{DO}{OB} \cdot \frac{BF}{FC} \cdot \frac{CG}{GD} = 1.$$

两式相乘即得所证结论.

一般地，按照类比关系的不同，类比可分为简单并存类比、因果类比、对称类比、协变类比、综合类比；按照类比对象的不同，类比可分为普遍性类比、个别性类比、特殊性类比；按照类比内容的不同，类比可分为性质类比、关系类比、条件类比；按照类比思维方向的不同，类比可分为单向类比、双向类比、多向类比等.

影响类比的因素比较多，从客观上来看，问题内容、结构和情境之间的相似性影响类比的进程.有学者曾通过对代数应用题解决的类比迁移研究，将两个问题间的类比分为同形同型问题、同形异型问题、异形同型问题，并指出不同的相似关系导致了不同的迁移过程.从主观上来看，每个人的知识经验、动机和能力也影响类比思维的发生和发展.

**例 3.2** 在证明了不等式：若 $a$、$b > 0$，$a + b = 1$，则 $\left(a + \dfrac{1}{a}\right)\left(b + \dfrac{1}{b}\right) \geqslant \dfrac{25}{4} = \left(2 + \dfrac{1}{2}\right)^2$ 之后，可以类比猜测下述不等式成立.

**分析** 若 $a$、$b$、$c > 0$，$a + b + c = 1$，则 $\left(a + \dfrac{1}{a}\right)\left(b + \dfrac{1}{b}\right)\left(c + \dfrac{1}{c}\right) \geqslant \left(3 + \dfrac{1}{3}\right)^3$.

若 $a$、$b$、$c$、$d > 0$，$a + b + c + d = 1$，则 $\left(a + \dfrac{1}{a}\right)\left(b + \dfrac{1}{b}\right)\left(c + \dfrac{1}{c}\right)\left(d + \dfrac{1}{d}\right) \geqslant \left(4 + \dfrac{1}{4}\right)^4$.

在它们得到证实后，又可以继续归纳猜测一般不等式成立：
若 $a_i > 0 (i = 1, 2, \cdots, n)$，且 $a_1 + a_2 + \cdots + a_n = 1$，则

$$\left(a_1 + \frac{1}{a_1}\right)\left(a_2 + \frac{1}{a_2}\right) \cdots \left(a_n + \frac{1}{a_n}\right) \geqslant \left(n + \frac{1}{n}\right)^n.$$

类比是富于创造性的思维方法，它能够开阔解题者的视野，造成丰富的联想，开拓解题思路，使人们往往能够在百思不得其解的情况下，从某个可类比题型或结论上获得启示，探索解题的快捷途径."在求解一个问题时，如果能成功地发现一个比较简单的类比问题，我们会认为自己运气不错"，在《怎样解题表》中，波利亚反复强调这种思考策略，"你以前见过它吗？你是否见过相同的问题而形式稍有不同？你是否知道与此有关的问题 …… 这里有一个与你现在的问题有关，且早已解决的问题.你能不能利用它？你能利用它的结果吗？你能利用它的方法吗 …… 如果你不能解决所提出的问题，可先解决一个与此有关的问题.你能不能想出一个更容易着手的有关问题？一个更普遍的问题？一个更特殊的问题？一个类比的问题 ……"波利亚举例说明了在求解所提出的问题的过程中，我们经常可以利用一个较简单的类比问题的解答方法或者它的结果，或者可能两者同时利用.但是类比问题的解可能不能直接用于我们目前的问题，"需要我们去重新考虑解答，去改变它，修改它，直到我们在试过解答的各种形式之后，终于找到一个可拓广到我们原来的问题为止".

运用类比法解决数学问题的基本过程如图 3.2 所示.

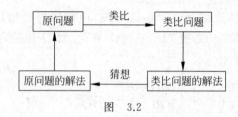

图　3.2

应用类比法解题,关键在于发现两个问题间的相似性质,因此,观察与联想是类比的基础.

**例 3.3**　设 $F_1$、$F_2$ 是椭圆 $C:\dfrac{x^2}{a^2}+\dfrac{y^2}{b^2}=1(a>b>0)$ 的左、右两焦点,已知椭圆具有的性质是:若 $M$、$N$ 是 $C$ 上关于原点对称的两点,点 $P$ 是 $C$ 上任意一点,当直线 $PM$、$PN$ 斜率都存在,并记为 $k_{PM}$、$k_{PN}$ 时,$k_{PM}$ 与 $k_{PN}$ 之积是与点 $P$ 位置无关的定值.试对双曲线 $\dfrac{x^2}{a^2}-\dfrac{y^2}{b^2}=1$ 写出具有类似特点的性质,并加以证明.

**分析**　这是一道上海市的高考题.题干中提到的双曲线与椭圆间的类比属于一种性质类比,即已知命题 $A$,通过类比,得出与命题 $A$ 性质相似的命题 $B$.这是数学发现的一个重要途径.

在本题中,双曲线 $\dfrac{x^2}{a^2}-\dfrac{y^2}{b^2}=1$ 类似的性质:若 $M$、$N$ 是双曲线 $\dfrac{x^2}{a^2}-\dfrac{y^2}{b^2}=1$ 上关于原点对称的两点,点 $P$ 是双曲线上任意一点,当直线 $PM$、$PN$ 斜率都存在,并记为 $k_{PM}$、$k_{PN}$ 时,则 $k_{PM}$ 与 $k_{PN}$ 之积是与点 $P$ 位置无关的定值.

设 $M(m,n)$,$N(-m,-n)$,且 $\dfrac{m^2}{a^2}-\dfrac{n^2}{b^2}=1$,又设 $P(x,y)$,则

$$k_{PM}\cdot k_{PN}=\frac{y-n}{x-m}\cdot\frac{y+n}{x+m}=\frac{y^2-n^2}{x^2-m^2}.$$

将 $y^2=\dfrac{b^2}{a^2}x^2-b^2$,$n^2=\dfrac{b^2}{a^2}m^2-b^2$ 代入,得 $k_{PM}\cdot k_{PN}=\dfrac{b^2}{a^2}$.

综上所述,在数学解题过程中,当我们的思维遇到障碍时,运用类比推理,往往能实现知识的正迁移,将已学过的知识或已掌握的解题方法迁移过来,使问题得以突破,然而,类比是一种主观的不充分的似真推理,因此,要确认其猜想的正确性,还需经过严格的逻辑论证.在中学数学解题中,常用的类比方法主要有基本题型结构的类比、方法技巧的类比、空间与平面的类比、抽象与具体的类比以及跨学科的类比等.

# 第二节　题型结构的类比

结构类比是运用类比法解题的一种重要的、常用的方法.所谓基本题型结构,指的是一些最基本的、广为熟悉的简单题目,这些题目可以是公式、定理,也可以是一些常见常用的题型.诸如:①三角形两边之和大于第三边;②勾股定理及其逆定理;③二倍角的正切公式;④数列的特殊结构及其内在的周期规律;等等.某些待解决的问题没有现成的类比物,但可通过观察,凭借结构上的相似性等寻找类比问题,然后可通过适当的代换,将原问题转化为

类比问题解决.

**例 3.4** 设 $a > 0, b > 0, c > 0$，求证：

$$\sqrt{a^2 - ab + b^2} + \sqrt{b^2 - bc + c^2} \geqslant \sqrt{a^2 + ac + c^2}.$$

**分析** $a^2 - ab + b^2, b^2 - bc + c^2, a^2 + ac + c^2$ 与余弦定理的表达式结构相似，联想到用余弦定理构造三角形.而

$$a^2 - ab + b^2 = a^2 - 2ab\cos 60° + b^2,$$
$$b^2 - bc + c^2 = b^2 - 2bc\cos 60° + c^2,$$
$$a^2 + ac + c^2 = a^2 - 2ac\cos 120° + c^2.$$

于是构造出以 $a$、$b$ 为两边，夹角为 $60°$ 的三角形；以 $b$、$c$ 为两边，夹角为 $60°$ 的三角形；以 $a$、$c$ 为两边，夹角为 $120°$ 的三角形.此题即转化为三角形三边之间的关系问题，如图 3.3 所示.

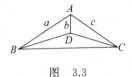

图 3.3

$$BD = \sqrt{a^2 - 2ab\cos 60° + b^2} = \sqrt{a^2 - ab + b^2},$$
$$DC = \sqrt{b^2 - 2bc\cos 60° + c^2} = \sqrt{b^2 - bc + c^2},$$
$$BC = \sqrt{a^2 - 2ac\cos 120° + c^2} = \sqrt{a^2 + ac + c^2},$$

而在 $\triangle BDC$ 中 $BD + DC > BC$，故

$$\sqrt{a^2 - ab + b^2} + \sqrt{b^2 - bc + c^2} > \sqrt{a^2 + ac + c^2};$$

若 $D$ 在 $BC$ 上，显然 $BD + DC = BC$，故

$$\sqrt{a^2 - ab + b^2} + \sqrt{b^2 - bc + c^2} \geqslant \sqrt{a^2 + ac + c^2}.$$

**例 3.5** 设函数 $f(x) = \dfrac{1}{2^x + \sqrt{2}}$，试求 $f(-5) + \cdots + f(0) + \cdots + f(5) + f(6)$ 的值.

**分析** 正所谓"大胆猜想，小心求证".要解决这道题应想到等差数列前 $n$ 项和的推导方法(倒序相加法)，然后大胆合理地猜想，得出 $f(x) + f(1-x)$ 是一个定值，从而解决此问题.事实上，

$$f(x) = \frac{1}{2^x + \sqrt{2}}, \ f(1-x) = \frac{1}{2^{1-x} + \sqrt{2}} = \frac{2^x}{2 + \sqrt{2} \cdot 2^x} = \frac{\frac{1}{\sqrt{2}}2^x}{2^x + \sqrt{2}},$$

所以 $f(x) + f(1-x) = \dfrac{1 + \frac{1}{\sqrt{2}} \cdot 2^x}{2^x + \sqrt{2}} = \dfrac{\sqrt{2}}{2}$. 即 $f(x) + f(1-x)$ 是一个定值.再设所求和式的值为 $S$，则 $2S = \dfrac{\sqrt{2}}{2} \times 12$，故 $S = 3\sqrt{2}$.

**例3.6** 若函数 $f(x)$ 有 $f(x+y)=\dfrac{f(x)+f(y)}{1-f(x)f(y)}$，则恒等式 $\dfrac{f(a+b)+f(c+d)}{1-f(a+b)f(c+d)}=$
$\dfrac{f(a+d)+f(b+c)}{1-f(a+d)f(b+c)}$ 必成立.

**分析** 待证恒等式的两端表现出来的结构特征相似，差异仅是 $b$ 与 $d$ 的位置不同.若将左端的 $b$ 和 $d$ 对调，便是右端.所以，可知此式与 $b$、$d$ 的位置无关，结合条件，用整体思想可获得简洁的解法.

事实上，由 $f(x+y)=\dfrac{f(x)+f(y)}{1-f(x)f(y)}$ 可得

$$\frac{f(a+b)+f(c+d)}{1-f(a+b)f(c+d)}=f(a+b+c+d),$$

$$\frac{f(a+d)+f(b+c)}{1-f(a+d)f(b+c)}=f(a+b+c+d).$$

所以，原恒等式成立.

**例3.7** 任意给定 7 个实数 $x_k(k=1,2,\cdots,7)$，证明其中必有两个数 $x_i$、$x_j(i\neq j)$ 满足不等式 $0\leqslant\dfrac{x_i-x_j}{1+x_ix_j}\leqslant\dfrac{1}{\sqrt{3}}$.

**分析** 若任意给定 7 个实数中有两个数相等，结论是成立的.若 7 个实数都不相等，则我们难以进行下一步的分析.但我们可以发现 $\dfrac{x_i-x_j}{1+x_ix_j}$ 与两角差的正切公式在结构上很相似，由此可以选择后者作为类比对象，并进行适当的代换.

不妨令 $x_k=\tan\alpha_k(k=1,2,\cdots,7)$，$\alpha_k\in\left(-\dfrac{\pi}{2},\dfrac{\pi}{2}\right)$，则原命题可以转化为证明存在两个实数 $\alpha_i$、$\alpha_j\in\left(-\dfrac{\pi}{2},\dfrac{\pi}{2}\right)$，满足 $0\leqslant\tan(\alpha_i-\alpha_j)\leqslant\dfrac{1}{\sqrt{3}}$.

显然，$\alpha_k$ 中必有 4 个在 $\left[0,\dfrac{\pi}{2}\right)$ 或在 $\left(-\dfrac{\pi}{2},0\right)$ 中，不妨设有 4 个在 $\left[0,\dfrac{\pi}{2}\right)$ 中.注意到 $\tan0=0,\tan\dfrac{\pi}{6}=\dfrac{\sqrt{3}}{3}$，而在 $\left[0,\dfrac{\pi}{2}\right)$ 内，$\tan x$ 是增函数，故只需要证明存在 $\alpha_i$、$\alpha_j$，使 $0<\alpha_i-\alpha_j<\dfrac{\pi}{6}$ 即可.为此将 $\left[0,\dfrac{\pi}{2}\right)$ 分成三个小区间：$\left[0,\dfrac{\pi}{6}\right)$、$\left[\dfrac{\pi}{6},\dfrac{\pi}{3}\right)$、$\left[\dfrac{\pi}{3},\dfrac{\pi}{2}\right)$.又由抽屉原则可知，4 个 $\alpha_k$ 中至少有 2 个(不妨设为 $\alpha_i$、$\alpha_j$)同在某一个区间，设 $\alpha_i>\alpha_j$，则 $0<\alpha_i-\alpha_j<\dfrac{\pi}{6}$，故 $0\leqslant\tan(\alpha_i-\alpha_j)\leqslant\dfrac{1}{\sqrt{3}}$.这样与之相对应的 $x_i=\tan\alpha_i,x_j=\tan\alpha_j$，便有 $0\leqslant\dfrac{x_i-x_j}{1+x_ix_j}\leqslant\dfrac{1}{\sqrt{3}}$.

**例3.8** 设 $x\in\mathbf{R}$，$a$ 为正常数，且 $f(x)$ 满足 $f(x+a)=\dfrac{1+f(x)}{1-f(x)}$.求证：$f(x)$ 是周期函数.

**分析** 要证明 $f(x)$ 为周期函数，只能从文中的定义来找，但题中并没有提及周期函数.

观察题目的结构,联想到所给式子与 $\tan\left(x+\dfrac{\pi}{4}\right)=\dfrac{1+\tan x}{1-\tan x}$ 类似,而 $\tan x$ 的最小周期为 $\pi=\dfrac{\pi}{4}\times 4$,可猜想 $f(x)$ 的周期为 $4a$,于是有如下证明.

$$f(2a+x)=f[a+(a+x)]=\frac{1+f(a+x)}{1-f(a+x)}=\frac{1+\dfrac{1+f(x)}{1-f(x)}}{1-\dfrac{1+f(x)}{1-f(x)}}=\frac{1}{-f(x)}.$$

$$f(4a+x)=f[2a+(2a+x)]=-\frac{1}{\dfrac{1}{-f(x)}}=f(x).$$

又因为 $a>0$,所以 $f(x)$ 为周期函数,$4a$ 为 $f(x)$ 的一个周期.

**例 3.9** 求证 $\dfrac{\sin 1}{\cos 0\cos 1}+\dfrac{\sin 1}{\cos 1\cos 2}+\cdots+\dfrac{\sin 1}{\cos(n-1)\cos n}=\tan n$.

**分析** 此题左式与 $\dfrac{1}{1\cdot 2}+\dfrac{1}{2\cdot 3}+\cdots+\dfrac{1}{n(n+1)}$ 的结构相似,$\dfrac{1}{1\cdot 2}+\dfrac{1}{2\cdot 3}+\cdots+$ $\dfrac{1}{n(n+1)}=\left(1-\dfrac{1}{2}\right)+\left(\dfrac{1}{2}-\dfrac{1}{3}\right)+\cdots+\left(\dfrac{1}{n}-\dfrac{1}{n+1}\right)=1-\dfrac{1}{n+1}=\dfrac{n}{n+1}$.可用类比数值的拆项求和法进行拆分.由于

$$\frac{\sin 1}{\cos(n-1)\cos n}=\frac{\sin[n-(n-1)]}{\cos(n-1)\cos n}=\frac{\sin n\cos(n-1)-\cos n\sin(n-1)}{\cos(n-1)\cos n}=\tan n-\tan(n-1),$$

故 $\dfrac{\sin 1}{\cos 0\cos 1}+\dfrac{\sin 1}{\cos 1\cos 2}+\cdots+\dfrac{\sin 1}{\cos(n-1)\cos n}=(\tan 1-\tan 0)+(\tan 2-\tan 1)+\cdots+[\tan n-\tan(n-1)]=\tan n$.

**例 3.10** 设 $x$、$y$、$z$ 均为实数,$x+y+z=xyz$,求证:

$$\frac{2x}{1-x^2}+\frac{2y}{1-y^2}+\frac{2z}{1-z^2}=\frac{8xyz}{(1-x^2)(1-y^2)(1-z^2)}.$$

**分析** 已知等式和要求证的等式分别是三项和与三项积,表现出一种和谐性,观察后可将 $\dfrac{2x}{1-x^2}$ 与 $\tan 2\alpha=\dfrac{2\tan\alpha}{1-\tan^2\alpha}$ 进行类比.

于是想到,是否可以用 $\triangle ABC$ 中的等式 $x=\tan A$,$y=\tan B$,$z=\tan C$ 解决问题?进一步分析题设与结论,可以发现:只要令

$$\tan A+\tan B+\tan C=\tan A\tan B\tan C,$$

此题就不难解决了.由于 $x+y+z=xyz$,于是就有

$$\tan A+\tan B+\tan C=\tan A\tan B\tan C,$$

即化为 $\tan A+\tan B=\tan A\tan B\tan C-\tan C$,从而有

$$-\tan C=\frac{\tan A+\tan B}{1-\tan A\tan B}.$$

也就是 $-\tan C=\tan(A+B)$,因此有 $A+B=k\pi-C$,即 $A+B+C=k\pi(k\in\mathbf{Z})$,所以

$2A + 2B = 2k\pi - 2C.$ 再利用两角和的正切公式得

$$\tan 2A + \tan 2B + \tan 2C = \tan 2A \tan 2B \tan 2C,$$

由二倍角公式有

$$\frac{2\tan A}{1 - \tan^2 A} + \frac{2\tan B}{1 - \tan^2 B} + \frac{2\tan C}{1 - \tan^2 C} = \frac{2\tan A}{1 - \tan^2 A} \cdot \frac{2\tan B}{1 - \tan^2 B} \cdot \frac{2\tan C}{1 - \tan^2 C},$$

即

$$\frac{2x}{1 - x^2} + \frac{2y}{1 - y^2} + \frac{2z}{1 - z^2} = \frac{8xyz}{(1 - x^2)(1 - y^2)(1 - z^2)}.$$

本题是从结构的相似性进行类比,条件与结论均有对象与其相似,其实 $\tan A + \tan B + \tan C = \tan A \tan B \tan C$ 的充分条件是 $A + B + C = k\pi(k \in \mathbf{Z})$.

## 第三节　方法技巧的类比

在长期的解题实践中,每个人都积累了丰富的经验,即解题的方法与技巧.这些方法与技巧如能巧妙地迁移使用到合适的地方,也许会达到很好的效果.方法类比迁移是用熟悉问题的解决方法解决新问题的一种解题策略.方法类比迁移有两大环节:一是类比源的选取,即搜寻记忆中可利用的解决方法或可利用的例子,以确定利用哪个原理方法解决;二是关系匹配和一一映射,即把目标问题与源问题的各个部分一一匹配,根据匹配产生目标问题的解决方法.

**例 3.11**　如图 3.4 所示,小圆圈表示网络的结点,结点之间的连线表示它们有网络相连,连线标注的数字表示该段网络单位时间内可以通过的最大信息量,现从结点 $A$ 向结点 $B$ 传递信息,信息可以分开沿不同的路线同时传递,求单位时间内传递的最大信息量.

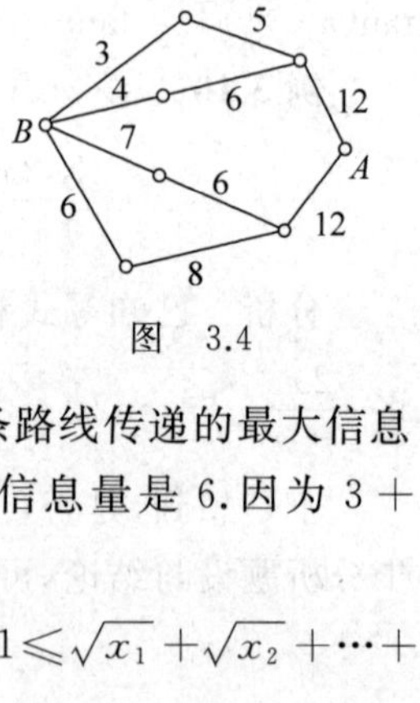

图　3.4

**分析**　很多人看不懂题意,其实用类比思维即可轻易解决,即只要类比成供水系统中水管的最大流速问题即可.结合图形分析可以看到,自上而下,单位时间内第一条路线传递的最大信息量是 3,第二条路线传递的最大信息量是 4,第三条路线传递的最大信息量是 6,第四条路线传递的最大信息量是 6.因为 $3 + 4 < 12, 6 + 6 = 12$,由加法原理得 $3 + 4 + 6 + 6 = 19$.

**例 3.12**　已知 $x_i \geqslant 0(i = 1, 2, \cdots, n)$ 且 $x_1 + x_2 + \cdots + x_n = 1$,求证:$1 \leqslant \sqrt{x_1} + \sqrt{x_2} + \cdots + \sqrt{x_n} \leqslant \sqrt{n}$.

**分析**　本题相对比较复杂.可以首先类比简单命题:"已知 $x_1 \geqslant 0, x_2 \geqslant 0, x_1 + x_2 = 1$,求证:$1 \leqslant \sqrt{x_1} + \sqrt{x_2} \leqslant \sqrt{2}$."尝试发现这一简单命题的证明思路:由 $2\sqrt{x_1 x_2} \leqslant x_1 + x_2 = 1$,得 $0 \leqslant 2\sqrt{x_1 x_2} \leqslant 1$,从而 $1 \leqslant x_1 + x_2 + 2\sqrt{x_1 x_2} \leqslant 2$,即 $1 \leqslant (\sqrt{x_1} + \sqrt{x_2})^2 \leqslant 2$,有 $1 \leqslant \sqrt{x_1} + \sqrt{x_2} \leqslant \sqrt{2}$.再迁移到更一般的多元情形,采用相同的方法,使得原命题迎刃而解.

事实上,由基本不等式,得 $0 \leqslant 2\sqrt{x_1 x_2} \leqslant x_1 + x_2$,故

$$0 \leqslant 2 \sum_{1 \leqslant i < j \leqslant n} \sqrt{x_i x_j} \leqslant (n-1)(x_1 + x_2 + \cdots + x_n) = n - 1,$$

$$1 \leqslant x_1 + x_2 + \cdots + x_n + 2 \sum_{1 \leqslant i < j \leqslant n} \sqrt{x_i x_j} \leqslant n,$$

$$1 \leqslant \sqrt{x_1} + \sqrt{x_2} + \cdots + \sqrt{x_n} \leqslant \sqrt{n}.$$

**例 3.13**　设函数 $f(x) = \dfrac{2^x}{2^x + \sqrt{2}}$ 的图象上有两点 $P_1(x_1, y_1)$、$P_2(x_2, y_2)$,若 $\overrightarrow{OP} = \dfrac{1}{2}\left(\overrightarrow{OP_1} + \overrightarrow{OP_2}\right)$,且点 $P$ 的横坐标为 $\dfrac{1}{2}$.

(1) 求证:点 $P$ 的纵坐标为定值,并求出这个定值;

(2) 若 $S_n = f\left(\dfrac{1}{n}\right) + f\left(\dfrac{2}{n}\right) + f\left(\dfrac{3}{n}\right) + \cdots + f\left(\dfrac{n}{n}\right)$ $(n \in \mathbf{N}_+)$,求 $S_n$.

**分析**　第(1)题比较简单.对于第(2)题,通过对 $S_n$ 表达式特点的观察与分析,可以发现 $S_n$ 求解与例 3.5 极其相似,可以类比等差数列求和公式的推导过程,采用倒序相加法(把数列正着写和倒着写再相加),以下略解.

(1) 因为 $\overrightarrow{OP} = \dfrac{1}{2}\left(\overrightarrow{OP_1} + \overrightarrow{OP_2}\right)$,且点 $P$ 的横坐标为 $\dfrac{1}{2}$,所以 $P$ 是 $P_1P_2$ 的中点,且 $x_1 + x_2 = 1$,所以,$y_1 + y_2 = \dfrac{2^{x_1}}{2^{x_1} + \sqrt{2}} + \dfrac{2^{x_2}}{2^{x_2} + \sqrt{2}} = 1$,所以,$y_P = 1$.

(2) 由(1)可知,$x_1 + x_2 = 1$,$f(x_1) + f(x_2) = 1$,且 $f(1) = 2 - \sqrt{2}$.

又因为
$$S_n = f\left(\dfrac{1}{n}\right) + f\left(\dfrac{2}{n}\right) + \cdots + f\left(\dfrac{n-1}{n}\right) + f\left(\dfrac{n}{n}\right) \tag{①}$$

$$= f\left(\dfrac{n}{n}\right) + f\left(\dfrac{n-1}{n}\right) + \cdots + f\left(\dfrac{2}{n}\right) + f\left(\dfrac{1}{n}\right) \tag{②}$$

① $+$ ② 得

$$2S_n = f(1) + \left[f\left(\dfrac{1}{n}\right) + f\left(\dfrac{n-1}{n}\right)\right] + \left[f\left(\dfrac{2}{n}\right) + f\left(\dfrac{n-2}{n}\right)\right] + \cdots + \left[f\left(\dfrac{n-1}{n}\right) + f\left(\dfrac{1}{n}\right)\right] + f(1)$$

$$= 2f(1) + \underbrace{1 + 1 + \cdots + 1}_{(n-1)\text{个}} = n + 3 - 2\sqrt{2}.$$

所以,$S_n = \dfrac{n + 3 - 2\sqrt{2}}{2}$.

**例 3.14**　如图 3.5 所示,$AD$、$BE$、$CF$ 是锐角 $\triangle ABC$ 三边上的高,$a$、$b$、$c$ 分别为 $\angle A$、$\angle B$、$\angle C$ 的对边长,$H$ 是垂心且 $AH = m$,$BH = n$,$CH = p$.求证:$\dfrac{a}{m} + \dfrac{b}{n} + \dfrac{c}{p} = \dfrac{abc}{mnp}$.

**分析**　这是平面几何中的一道难题,先用平面几何的方法证明.

**思路 1**　结论可转化为 $anp + bmp + cmn = abc$,由 $S_{\triangle ABC} = \dfrac{1}{2}bc\sin A = \dfrac{abc}{4R}$ 可知,$\dfrac{a}{m}$、$\dfrac{b}{n}$、$\dfrac{c}{p}$ 与面积有关,可用面积法证明:

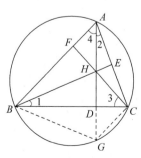

图　3.5

$$结论 \Leftarrow \frac{anp}{4R} + \frac{bmp}{4R} + \frac{cmn}{4R} = \frac{abc}{4R} \qquad ①$$

(注意要证明 $S_{\triangle ABC} = S_{\triangle HBC} + S_{\triangle HAC} + S_{\triangle HAB}$.)

问题转化为只需证明①式中 $\frac{anp}{4R}$、$\frac{bmp}{4R}$、$\frac{cmn}{4R}$ 都是外接圆半径为 $R$ 的三角形的面积,即 $R_1 = R_2 = R_3 = R$.我们仅分析其一,其余可类推.

延长 $HD$ 到 $G$ 使 $DG = HD$ 并连结 $BG$、$CG$,易证 $\triangle HBC \cong \triangle GBC$.由三条高知,$\angle 1 = \angle 2$,$\angle 3 = \angle 4$,于是证得 $\angle BHC + \angle BAC = 180°$,$\angle BGC + \angle BAC = 180°$,因此 $A$、$B$、$C$、$G$ 四点共圆.

所以 $\triangle HBC$ 的外接圆半径等于 $\triangle GBC$ 的半径,即 $R_1 = R$.

上述方法具有一定的难度,不易想到.

**思路 2**    仔细观察联想,发现三角中的条件恒等式

$$若 A + B + C = k\pi \quad (k \in \mathbf{Z}),则 \tan A + \tan B + \tan C = \tan A \tan B \tan C.$$

与待证式极为相似.问题可转化为要证结论只需证 $\frac{a}{m}$、$\frac{b}{n}$、$\frac{c}{p}$ 为某三角形的三内角的正切即可.

因 $AD \perp BC$,$BE \perp AC \Rightarrow \triangle BCE \backsim \triangle AHE \Rightarrow \dfrac{BE}{AE} = \dfrac{BC}{AH} = \dfrac{a}{m} \Rightarrow \tan A = \dfrac{BE}{AE} = \dfrac{a}{m}$.

同理 $\tan B = \dfrac{b}{n}$,$\tan C = \dfrac{c}{p}$.于是 $\dfrac{a}{m} + \dfrac{b}{n} + \dfrac{c}{p} = \dfrac{abc}{mnp}$ 得证.

一道相当难的问题就这样被化简了,从中我们领略到不同解题技巧类比的强大功能.

**例 3.15**    如果 $a_1, a_2, \cdots, a_n$ 均为小于 1 的正数,且 $b_1, b_2, \cdots, b_n$ 是它们的一个新排列,那么所有形如 $(1 - a_1)b_1$,$(1 - a_2)b_2$,$\cdots$,$(1 - a_n)b_n$ 的数不可能都大于 $\dfrac{1}{4}$.

**分析**    这种一般性的问题,我们可类比使用特殊化方法探路.

当 $n = 1$ 时,$(1 - a_1)a_1 = -a_1^2 + a_1 = -\left(a_1 - \dfrac{1}{2}\right)^2 + \dfrac{1}{4} \leqslant \dfrac{1}{4}$.

为使用这一结论,再考虑类比使用整体思维的方法.

将所有的式子相乘,得

$$0 < (1 - a_1)b_1(1 - a_2)b_2 \cdots (1 - a_n)b_n = (1 - a_1)a_1(1 - a_2)a_2 \cdots (1 - a_n)a_n \leqslant \left(\frac{1}{4}\right)^n.$$

假如 $(1 - a_i)b_i > \dfrac{1}{4}(i = 1, 2, \cdots, n)$,则

$$(1 - a_1)b_1(1 - a_2)b_2 \cdots (1 - a_n)b_n > \left(\frac{1}{4}\right)^n,$$

从而引出矛盾,结论得证.

# 第四节　空间与平面的类比

把立体几何中的几何知识与相关的平面几何知识进行类比，是实现立体几何学习的常用方法，也是立体几何问题解决的有效路径．表 3.1 列出了部分常见的立体几何命题与平面几何命题之间的类比．

**表 3.1　立体几何与平面几何之间的命题类比**

| 立体几何中的命题 | 平面几何中的命题 |
| --- | --- |
| （1）不在同一条直线上的三点确定一个平面． | （1）两点确定一条直线． |
| （2）平行于同一平面的两个平面互相平行．即若 $\alpha /\!/ \gamma$，$\beta /\!/ \gamma$，则 $\alpha /\!/ \beta$． | （2）平行于同一直线的两条直线互相平行．即若 $a /\!/ c$，$b /\!/ c$，则 $a /\!/ b$． |
| （3）甲：垂直于同一直线的两个平面互相平行．即若 $\alpha \perp a$，$\beta \perp a$，则 $\alpha /\!/ \beta$．<br>乙：垂直于同一平面的两条直线互相平行．即若 $a \perp \alpha$，$b \perp \alpha$，则 $a /\!/ b$． | （3）垂直于同一直线的两条直线互相平行．即若 $a \perp c$，$b \perp c$，则 $a /\!/ b$． |
| （4）两个平行平面中的一个平行于第三个平面，那么另一个也平行于第三个平面．即若 $\alpha /\!/ \beta$，$\alpha /\!/ \gamma$，则 $\beta /\!/ \gamma$． | （4）两条平行直线中的一条平行于第三条直线，那么另一条也平行于第三条直线．即若 $a /\!/ b$，$a /\!/ c$，则 $b /\!/ c$． |
| （5）甲：两条平行直线中的一条垂直于一个平面，那么另一条也垂直于这个平面．即若 $a /\!/ b$，$a \perp \alpha$，则 $b \perp \alpha$．<br>乙：两个平行平面中的一个垂直于第三个平面，那么另一个也垂直于第三个平面．即若 $\alpha /\!/ \beta$，$\alpha \perp \gamma$，则 $\beta \perp \gamma$． | （5）两条平行直线中的一条垂直于第三条直线，那么另一条也垂直于第三条直线．即若 $a /\!/ b$，$a \perp c$，则 $b \perp c$． |
| （6）两个相交平面有且只有一条公共直线． | （6）两条相交直线有且只有一个公共点． |
| （7）甲：过直线外一点有且只有一个平面与已知直线垂直．<br>乙：过平面外一点有且只有一条直线与已知平面垂直． | （7）过直线外一点有且只有一条直线与已知直线垂直． |
| （8）过平面外一点有且只有一个平面与已知平面平行． | （8）过直线外一点有且只有一条直线与已知直线平行． |
| （9）正四面体内任意一点到四个面的距离之和为一定值（即这个正四面体的高）． | （9）等边三角形内任意一点到三边的距离之和为一定值（即这个等边三角形的高）． |
| （10）三棱锥 $A-BCD$ 的三个侧面 $ABC$、$ACD$、$ADB$ 两两相互垂直，则有 $S^2_{\triangle ABC} + S^2_{\triangle ACD} + S^2_{\triangle ADB} = S^2_{\triangle BCD}$． | （10）[**勾股定理**]设三角形 $ABC$ 的边 $AB \perp AC$，则有 $AB^2 + AC^2 = BC^2$． |
| （11）两个相似几何体的体积比等于相似比的立方． | （11）两个相似图形的面积比等于相似比的平方． |

续表

| 立体几何中的命题 | 平面几何中的命题 |
|---|---|
| （12）平行六面体的四条对角线相互平分． | （12）平行四边形的对角线相互平分． |
| （13）平行六面体四条对角线的平方和等于各棱长的平方和． | （13）平行四边形对角线的平方和等于四边长的平方和． |
| （14）夹在两个平行平面间的平行线段相等． | （14）夹在两平行线间的平行线段相等． |
| （15）正方体对角面与正方体一面所成二面角为 $\frac{\pi}{4}$． | （15）正方形一条对角线与一条边所成角为 $\frac{\pi}{4}$． |

注：设 $a,b,c,\cdots$ 表示直线；$\alpha,\beta,\gamma,\cdots$ 表示平面．

**例 3.16**　求证：正四面体内任一点到各面的距离之和为一定值．

**分析**　平面几何中证过正三角形内任一点到各边的距离之和为一定值，使用的最佳证法是面积法，类比联想我们可以用体积法进行试探．

设 $M$ 是正四面体 $A-BCD$ 内任一点，$M$ 到各面的距离分别设为 $d_1$、$d_2$、$d_3$、$d_4$，各面的面积设为 $S$，正四面体 $A-BCD$ 的高设为 $h$，体积设为 $V$，则

$$V = \frac{1}{3}d_1 S + \frac{1}{3}d_2 S + \frac{1}{3}d_3 S + \frac{1}{3}d_4 S = \frac{1}{3}Sh,$$

从而有

$$d_1 + d_2 + d_3 + d_4 = \frac{3V}{S} = h.$$

**例 3.17**　在平面几何里，可以得出正确结论："正三角形的内切圆半径等于这个正三角形的高的 $\frac{1}{3}$．"类比平面几何的上述结论，请写出并证明正四面体的内切球半径与这个正四面体的高之间的关系．

**分析**　如图 3.6 所示，在正三角形 $ABC$ 中，设边长为 $a$，高为 $h$，内切圆半径为 $r$，利用分割思想可得

$$S_{\triangle ABC} = \frac{1}{2}ah = S_{\triangle ABO} + S_{\triangle BCO} + S_{\triangle ACO} = 3 \times \frac{1}{2}ar,$$

所以 $r = \frac{1}{3}h$，即正三角形的内切圆半径等于这个正三角形的高的 $\frac{1}{3}$．

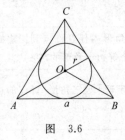

图　3.6

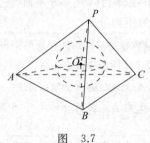

图　3.7

如图 3.7 所示，对于正四面体 $P-ABC$，设高为 $h$，每个侧面面积为 $S$，内切球半径为 $r$，

同样利用分割思想可得

$$V_{P-ABC} = \frac{1}{3}Sh = V_{O-ABC} + V_{O-PBC} + V_{O-PAC} + V_{O-PAB} = 4 \times \frac{1}{3}Sr,$$

所以 $r = \frac{1}{4}h$，即正四面体的内切球半径等于这个正四面体的高的 $\frac{1}{4}$.

**例 3.18** 如图 3.8 所示，过四面体 $D-ABC$ 的底面上任一点 $O$ 分别作 $OA_1 \parallel DA$，$OB_1 \parallel DB$，$OC_1 \parallel DC$. $A_1$、$B_1$、$C_1$ 分别是所作直线与侧面的交点，求证：$\frac{OA_1}{DA} + \frac{OB_1}{DB} + \frac{OC_1}{DC}$ 为定值.

**分析** 基于问题的本质，把立体几何中的四面体与平面中的三角形相类比，首先探索平面三角形中的相关问题的解法.过 $\triangle ABC$（底）边 $AB$ 上任一点 $O$ 分别作 $OA_1 \parallel AC$，$OB_1 \parallel BC$，分别交 $BC$、$AC$ 于 $A_1$、$B_1$，看看 $\frac{OA_1}{CA} + \frac{OB_1}{CB}$ 是否为定值.这个问题利用相似三角形很容易推导出固定值 1.此外，经过 $A$、$O$ 作 $BC$ 垂线，过 $B$、$O$ 作 $AC$ 垂线，用面积法也不难证明定值为 1.于是类比到空间图形，也可结合这两种方法证明其定值为 1.

事实上，如图 3.9 所示，设平面 $OA_1DA \cap BC = M$，平面 $OB_1DB \cap AC = N$，平面 $OC_1DC \cap AB = L$，则 $\triangle MOA_1 \backsim \triangle MAD$，$\triangle NOB_1 \backsim \triangle NBD$，$\triangle LOC_1 \backsim \triangle LCD$，得

$$\frac{OA_1}{DA} + \frac{OB_1}{DB} + \frac{OC_1}{DC} = \frac{OM}{AM} + \frac{ON}{BN} + \frac{OL}{CL}.$$

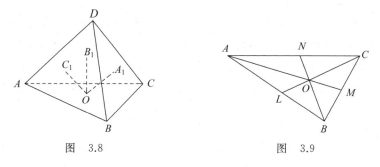

图 3.8　　　　　　　图 3.9

在底面 $\triangle ABC$ 中，由于 $AM$、$BN$、$CL$ 交于一点 $O$，可以通过 $O$ 作垂线构造相似，再用面积法易证得 $\frac{OM}{AM} + \frac{ON}{BN} + \frac{OL}{CL} = \frac{S_{\triangle OBC}}{S_{\triangle ABC}} + \frac{S_{\triangle OAC}}{S_{\triangle ABC}} + \frac{S_{\triangle OAB}}{S_{\triangle ABC}} = \frac{S_{\triangle ABC}}{S_{\triangle ABC}} = 1$，所以 $\frac{OA_1}{DA} + \frac{OB_1}{DB} + \frac{OC_1}{DC} = 1$.

**例 3.19** 已知台体上、下两底面的面积分别是 $P$、$Q$，如图 3.10 所示，平行于底面的截面到上、下两底的距离比为 $m:n$，求此截面的面积.

**分析** 直接计算十分复杂，可联想类比平面几何相似问题的方法.

不难得到相似的平面几何问题：已知梯形上、下两底边的长分别是 $a$、$b$，夹在两腰之间且平行于底边的线段到上、下两底边的距离之比为 $m:n$，求此线段的长.其解法如下.

设线段长为 $x$，作图 3.11，又设 $\frac{AL}{BH} = \frac{t}{m}$，则有 $\frac{b}{a} = \frac{t+m+n}{t}$，所以 $t = \frac{m+n}{b-a}a$.

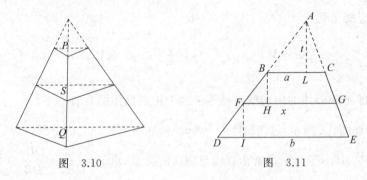

图  3.10          图  3.11

又因为 $\dfrac{x}{a} = \dfrac{t+m}{t}$,所以 $x = \left(1 + \dfrac{m}{t}\right)a = \dfrac{na + mb}{m+n}$.

那么,类比可得原问题的解法.

如图 3.10 所示,设锥顶点到上底距:S 截面到上底距 $= t : m$.

因为 $\dfrac{Q}{P} = \dfrac{(t+m+n)^2}{t^2}$,$\dfrac{\sqrt{Q}}{\sqrt{P}} = \dfrac{t+m+n}{t}$,所以 $\dfrac{m+n}{t} = \dfrac{\sqrt{Q} - \sqrt{P}}{\sqrt{P}}$,即 $t = \dfrac{(m+n)\sqrt{P}}{\sqrt{Q} - \sqrt{P}}$.

又因为 $\dfrac{S}{P} = \dfrac{(t+m)^2}{t^2}$,所以 $\dfrac{\sqrt{S}}{\sqrt{P}} = \dfrac{t+m}{t}$,$\sqrt{S} = \left(1 + \dfrac{m}{t}\right)\sqrt{P} = \dfrac{n\sqrt{P} + m\sqrt{Q}}{m+n}$.

所以 $S = \left(\dfrac{n\sqrt{P} + m\sqrt{Q}}{m+n}\right)^2$.

**例 3.20**   空间 $n$ 个平面最多能把空间分割成几个部分(每部分不重复)?

**分析**   作为一道立体几何探究性的题,我们把它与平面几何中的相关问题及其求解相类比.由于考虑的是"最多"的情况,因此我们可以假设这 $n$ 个平面每两个都相交,而不必考虑平行的情况,但是问题仍难以解决.为此,我们可以试着先预测结论,然后根据结论寻找问题的解决途径.

第一步,寻找一个类比对象.

由于空间与平面有许多可供类比的内容,而平面内的问题一般又较空间问题简单一点,因而我们采用降维的方法,到平面内寻找一个类比对象,即将原问题中的 $n$ 个平面(二维)降为 $n$ 条直线(一维),将原问题中所求"把空间分成几个部分"降为"把平面分成几块".这样,下述问题* 就成了一个原问题的类比对象.

**问题\***   平面内 $n$ 条直线,最多可把平面分成多少块?

不妨设平面分成的块数是关于 $n$ 条直线的一个函数 $f(n)$.第 $n$ 条直线可以被前 $(n-1)$ 条直线分为 $n$ 段,而每一段将它所在的平面一分为二,从而增加了 $n$ 个平面.

$$f(n) = f(n-1) + n,$$
$$f(n-1) = f(n-2) + n - 1,$$
$$\vdots$$
$$f(3) = f(2) + 3,$$
$$f(2) = f(1) + 2,$$
$$f(1) = f(0) + 1.$$

各等式左右两边相加得 $f(n)=f(0)+1+2+\cdots+n$,而 $f(0)=1$,所以 $f(n)=\dfrac{n^2+n+2}{2}$.

第二步,对两个类比对象进行分析.

问题[*]的结论是我们所熟知的,即平面内 $n$ 条直线最多能把平面分成 $\dfrac{n^2+n+2}{2}$ 个平面块,那么由此如何预测原问题的结论呢?试把原问题和问题[*]作比较,如表 3.2 所示.

表 3.2　平面分空间和直线分平面的对比

| 问题[*] | $n$ 条直线<br>(一维) | 分割平面<br>(二维) | 分割所得块数:<br>$f(n)=\dfrac{n^2+n+2}{2}$($n$ 的二次式) |
|---|---|---|---|
| 原问题 | $n$ 个平面<br>(二维) | 分隔空间<br>(三维) | 分割所得部分数? |

第三步,建立猜想.

经过表中两个类比对象的维数的比较,我们不难作出这样的猜想:空间被 $n$ 个平面分割所得部分数应是一个 $n$ 的三次式 $\phi(n)$,而且估计 $\phi(n)$ 的分母是 3.

那么,具体地说 $\phi(n)$ 是怎样的三次式呢?我们进一步探索.

设 $\phi(n)=\dfrac{an^3+bn^2+cn+d}{3}$,其中 $a$、$b$、$c$、$d$ 都是待定系数.

我们用具体实验与计数的方法把上述待定的系数确定下来.由于一个平面最多把空间分成两部分,因此

$$\phi(1)=\frac{a+b+c+d}{3}=2. \tag{①}$$

而两个平面最多能把空间分成四部分,所以又有

$$\phi(2)=\frac{2^3a+2^2b+2c+d}{3}=4. \tag{②}$$

同样可得

$$\phi(3)=\frac{3^3a+3^2b+3c+d}{3}=8, \tag{③}$$

$$\phi(4)=\frac{4^3a+4^2b+4c+d}{3}=15. \tag{④}$$

联立 ①、②、③、④ 解方程组可得

$$a=\frac{1}{2},\ b=0,\ c=\frac{5}{2},\ d=3.$$

所以

$$\phi(n) = \frac{\frac{1}{2}n^3 + \frac{5}{2}n + 3}{3} = \frac{1}{6}(n^3 + 5n + 6).$$

至此，$\phi(n)$ 的具体解析式确定下来，也就是说原问题的结论被预测出来.那么判断这个预测的结果是否正确，该项工作就需要我们进一步地思考和探究.

第四步，类比推理.

设 $\phi(n)$ 是空间最多分割部分关于 $n$ 个平面的函数.第 $(n+1)$ 个平面和其他 $n$ 个平面两两相交，最多形成 $n$ 条相交直线，而这 $n$ 条直线最大能分割成 $b(n) = \dfrac{n^2 + n + 2}{2}$ 个平面，被分割的平面又把原来空间一分为二，所以增加了 $b(n)$ 个空间.于是，有

$$\phi(n+1) = \phi(n) + b(n),$$

即

$$\phi(n+1) - \phi(n) = b(n),$$
$$\phi(n) - \phi(n-1) = b(n-1),$$
$$\phi(n-1) - \phi(n-2) = b(n-2),$$
$$\vdots$$
$$\phi(3) - \phi(2) = b(2),$$
$$\phi(2) - \phi(1) = b(1).$$

等号两边相加得

$$\phi(n) - \phi(1) = b(1) + b(2) + \cdots + b(n-1),$$

代入 $b(n) = \dfrac{n^2 + n + 2}{2}$，$\phi(1) = 2$，得

$$\phi(n) = \frac{n^3 + 5n + 6}{6}.$$

## 第五节  抽象与具体的类比

抽象性是数学的基本属性之一.在数学问题中，比较抽象的当数抽象函数问题了.所谓抽象函数，指的是那些没有给出函数的具体解析式，只给出一些特殊条件或特征的函数.抽象函数往往有它所对应的具体的函数模型，如表 3.3 所示.

表 3.3  常见抽象函数与所对应的具体函数模型

| 抽 象 函 数 | 初 等 模 型 |
| --- | --- |
| $f(x+y) = f(x) + f(y) - b$ | 一次函数 $y = ax + b$ |
| $f(m-x) = f(m+x)$<br>或 $f(2m-x) = f(x)$ | 二次函数 |
| $f(xy) = f(x) \cdot f(y)$ | 幂函数 |

| 抽 象 函 数 | 初 等 模 型 |
|---|---|
| $f(x+y)=f(x) \cdot f(y)$ | 指数函数 |
| $f(xy)=f(x)+f(y)$ | 对数函数 |
| $f(x \pm y)=\dfrac{f(x) \pm f(y)}{1 \mp f(x)f(y)}$ | 正切函数 |
| $f(x+y)+f(x-y)=2f(x)f(y)$ | 余弦函数 |
| $f(x)+f(y)=2f\left(\dfrac{x-y}{2}\right)f\left(\dfrac{x+y}{2}\right)$ | 余弦函数 |
| $f(n+1)-f(n)=a$ | 等差数列 |
| $f(n+1)=af(n)$ | 等比数列 |

当然,有时并没有我们比较熟悉的函数模型可以类比,而是新定义的一种函数.有关抽象函数的性质的研究是具体函数性质的深化和推广,是中学数学的重要研究课题,类比具体函数的性质及其解决方法,对抽象函数问题的解决大有裨益.

**例 3.21** 已知函数 $f(x)$ 的定义域为 **R**,且对自变量 $x_1$、$x_2$ 有 $f(x_1)+f(x_2)=2f\left(\dfrac{x_1+x_2}{2}\right) \cdot f\left(\dfrac{x_1-x_2}{2}\right)$,$f\left(\dfrac{\pi}{2}\right)=0$,但 $f(x)$ 不恒等于零,试证:$f(x)$ 为周期函数.

**分析** 原题函数 $f(x)$ 不知,却要证其为周期函数,故该题的主要矛盾即为已知与未知的矛盾.

根据周期函数的定义,要证 $f(x)$ 为周期函数,必须证明存在常数 $T \neq 0$,使 $f(x+T)=f(x)$,但是 $T$ 为何值,暂时却不得而知.于是根据前述结构上的相似,由

$$f(x_1)+f(x_2)=2f\left(\dfrac{x_1+x_2}{2}\right) \cdot f\left(\dfrac{x_1-x_2}{2}\right) \qquad ①$$

联想到三角公式 $\cos\alpha+\cos\beta=2\cos\left(\dfrac{\alpha+\beta}{2}\right) \cdot \cos\left(\dfrac{\alpha-\beta}{2}\right)$,从而由 $\cos x$ 的最小正周期 $2\pi$,可以猜想 $f(x)$ 的最小正周期也为 $2\pi$.要想证明 $2\pi$ 为函数的周期,只需证明 $f(x+2\pi)=f(x)$ 即可.这与本章第二节例 3.8 是相通的,具有题型结构类比的特点,更是抽象与具体之间的类比.但由此只是明确大致的证明思路,离具体操作还有一段距离.

为找到具体的突破口,尚需联系另一个已知条件 $f\left(\dfrac{\pi}{2}\right)=0$,并设法让其发挥作用.

于是,联系到 ① 式,可想到让 ① 式中出现 $f\left(\dfrac{\pi}{2}\right)=0$ 的式子.为此,可令 $\dfrac{x_1-x_2}{2}=\dfrac{\pi}{2}$,并令 $x=x_2$,则 $x_1=x+\pi$,$\dfrac{x_1+x_2}{2}=\dfrac{2x+\pi}{2}$,代入 ① 式,得 $f(x+\pi)+f(x)=2f\left(\dfrac{2x+\pi}{2}\right) \cdot f\left(\dfrac{\pi}{2}\right)=0$,从而有

$$f(x+\pi)+f(x)=0. \qquad ②$$

下面以此为突破口证明 $f(x)$ 具有周期 $2\pi$.

由 ② 式得，$f(x+2\pi)=f[(x+\pi)+\pi]=-f(x+\pi)=-[-f(x)]=f(x)$. 所以，$f(x)$ 为周期函数，且 $2\pi$ 是它的一个周期.

**例 3.22**　设 $f(x)$ 是定义在 **R** 上的偶函数，其图象关于直线 $x=1$ 对称，对任意 $x_1$、$x_2 \in \left[0,\dfrac{1}{2}\right]$，都有 $f(x_1+x_2)=f(x_1)\cdot f(x_2)$，且 $f(1)=a>0$.

（1）求 $f\left(\dfrac{1}{2}\right)$ 及 $f\left(\dfrac{1}{4}\right)$；

（2）证明 $f(x)$ 是周期函数；

（3）记 $a_n=f\left(2n+\dfrac{1}{2n}\right)$，求 $\lim\limits_{n\to\infty}(\ln a_n)$.

**分析**　第（1）题不算难，第（2）（3）两题可以通过类比具体函数寻找切入点.

（1）因 $f(1)=f\left(\dfrac{1}{2}+\dfrac{1}{2}\right)=f\left(\dfrac{1}{2}\right)\cdot f\left(\dfrac{1}{2}\right)$，$f\left(\dfrac{1}{2}\right)=f\left(\dfrac{1}{4}+\dfrac{1}{4}\right)=f\left(\dfrac{1}{4}\right)\cdot f\left(\dfrac{1}{4}\right)$. 又由条件 $x\in[0,1]$ 时，$\dfrac{x}{2}\in\left[0,\dfrac{1}{2}\right]$，$f(x+x)=f(x)\cdot f(x)\geqslant 0$，而 $f(1)=a>0$，故 $f\left(\dfrac{1}{2}\right)=a^{\frac{1}{2}}$，$f\left(\dfrac{1}{4}\right)=a^{\frac{1}{4}}$.

（2）类比联想到，在基本初等函数中，是偶函数且为周期函数的有余弦函数 $y=\cos x$. 其图象关于 $x=k\pi(k\in\mathbf{Z})$ 对称，而 $k\pi$ 是 $y=\cos x$ 的周期，于是我们可以猜想 $1\times 2=2$ 是 $f(x)$ 的周期，只需证明 $f(x+2)=f(x)$.

事实上，$f(x)$ 图象上点 $(x+2,f(x+2))$ 关于 $x+1$ 的对称点是 $(-x,f(-x))$，所以 $f(x+2)=f(-x)$. 又因为 $f(x)$ 是偶函数，所以 $f(-x)=f(x)$，于是 $f(x+2)=f(x)$，即 $f(x)$ 是以 2 为周期的周期函数.

（3）类比（1）的解答过程，先求出 $a_n$ 的表达式. 由（1）可知，$x\in[0,1]$ 时，$f(x)\geqslant 0$，于是

$$f\left(\frac{1}{2}\right)=f\left(n\cdot\frac{1}{2n}\right)=\underbrace{f\left(\frac{1}{2n}\right)\cdot f\left(\frac{1}{2n}\right)\cdot f\left(\frac{1}{2n}\right)\cdots f\left(\frac{1}{2n}\right)}_{n\text{个}f\left(\frac{1}{2n}\right)}=\left[f\left(\frac{1}{2n}\right)\right]^n,$$

由 $f\left(\dfrac{1}{2}\right)=a^{\frac{1}{2}}$，得 $f\left(\dfrac{1}{2n}\right)=a^{\frac{1}{2n}}$，再由（2）可知 $a_n=f\left(2n+\dfrac{1}{2n}\right)=f\left(\dfrac{1}{2n}\right)=a^{\frac{1}{2n}}$，所以

$$\lim_{n\to\infty}(\ln a_n)=\lim_{n\to\infty}\frac{1}{2n}\ln a=0.$$

**例 3.23**　已知 $f(x)$ 是定义在 **R** 上的不恒为零的函数，且对任意的 $a$、$b\in\mathbf{R}$ 都满足 $f(a\cdot b)=af(b)+bf(a)$.

（1）求 $f(0)$、$f(1)$ 的值；

（2）判断 $f(x)$ 的奇偶性，并证明你的结论；

（3）若 $U_n=\dfrac{f(2^{-n})}{n}(n\in\mathbf{N}_+)$，$f(2)=2$，求数列 $\{U_n\}$ 的前 $n$ 项和 $S_n$.

**分析**　由已知关系式比较容易求得（1）（2）答案，本题难在第（3）小题.

（1）先后令 $a=0$、$b=0$；$a=1$，$b=0$，可得 $f(0)=0$，$f(1)=0$.

(2) 令 $a=b=-1$,得 $f(-1)=0$.再令 $a=x$,$b=-1$,则 $f(-x)=xf(-1)-f(x)=-f(x)$,所以 $f(x)$ 是奇函数.

(3) 当 $ab\neq 0$ 时,$\dfrac{f(ab)}{ab}=\dfrac{f(b)}{b}+\dfrac{f(a)}{a}$.令 $g(x)=\dfrac{f(x)}{x}$,则 $g(a\cdot b)=g(a)+g(b)$,且 $f(x)=xg(x)$.

将 $g(x)$ 与具体函数中的对数函数类比,反复应用 $g(a\cdot a)=g(a)+g(a)$,可得 $g(a^n)=ng(a)$,所以

$$f(a^n)=a^n g(a^n)=na^n g(a)=na^{n-1}f(a),\quad U_n=\frac{f(2^{-n})}{n}=\left(\frac{1}{2}\right)^{n-1}f\left(\frac{1}{2}\right).$$

又因为 $f(2)=2$,$f(0)=f(1)=f\left(2\times\dfrac{1}{2}\right)=2f\left(\dfrac{1}{2}\right)+1$,得 $f\left(\dfrac{1}{2}\right)=-\dfrac{1}{2}$,

从而 $$U_n=\left(-\frac{1}{2}\right)\left(\frac{1}{2}\right)^{n-1}=-\frac{1}{2^n}.$$

故 $S_n=\left(\dfrac{1}{2}\right)^n-1$,$n\in\mathbf{N}_+$.

**例 3.24** 已知定义域为 **R** 的函数 $y=f(x)$ 的对称轴为 $x=1$,求 $y=f(2x)$ 的一条对称轴方程.

**分析** 作为较抽象的函数问题(没有给出具体的函数),往往让人束手无策,然而运用特殊化这个基本思想,则能激活思维,使问题迎刃而解.找一个最熟知且对称轴为 $x=1$ 的函数 $y=(x-1)^2$.这样,$f(2x)=(2x-1)^2=4\left(x-\dfrac{1}{2}\right)^2$,可知其对称轴为 $x=\dfrac{1}{2}$.由此进行类比,只要证明 $x=\dfrac{1}{2}$ 确实是 $y=f(2x)$ 的一条对称轴就可以了.

事实上,$y=f(x)$ 的一条对称轴为 $x=1$,故对 $x\in\mathbf{R}$,$f(1-x)=f(1+x)$.设 $P(x_0,y_0)$ 是 $y=f(2x)$ 图形上任一点,则 $y_0=f(2x_0)$,且 $P(x_0,y_0)$ 关于 $x=\dfrac{1}{2}$ 的对称点为 $P(1-x_0,y_0)$,由于 $f[2(1-x_0)]=f(2-2x_0)=f[1-(1-2x_0)]=f(2x_0)=y_0$,因此 $Q$ 也在曲线 $y=f(2x)$ 的图形上,故 $x=\dfrac{1}{2}$ 是 $y=f(2x)$ 的一条对称轴.

**例 3.25** 已知定义域为 **R** 的函数 $y=f(x)$ 有两条对称轴: $x=m$,$x=n(m\neq n)$.求证:$y=f(x)$ 为周期函数.

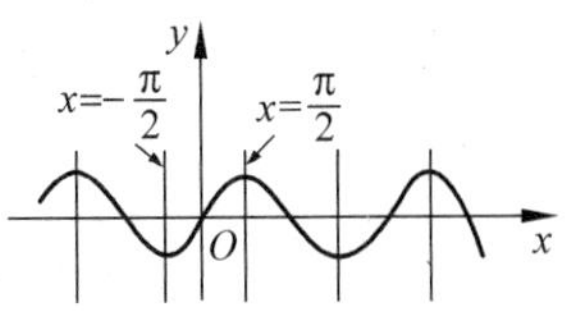

**分析** 本题的难点是寻找 $T\neq 0$,使 $f(x+T)=f(x)(x\in\mathbf{R})$.由于周期某种意义上是三角函数的"专利",可把思维联系到最熟知的三角函数 $y=\sin x$ 的分析上,如图 3.12 所示.在许多对称

图 3.12

轴中找最基本的两条:$x=-\dfrac{\pi}{2}$,$x=\dfrac{\pi}{2}$,作最基本的运算(和与差):$-\dfrac{\pi}{2}+\dfrac{\pi}{2}=0$(舍去),$\dfrac{\pi}{2}-\left(-\dfrac{\pi}{2}\right)=\pi$(进一步分析相邻两条对称轴均具有共性).结合 $y=\sin x$ 的周期为 $2\pi$,类比推测需要的 $T=2(n-m)$.

事实上，$y=f(x)$有两条对称轴 $x=m$，$x=n(m\neq n)$，因此对 $x\in\mathbf{R}$，有 $f(m+x)=f(m-x)$，$f(n+x)=f(n-x)$.

故对 $x\in\mathbf{R}$，有 $f[x+2(n-m)]=f[n+(n+x-2m)]=f[n-(n+x-2m)]=f[m+(m-x)]=f[m-(m-x)]=f(x)$.

故可取 $T=2(n-m)\neq 0$，使 $f(x+T)=f(x)$，因此 $y=f(x)$为周期函数.

一般来说，类比具体函数，常用的抽象函数对称性有以下三个方面.

（1）函数 $y=f(x)$关于 $x=a$ 对称 $\Leftrightarrow f(a+x)=f(a-x)$，也可以写成 $f(x)=f(2a-x)$ 或 $f(-x)=f(2a+x)$.

（2）函数 $y=f(x)$关于点$(a,b)$对称 $\Leftrightarrow f(a+x)+f(a-x)=2b$，也可以写成 $f(2a+x)+f(-x)=2b$ 或 $f(2a-x)+f(x)=2b$.

（3）$y=f(x)$ 与 $y=-f(x)$ 关于 $x$ 轴对称；

$y=f(x)$ 与 $y=f(-x)$ 关于 $y$ 轴对称；

$y=f(x)$ 与 $y=f(2a-x)$ 关于直线 $x=a$ 对称；

$y=f(x)$ 与 $y=2a-f(x)$ 关于直线 $y=a$ 对称；

$y=f(x)$ 与 $y=2b-f(2a-x)$ 关于点$(a,b)$ 对称；

$y=f(a-x)$ 与 $y=(x-b)$ 关于直线 $x=\dfrac{a+b}{2}$ 对称.

## 第六节　跨学科的类比

客观世界的各学科内容彼此互相联系，如果能将其他学科的特性转移到数学学科中，有时会收到意想不到的效果.

### 一、类比力学原理

**例 3.26**　试求 $\sin 18°$ 的值.

**分析**　类比物理中的合力，在大小相同、终端分布在正 $n$ 边形 $n$ 个顶点上的共点于正 $n$ 边形中心的力系，其合力为零，如图 3.13 所示.

在图 3.14 中，力系 $\{O;\boldsymbol{f}_1,\boldsymbol{f}_2,\boldsymbol{f}_3,\boldsymbol{f}_4,\boldsymbol{f}_5\}$ 中，合力 $\boldsymbol{F}=\overrightarrow{0}$，考虑它在 $x$ 方向上的合力（令 $|\boldsymbol{f}_i|=1$，$i=1,2,3,4,5$）有 $1+\cos 72°+\cos 72°-\cos 36°-\cos 36°=0$，即

$$1+2\cos 72°-2\cos 36°=0 \qquad\qquad ①$$

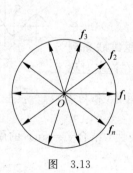

图　3.13

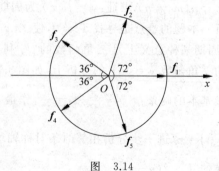

图　3.14

又因 $\cos 72° = \sin 18°, \cos 36° = 1 - 2\sin^2 18°$，再代入 ① 式有 $4\sin^2 18° + 2\sin 18° - 1 = 0$，解之得 $\sin 18° = \dfrac{\sqrt{5}-1}{4}$（仅取正值）.

**例 3.27** 求值：$\sin \dfrac{2}{5}\pi + \sin \dfrac{4}{5}\pi + \sin \dfrac{6}{5}\pi + \sin \dfrac{8}{5}\pi$.

**分析** 物理中的力学原理告诉我们：对于均匀分布的凸 $n$ 边形，若其 $n$ 个顶点坐标是 $(x_k, y_k)(k = 1, 2, \cdots, n)$，则其重心 $G(x, y)$ 满足 $x = \dfrac{1}{n}\sum\limits_{k=1}^{n} x_k, y = \dfrac{1}{n}\sum\limits_{k=1}^{n} y_k$.

注意到点 $A_k\left(\cos \dfrac{2k}{5}\pi, \sin \dfrac{2k}{5}\pi\right)(k = 1, 2, \cdots, 5)$，刚好把单位圆周五等分；顺次连结各分点，得正五边形. 设重心 $G(x, y)$，则

$$y = \frac{\sin \dfrac{2}{5}\pi + \sin \dfrac{4}{5}\pi + \sin \dfrac{6}{5}\pi + \sin \dfrac{8}{5}\pi + \sin 2\pi}{5}.$$

又因单位圆的内接正多边形的重心在原点 $(0,0)$ 及 $\sin 2\pi = 0$，所以，$\sin \dfrac{2}{5}\pi + \sin \dfrac{4}{5}\pi + \sin \dfrac{6}{5}\pi + \sin \dfrac{8}{5}\pi + \sin 2\pi = 0$，即 $\sin \dfrac{2}{5}\pi + \sin \dfrac{4}{5}\pi + \sin \dfrac{6}{5}\pi + \sin \dfrac{8}{5}\pi = 0$.

**例 3.28** 如图 3.15 所示，$G$ 是 $\triangle ABC$ 的重心，$l$ 是 $\triangle ABC$ 外一直线，若自 $A$、$B$、$C$、$G$ 各点向 $l$ 作垂线垂足分别是 $A'$、$B'$、$C'$、$G'$，则 $AA' + BB' + CC' = 3GG'$.

**分析** 这个问题可以直接用几何法证明，只是稍显麻烦（要引辅助线）. 但若从力学角度考虑，结论几乎是显而易见的.

事实上，在 $A$、$B$、$C$ 各置一个单位质点，则整个质点系的质量为三个单位，且重心恰好在 $G$.

若重力方向视为与 $l$ 垂直的方向，则质点组 $\{A, B, C\}$ 对 $l$ 的力矩为 $1 \cdot AA' + 1 \cdot BB' + 1 \cdot CC'$，恰好等于重心 $G$（质量为 3 个单位）对 $l$ 的力矩，而这个力矩正好是 $3GG'$，即 $AA' + BB' + CC' = 3GG'$.

本题的结论还可以推广：自 $A$、$B$、$C$、$G$ 向 $l$ 所作直线不一定要与 $l$ 垂直，它们只需彼此平行即可. 本题也可以推广到任意多边形的情形.

**例 3.29** $A$、$B$、$C$ 村庄各有学生 $a$、$b$、$c$ 人，他们打算联合办一所学校，问学校建在什么地方最好（使所有学生走的路程总和最短）？

**分析** 如图 3.16 所示，在标有三村位置的木板上，三村表示的点处各钻一个孔，然后把三根系在一起的细绳从孔中穿过，再在它们下面分别拴上重为 $a$、$b$、$c$ 的物品. 当整个力学系统处于平衡位置时，三绳结点 $M$ 的位置即为所求. 可以证明，$M$ 的位置是使

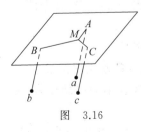

图 3.16

$$\frac{\sin\angle BMC}{a} = \frac{\sin\angle CMA}{b} = \frac{\sin\angle AMB}{c}$$

成立的点(可用面积方法证明这个结论,这里从略).

## 二、类比光学原理

**例 3.30**　如图 3.17 所示,$l$ 为一条河,$A$、$B$ 分别为位于两岸的居民点,由于两岸的地理环境不同,汽车在两岸行驶的速度分别设为 $v_A$、$v_B$.如要使汽车由 $A$ 到 $B$ 所用的时间最少,应在何处架桥?

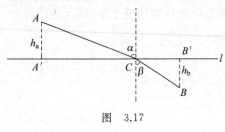

图　3.17

**分析**　假如选择在河岸点 $C$ 处架桥,使汽车由 $A$ 到 $B$ 所用时间最少.把河两岸类比为以 $l$ 为边界的两种不同物质,光线在这两种物质中的传播速度分别为 $v_A$、$v_B$,把汽车行进路线类比为由 $A$ 射到 $B$ 的光线,由光行最速原理,光道路应由 $A$ 经 $C$ 折射到 $B$,再由折射定理求解.

令 $\dfrac{v_A}{\sin\alpha} = \dfrac{v_B}{\sin\beta} = \dfrac{1}{k}$,从而有

$$\tan\alpha = \frac{kv_A}{\sqrt{1-(kv_A)^2}}, \quad \tan\beta = \frac{kv_B}{\sqrt{1-(kv_B)^2}}.$$

因为

$$A'B' = A'C + CB' = AA'\tan\alpha + BB'\tan\beta$$
$$= \frac{kv_A h_a}{\sqrt{1-(kv_A)^2}} + \frac{kv_B h_b}{\sqrt{1-(kv_B)^2}}.$$

从中求出 $k$,即可求出 $\alpha$、$\beta$,于是点 $C$ 可定.

**例 3.31**　设 $F_1$、$F_2$ 是椭圆 $\dfrac{x^2}{a^2} + \dfrac{y^2}{b^2} = 1$ 的焦点,$P$ 是椭圆上的一个动点,$l$ 是过点 $P$ 的切线,$F_2'$ 是 $F_2$ 关于 $l$ 的对称点,求证:$|F_1F_2'| = 2a$.

**分析**　按通常的解法,需先设出切线的方程,再由对称性求出 $F_2'$ 的坐标,然后由距离公式求 $|F_1F_2'|$,这将陷入复杂的计算.如图 3.18 所示,如注意联想到椭圆定义 $|PF_1| + |PF_2| = 2a$,问题转化为只需证 $F_1$、$P$、$F_2'$ 共线.

联想到椭圆的光学性质知 $\angle 1 = \angle 2$,由对称性又有 $\angle 1 = \angle 3$,因此 $\angle 2 = \angle 3$,证明便容易了.

**例 3.32**　在任意锐角 $\triangle ABC$ 中,求作内接 $\triangle A'B'C'$,使其周长最短.

**分析**　这道作图题用平面几何方法求解极为困难,可联想类比光行最速原理探索.什么是光行最速原理? 通俗地解释就是:由光源 $A$ 射出的光线,经过平面镜反射后照到点 $B$,走过的路线一定最短.换句话说就是"光选择的路线永远是最快的一条".

假定所求 $\triangle A'B'C'$ 已作出,$A'B' + B'C' + C'A'$ 最短,如图 3.19 所示.想象一条光线从 $A'$ 出发经 $CA$、$AB$,两次镜面反射后又回到 $A'$,由光行最速原理,光道路应与 $\triangle A'B'C'$ 重

合.由光反射定理,此时 $\angle A'B'C = \angle C'B'A$,$\angle BC'A = \angle B'C'A$,$\angle C'A'B = \angle B'A'C$,这样的三角形就是 $\triangle ABC$ 的垂足三角形,因此,我们找到了简捷的解题途径.

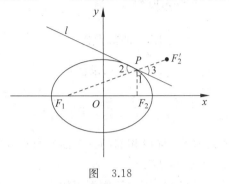

图　3.18

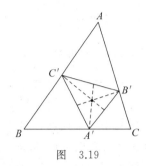

图　3.19

综上所述,类比是数学中发现和创造的一种思维方法,特别是在把已知的事物的性质推广到类似的事物方面有着重要的作用.数学的发展历程处处存在类比的影子,特别是在数学解题的研究中,巧用类比的方法可使数学的解题变得容易.

# 习　题　三

1.若 $(z-x)^2 - 4(x-y)(y-z) = 0$ 且 $x$、$y$、$z$ 三数两两互不相等,求证: $2y = x + z$.

2. 证明: $\tan 20° + \tan 40° + \sqrt{3}\tan 20° \cdot \tan 40° = \sqrt{3}$.

3. 设 $x_1,x_2,\cdots,x_n$ 都是正数,求证: $\dfrac{x_1^2}{x_2} + \dfrac{x_2^2}{x_3} + \cdots + \dfrac{x_n^2}{x_1} \geqslant x_1 + x_2 + \cdots + x_n$.

4. 函数 $y = f(x)$ 的图象与直线 $x = a$,$x = b$ 及 $x$ 轴围成图形的面积成为函数 $f(x)$ 在 $[a,b]$ 上的面积,已知函数 $y = \sin nx$ 在 $\left[0,\dfrac{\pi}{n}\right]$ 的面积为 $\dfrac{2}{n}(n \in \mathbf{N}_+)$,求函数 $y = \sin 3x$ 在 $\left[0,\dfrac{2\pi}{3}\right]$ 上的面积.

5. 在等差数列 $\{a_n\}$ 中,若 $a_{10} = 0$,则有等式 $a_1 + a_2 + a_3 + \cdots + a_n = a_1 + a_2 + \cdots + a_{19-n}$ $(n < 19,n \in \mathbf{N}_+)$.类比上述性质,相应地,在等比数列 $\{b_n\}$ 中,若 $b_9 = 1$,则有等式_____.

6. 在以原点为圆心,半径为 $r$ 的圆上有一点 $P(x_0,y_0)$,则过此点的圆的切线方程为 $x_0 x + y_0 y = r^2$.而在椭圆中 $\dfrac{x^2}{a^2} + \dfrac{y^2}{b^2} = 1(a > b > 0)$,当圆心率 $e$ 趋近于 $0$ 时,短半轴 $b$ 就趋近于长半轴 $a$,此时椭圆就趋近于圆.类比圆的面积公式,在椭圆中,$S =$ _____;类比过圆上一点 $P(x_0,y_0)$ 的圆的切线方程,则过椭圆 $\dfrac{x^2}{a^2} + \dfrac{y^2}{b^2} = 1(a > b > 0)$ 上的一点 $P(x_1,y_1)$ 的椭圆的切线方程为_____.

7. 设等差数列 $\{a_n\}$ 的前 $n$ 项和为 $S_n$,则 $S_4$,$S_8 - S_4$,$S_{12} - S_8$,$S_{16} - S_{12}$ 成等差数列.类比这一结论填空:设等比数列 $\{b_n\}$ 的前 $n$ 项积为 $T_n$,则 $T_4$,_____,_____,$\dfrac{T_{16}}{T_{12}}$ 成等比

数列.

8. 求函数 $s = \dfrac{4\tan\theta - 1}{2\sec\theta - 1}\left(-\dfrac{\pi}{2} < \theta < \dfrac{\pi}{2}\right)$ 的最大值和最小值.

9. 设实数 $x$、$y$ 满足 $3 \leqslant xy^2 \leqslant 8, 4 \leqslant \dfrac{x^2}{y} \leqslant 9$. 求 $\dfrac{x^3}{y^4}$ 的最大值.

10. 已知 $x$、$y$、$z$ 为实数,且 $xy \neq -1, yz \neq -1, zx \neq -1$,求证:

$$\frac{x-y}{1+xy} + \frac{y-z}{1+yz} + \frac{z-x}{1+zx} = \frac{x-y}{1+xy} \cdot \frac{y-z}{1+yz} \cdot \frac{z-x}{1+zx}.$$

11. 四面体交于一个顶点 $O$ 的三条棱两两垂直,与 $O$ 相邻的三个面的面积分别为 $A$、$B$、$C$,与 $O$ 相对的面的面积为 $D$,求证:$A^2 + B^2 + C^2 = D^2$.

12. 在平面上,若两个正三角形的边长的比为 $1:2$,则它们的面积比为 $1:4$. 类似地,在空间,若两个正四面体的棱长的比为 $1:2$,求它们的体积比.

13. 证明:任何面积等于 1 的凸四边形的周长及两条对角线的长度之和不小于 $4 + \sqrt{8}$.

14. 以棱长为 1 的正四面体的各棱为直径作球,$S$ 是所作六个球的交集. 证明 $S$ 中没有一对点的距离大于 $\dfrac{1}{\sqrt{6}}$.

15. 如图 3.20 所示,在四面体 $ABCD$ 中,面 $ECD$ 为二面角 $A-CD-B$ 的平分面,交 $AB$ 于 $E$. 求证:$\dfrac{S_{\triangle ACD}}{S_{\triangle BCD}} = \dfrac{AE}{BE}$.

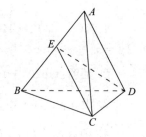

图 3.20

16. 求 $\cos\dfrac{\pi}{11} + \cos\dfrac{3\pi}{11} + \cos\dfrac{5\pi}{11} + \cos\dfrac{7\pi}{11} + \cos\dfrac{9\pi}{11}$ 的值.

17. (1) 解方程:$\sqrt[3]{x+1} + \sqrt[3]{3x+2} + 4x + 3 = 0$;

(2) 求证:$\dfrac{(1+\sqrt{2019})^{2018} - (1-\sqrt{2019})^{2018}}{\sqrt{2019}} \in \mathbf{N}_+$.

18. 在一直线上从左到右依次排列着 2018 个点 $P_1, P_2, \cdots, P_{2018}$,且 $P_k$ 是线段 $P_{k-1}P_{k+1}$ 的 $k$ 等分点中最靠近 $P_{k+1}$ 的那个点 $(2 \leqslant k \leqslant 2018)$,$P_1P_2 = 1, P_{2017}P_{2018} = l$. 求证:$\dfrac{1}{l} = 2016!$.

19. 已知 $\triangle ABC$ 中,$D$、$E$、$F$、$G$、$H$、$I$ 分别是边 $BC$、$CA$、$AB$ 的三等分点,连结 $AD$、$AE$、$BF$、$BG$、$CH$、$CI$,相交点 $R = AD \cap BG, S = AD \cap CI, T = CI \cap BF, W = BF \cap AE, X = AE \cap CH, Y = CH \cap BG$. 求证:$RW$、$SX$、$TY$ 的共点.

20. 已知函数 $f(x)$ 对于 $x > 0$ 有意义,且满足条件 $f(2) = 1, f(xy) = f(x) + f(y)$,$f(x)$ 是非减函数(定义:$\forall x_1 < x_2 \in D, f(x_1) \leqslant f(x_2)$,则称 $f(x)$ 是定义域在 $D$ 上的非减函数).

(1) 证明 $f(1) = 0$;

(2) 若 $f(x) + f(x-2) \geqslant 2$ 成立,求 $x$ 的取值范围.

21. 设函数 $f(x)$ 的定义域为 $\mathbf{R}$,对于任意实数 $m$、$n$,总有 $f(m+n) = f(m) \cdot f(n)$,且 $x > 0$ 时,$0 < f(x) < 1$.

(1) 证明:$f(0) = 1$,且 $x < 0$ 时 $f(x) > 1$;

（2）证明：$f(x)$ 在 **R** 上单调递减；

（3）设 $A=\{(x,y)\,|\,f(x^2)\cdot f(y^2)>f(1)\}$，$B=\{(x,y)\,|\,f(ax-y+2)=1,a\in\mathbf{R}\}$，若 $A\bigcap B=\phi$，确定 $a$ 的范围.

22. 定义在 **R** 上的单调函数 $f(x)$ 满足 $f(3)=\log_2 3$，且对任意 $x,y\in\mathbf{R}$ 都有 $f(x+y)=f(x)+f(y)$.

（1）求证 $f(x)$ 为奇函数；

（2）若 $f(k\cdot 3^x)+f(3^x-9^x-2)<0$ 对任意 $x\in\mathbf{R}$ 恒成立，求实数 $k$ 的取值范围.

23. 化简：$\sin 2x\sin 2y\sin 2z+\sin(x+y)\sin(y+z)\sin(z+x)+\sin(x+z)\sin(y+z)\sin(y+x)-\sin(y+x)\sin 2z\sin(x+y)-\sin(y+z)\sin(z+y)\sin 2x-\sin(z+x)\sin(x+z)\sin 2y.$

24. 如图 3.21 所示，已知椭圆 $\dfrac{x^2}{a^2}+\dfrac{y^2}{b^2}=1(a>b>0)$，点 $P$ 为其上一点，$F_1$、$F_2$ 为椭圆的焦点，$\angle F_1PF_2$ 的外角平分线为 $l$，点 $F_2$ 关于 $l$ 的对称点为 $Q$，$F_2Q$ 交 $l$ 于点 $R$. 当点 $P$ 在椭圆上运动时，求 $R$ 形成的轨迹方程.

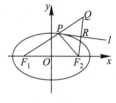

图　3.21

数学推理的每一步,直觉都是不可缺少的.

——[法]笛卡尔(1596—1690)

数学的全部力量就在于直觉和严格性巧妙地结合在一起.

——[英]伊恩·斯图尔特(1945—  )

# 第四章　直觉:解题的精灵

人们认识事物是一个复杂的过程,需要经历若干阶段才能逐渐透过现象认识事物的本质.认识的最初阶段只能根据已有的部分事实及结果,运用某种判断推理的思维方法,对某类现象提出一种推测性看法,这种推测性看法就是直觉.数学直觉就是依据某些已知的事实和数学知识,对未知量及其关系作出的一种似真判断.直觉思维如同逻辑思维与形象思维一样,是人类的基本思维形式.

直觉思维也是数学思维的重要内容之一,如欧氏几何的建立就充分体现了"依据直觉建立理论"的古希腊精神,把几何学公理看作是不证自明的事实,是古希腊哲学家、科学家共有的直觉观念,直觉思维在数学解题中起着重要的作用.

## 第一节　直觉解题的心理机制

直觉思维是以高度省略、简化、浓缩的形式洞察问题实质的思维.正如南京大学数学教育专家郑毓信教授所说,"数学直觉是一种直接反映数学对象结构关系的心智活动形式,它是人脑对于数学对象的某种直接的领悟或洞察".

**例 4.1**　如图 4.1 所示,在平面直角坐标系中,设三角形 $ABC$ 顶点分别为 $A(0,a)$、$B(b,0)$、$C(c,0)$;点 $P(0,p)$ 为线段 $AO$ 上的一点(异于端点),这里 $a$、$b$、$c$、$p$ 为非零常数.设直线 $BP$、$CP$ 分别与边 $AC$、$AB$ 交于点 $E$、$F$.某同学已正确求得直线 $OE$ 的方程:$\left(\dfrac{1}{b}-\dfrac{1}{c}\right)x+\left(\dfrac{1}{p}-\dfrac{1}{a}\right)y=0$.请你完成直线 $OF$ 的方程:$(\quad)\,x+\left(\dfrac{1}{p}-\dfrac{1}{a}\right)y=0$.

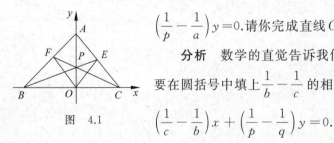

图　4.1

**分析**　数学的直觉告诉我们,只要把 $b$ 和 $c$ 轮换一下即可,即只要在圆括号中填上 $\dfrac{1}{b}-\dfrac{1}{c}$ 的相反数 $\dfrac{1}{c}-\dfrac{1}{b}$,则直线 $OF$ 的方程应为 $\left(\dfrac{1}{c}-\dfrac{1}{b}\right)x+\left(\dfrac{1}{p}-\dfrac{1}{q}\right)y=0$.

　　不夸张地说,解题可能只要一秒钟的时间,结论却是完全正确的,这要比对题设进行特殊化,当 $BE$ 与 $AC$ 垂直时,$\angle EOC$ 与 $\angle FOB$ 相等、方向相反等处理要快得多.这里,直觉判断的实质是数学中的"轮换对称"法则在起作用.

　　如果要求严格意义上的证明,即把演绎推理的步骤一步一步地表达出来,上面的这个直觉思维等于完成了下面的一个较为宏大的过程.这里我们把它全部剖析出来.

　　首先,根据题设中所给的点的坐标,我们不难求出直线 $AB$ 和 $AC$ 的方程,即

$$AB:ax+by-ab=0;$$
$$AC:ax+cy-ac=0.$$

　　由 $B$、$P$ 和 $C$、$P$ 得到直线 $BE$ 和 $CF$ 的方程,即

$$BE:px+by-bp=0;$$
$$CF:px+cy-cp=0.$$

从而可以确定点 $E$、$F$ 的坐标:

$$E=AC\cap BE:\begin{cases}ax+cy-ac=0,\\px+by-bp=0;\end{cases}$$

$$F=AB\cap CF:\begin{cases}ax+by-ab=0,\\px+cy-cp=0.\end{cases}$$

在线性方程组的观点下,上述两个方程组的增广矩阵分别为

$$\begin{pmatrix}a & c & ac\\p & b & bp\end{pmatrix} \text{和} \begin{pmatrix}a & b & ab\\p & c & cp\end{pmatrix}.$$

　　至此,我们可以发现这里只有 $b$ 和 $c$ 这两个字母的轮换对称,分别对这两个矩阵进行初等行变换,结果为

$$\begin{pmatrix}1 & 0 & \dfrac{abc-pbc}{ab-pc}\\[3mm] 0 & 1 & \dfrac{pab-pac}{ab-pc}\end{pmatrix} \text{和} \begin{pmatrix}1 & 0 & \dfrac{abc-pbc}{ac-pb}\\[3mm] 0 & 1 & \dfrac{pac-pab}{ac-pb}\end{pmatrix}.$$

　　从而得到点 $E$、$F$ 的横坐标与纵坐标分别为

$$E_x=\frac{abc-pbc}{ab-pc},\ E_y=\frac{pab-pac}{ab-pc};$$

$$F_x=\frac{abc-pbc}{ac-pb},\ F_y=\frac{pac-pab}{ac-pb}.$$

　　这里,字母 $b$ 和 $c$ 的地位仍与上面相同,仅是一种轮换与对称.我们来看直线 $OE$ 和 $OF$ 的斜率:

$$k_{OE}=\frac{E_y}{E_x}=\frac{pab-pac}{abc-pbc},\ k_{OF}=\frac{F_y}{F_x}=\frac{pac-pab}{abc-pbc}.$$

它们互为相反数,结论正确无误.这是问题一开始的直觉判断所蕴含在内的全部演绎过程.当然,考生在考场内所作出的直觉判断和包含在其中的逻辑推理过程可能与此迥然相异;命题老师也不会要求考生用直觉判断解题,而是使用演绎推理的方法,如下所示.

直线 $AB$ 和直线 $CP(CF)$ 的方程可由直线方程的截距式直接求出.

$$AB:\frac{x}{b}+\frac{y}{a}=1,\quad CP:\frac{x}{c}+\frac{y}{p}=1.$$

把它们联立起来,可得

$$\left.\begin{array}{c}\dfrac{x}{b}+\dfrac{y}{a}=1\\[2mm]\dfrac{x}{c}+\dfrac{y}{p}=1\end{array}\right\}\Rightarrow\left(\frac{1}{c}-\frac{1}{b}\right)x+\left(\frac{1}{p}-\frac{1}{a}\right)y=0.$$

显然,直线 $AB$ 和直线 $CF$ 的交点 $F$ 的坐标满足上式右边的方程,故答案为 $\frac{1}{c}-\frac{1}{b}$.解答过程也是很简单的,但其解题速度比我们上面一开始使用的直觉判断要慢多了.而考场上的解题速度对考生来说是何等的重要.

数学解题直觉虽然给人一种"知其然,不知其所以然""只可意会,难以言传"的感觉,但是,它并不是一种神秘而不可捉摸的主观幻象.一般认为,数学解题直觉产生的心理机制是,有限的问题已知信息在某种适宜的环境条件下,通过大脑激活主体建构解题直觉认知结构的心理过程.一般地,主体的数学知识经验越丰富,人脑发育越成熟,各种心理能力发展得越好,那么它所建构的解题直觉认知结构的水平就越高.比如上题,熟悉数学中的"轮换对称"法则、熟悉直线的各类形式、知道运算上的技巧等,产生直觉的空间就基本形成了,否则,会很难产生这样一个解题直觉.

激活数学认知结构是数学解题直觉发生的关键.一般地,容量大、内涵丰富、概括性极强、反映数学对象本质的高水平的数学认知结构,或者是已被多次激活过、处于活跃期的数学认知结构容易被激活.数学认知结构一旦被激活,大脑过滤的各类信息就会增多,想象力与理解力就可能增强,因而容易产生解题直觉.

基于数学解题的心理学分析,可以发现解题直觉具有以下几个特点.

1. 非逻辑性

解题直觉的非逻辑性,主要体现在直觉与逻辑之间的对立上.著名数学家、数学教育家波利亚也曾对直觉思维进行微妙而深刻的阐述,他写道:"一个突然产生的,展示了惊人的(处于戏剧性重新排列之中)新因素的想法,具有一种令人难忘的重要气氛,并给人以强烈的信念.这种信念常常表现为诸如'现在我有啦!''我求出来了!''原来是这一招!'等惊叹."高斯曾以数年的时间企图证明一个算术定理,后来,他写道:"我突然证出来了,但这简直不是我自己努力的结果,而是由于上帝的恩赐——如同一个闪电那样突然出现在我脑海之中,疑团一下子被解开了,连我自己也无法说清在先前已经了解的东西与使我获得成功的东西之间是怎样直接联系起来的."

**例 4.2**　如图 4.2 所示,圆内接四边形边长依次是 25、39、52 和 60,这个圆的直径是( ).

A. 62　　　　　B. 63　　　　　C. 65　　　　　D. 69

**分析**　看到这一题目,我们一开始并不能找出正确答案,但"扫描"这四个选项,倘若有一定的知识或经验积累,我们就会有这样的直觉——选 C.究其原因,也许并不能肯定地回答说是:65、25、60 都是 5 的倍数.这一答案是正确的,当然根据这个直觉选 C,理由并不充分,但优先考虑 C 是合理的;$65 = 5 \times 13$,$25 = 5 \times 5$,$60 = 5 \times 12$ 是一组勾股数,而 65、52、39 又都是 13 的倍数,组成另一组勾股数,所以 C 正确.

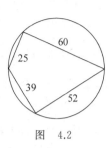

图　4.2

2. 或然性

数学直觉思维是一种不连贯的跳跃式思维,通过数学直觉思维获得的认知是在逻辑依据不充分的前提下,对数学对象(结构及关系)作出的一种判断.这种判断可能是正确的,也可能是错误的,这一特殊性就是数学直觉思维的或然性(或猜测性).采用直觉思维的目的在于能在较短的时间内找到事物的本质或内在的联系,凭直觉大胆提出猜想.事实上,这个猜想有可能(经严格的逻辑证明)被证实,从而成为定理,也有可能被推翻.

例如,一百多年前,英国人格色里凭直觉提出一个"四色猜想"问题,直到 1976 年才由美国数学家借助大型电子计算机严格地证明了四色猜想的正确性.

又如,法国数学家费马曾根据 $2^{2^1} + 1 = 5$;$2^{2^3} + 1 = 247$;$2^{2^4} + 1 = 65537$ 都是素数,提出猜想:"任何形如 $2^{2^n} + 1$ 的数都是素数."过了半个多世纪以后,才由欧拉指出:当 $n = 5$ 时,$2^{2^5} + 1 = 4294967597 = 641 \times 6700417$,它并非是素数,从而推翻了费马当时的猜想.

3. 跳跃性

数学解题直觉思维在时间上表现为快速性、突然性(突发性),而在过程上表现为跳跃性或间断性(不连贯性),思维者不是按部就班地推理,而是跳过若干中间步骤或略过一些细节,直接把握对象或问题的本质联系.

**例 4.3**　已知 $\dfrac{c}{a+b} = \dfrac{a}{b+c} = \dfrac{b}{a+c}$,且 $a+b+c \neq 0$,则 $a$、$b$、$c$ 满足什么关系?

**分析**　数学直觉思维能力强的解题者,能够根据已知条件的特征,直接得出答案 $a = b = c$,而省去了中间的步骤.就本题而言,中间步骤如下.

令 $\dfrac{c}{a+b} = \dfrac{a}{b+c} = \dfrac{b}{a+c} = k$,则由等比性质得 $k = \dfrac{1}{2}$,即 $2c = a+b$,$2b = c+a$,$2a = b+c$.又因为 $a+b+c \neq 0$,所以 $a = b = c$.

4. 整体性

一般来说,数学直觉是关于对象的整体性认识,尽管这并非是一幅毫无遗漏的"图画",它的某些细节甚至可能是模糊的,但是,它却清楚地表明了事物的本质或问题的关键.下面用一个浅显的例题说明直觉的整体性.

**例 4.4**　3 个空瓶可换回 1 瓶汽水,某人现有 10 瓶汽水,他不再添钱,最多还可喝上几瓶汽水?

**分析**　一般思路是按照已知条件逐一兑换,第一次有 10 个空瓶,可换 3 瓶汽水,剩 1 个空瓶;第二次有 4 个空瓶,可换 1 瓶汽水,剩 1 个空瓶;第三次有 2 个空瓶,可借 1 个空瓶,换来 1 瓶汽水,喝后还回一个空瓶,一共可喝上 $3+1+1=5$(瓶).这个算术解法将细节展示无遗,第三次兑换时,还需要一点小机智,而这点机智之所以可行,恰好在于它抓住了问题的本质,继续的分析会将其揭示出来.

本题还可以设最多还可喝上 $x$ 瓶汽水,则共有$(10+x)$个空瓶,按兑换条件有 $\dfrac{10+x}{3}=x$,解得 $x=5$ 瓶.这个方程解法已经不拘泥于细节,而是直接抓住问题的本质了,且整个过程是合乎逻辑的.

有没有出奇制胜的解法呢? 我们看到由兑换条件"3 个空瓶可换回 1 瓶汽水",本质上就是 2 个空瓶可换回 1 个瓶里的"汽水",所以 10 个空瓶可换回 $10\div2=5$(瓶)瓶里的"汽水".这个解法多少有点令人兴奋,因为它透过现象直接抓住已知条件的"本质",如果没有良好的整体直觉,是很难产生这种直接抓实质的念头的.

综上所述,在解题过程中,人们依据直觉,通过观察、类比、想象、猜想及审美等对问题作出判断、猜想或假设.直觉可让我们迅速解决问题,它往往会成为解决问题的关键因素.

# 第二节  解题直觉的呈现

对不同的人来说,直觉有不同的反映或表示方式,同一个人不同时间对于不同对象的直觉也不尽相同.一般来说,数学解题中的直觉的呈现主要有以下几种方式.

## 一、在探寻解法过程中突现灵感

波利亚认为,虽然解决重大问题是一个重大发现,但求解任何问题都是一个发现,哪怕是点滴的发现.他把这个发现中的突然进展称为"好念头",我们现在称之为直觉.波利亚说他的"怎样解题"表中的所有问题和建议都与好念头有关.他还说,冒出一个好念头是一种"灵感活动".虽然每个人都体验过好念头的出现,但只能心领神会而难以言传,因为它往往是"潜意识"工作的结果.

在探索和发现问题解法的过程中,数学直觉起了重要的作用.虽然直觉过程是认识上的一个飞跃,但这种飞跃并不全是爆发性的"顿悟".事实上,面对某一问题迅速留下的印象或作出的判断,许多都不具有明显的爆发性,并不能将其称之为"灵感"或"顿悟",但仍然属于直觉的范围.只是灵感在解决问题时的突然点破,所获得的结果更令人兴奋,因而更引人注目罢了.

**例 4.5**  若两个等差数列$\{a_n\}$、$\{b_n\}$的前 $n$ 项和分别为 $A_n$ 和 $B_n$,且满足 $\dfrac{A_n}{B_n}=\dfrac{3n+2}{2n+1}$ $(n\in \mathbf{N}_+)$,则 $\dfrac{a_{11}}{b_{11}}$ 的值是_____.

**分析**  直接计算 $\dfrac{a_{11}}{b_{11}}$,或者通过题目所给条件 $\dfrac{A_n}{B_n}=\dfrac{3n+2}{2n+1}$,代入 $n=11$,都不能得到解题的结果.然而,在探究的过程中,注意到一个概念——等差数列,可能会在脑海里闪现出一个念头,$a_{11}=\dfrac{a_1+a_{21}}{2}$,$b_{11}=\dfrac{b_1+b_{21}}{2}$,从这里出发,再令 $n=21$,问题便容易解决了.事实上,

$$\frac{a_{11}}{b_{11}} = \frac{2a_{11}}{2b_{11}} = \frac{a_1 + a_{21}}{b_1 + b_{21}} = \frac{\dfrac{21(a_1 + a_{21})}{2}}{\dfrac{21(b_1 + b_{21})}{2}} = \frac{A_{21}}{B_{21}} = \frac{3 \times 21 + 2}{2 \times 21 + 1} = \frac{65}{43}.$$

**例 4.6** 集合 $\left\{23, -34, 57, \dfrac{18}{17}, 86, -75, \dfrac{3}{7}, -1\right\}$ 的每一个非空子集的元素乘积(单元素集取元素本身)之和是_____.

**分析** 看似复杂的题目,随着单元素集、两元素集的尝试,就会感觉到在所有子集中存在一个特殊的元素 $-1$,当出现 $23, -34, 57, \dfrac{18}{17}, 86, -75, \dfrac{3}{7}$ 单元素集时,只要取其中任一个数与 $-1$ 搭配,形成的乘积正好是原来数的相反数.以此类推,可以得到 $23, -34, 57, \dfrac{18}{17}, 86,$ $-75, \dfrac{3}{7}$ 中任意几个数的乘积,必定存在一个相反数,相加之后正好为 $0$,最后只剩下一个数,也就是 $-1$.所以原题的答案是 $-1$.

## 二、在演绎推理过程中超越规则

在数学发现中,当演绎推理与直觉交织在一起时,一般不是依三段论规则按步解题,而是采用比较迅速、比较"自由"的方式解题.这里,通常有两种情况:一种是原有逻辑程序的简化和压缩,多表现为在大脑中迅速检索到一种"思维块"并直接作出判断,把它展开也可分解为连续的三段论的推理链;另一种是推理链中包含有不合三段论规则的环节.成功地作出这些判断,就是直觉起作用的结果.

**例 4.7** 已知函数 $f(x)$ 对于一切实数 $x$、$y$ 都有 $f(x+y) = f(x) + f(y)$ 成立,且当 $x > 0$ 时,恒有 $f(x) < 0$,试判断函数 $f(x)$ 的单调性.

**分析** 从题目条件中可以推出:任取 $x_1$、$x_2$,使得 $x_1 < x_2$,则 $x_2 - x_1 > 0$,所以 $f(x_2 - x_1) < 0$.而结论则是要判断 $f(x_1)$ 和 $f(x_2)$ 之间的大小关系,两者好像差距甚远.从"对于一切实数 $x$、$y$ 都有 $f(x+y) = f(x) + f(y)$ 成立"这一条件出发,如果能够得出

$$f(x_2) - f(x_1) = f(x_2) + f(-x_1) = f(x_2 - x_1) < 0,$$

所以 $f(x_2) < f(x_1)$,函数 $f(x)$ 在 **R** 上单调递减.据此,探索能不能证明 $f(-x) = -f(x)$?可先计算出 $f(0)$,顺着这样的思路继续下去,本题也许能够得到解决.事实上,$f(0) = 0$.再由 $f(x-x) = f(x) + f(-x)$,得 $f(-x) = -f(x)$.

因此,在直觉的创造性思维中,非演绎的或超越演绎规则的思维不仅是允许的,甚至是"合理"和必要的.数学发现极其需要思维的跳跃,从对象甲跳到对象乙,乃至跳到对象丙和对象丁,这样才有可能发现已有的知识系统中所没有包含的新东西.

## 三、在归纳总结过程中跳跃进程

与演绎推理不同,不完全归纳推理只是一种合情推理.波利亚认为,虽然数学家的创造性工作成果是论证推理,即证明,但这个证明是通过合情推理和猜想而引发的.他还说,只要

数学的学习过程稍能反映数学的发现过程,那么就应当让猜测、合情推理占有适当的位置.

**例 4.8** 已知数列 $\{a_n\}$ 的首项 $a_1 = 1$,且有 $a_{n+1} = \dfrac{a_n}{a_n + 1}$,求这个数列的通项公式.

**分析** 对于熟悉数列各种解法的人来说,本题很简单,采用倒数法即可.事实上,由 $a_{n+1} = \dfrac{a_n}{a_n + 1}$ 得 $\dfrac{1}{a_{n+1}} = \dfrac{a_n + 1}{a_n} = 1 + \dfrac{1}{a_n}$,$\dfrac{1}{a_{n+1}} - \dfrac{1}{a_n} = 1$,然后利用等差数列通项公式,很快求得 $a_n = \dfrac{1}{n}$.

而对一个刚开始学习数列的人来说,本题可以分别代入 $n = 1, n = 2, n = 3, \cdots$,分别得到 $a_2 = \dfrac{1}{2}, a_3 = \dfrac{1}{3}, a_4 = \dfrac{1}{4}, \cdots$,直觉猜想出本题结论应当是 $a_n = \dfrac{1}{n}$.

正如波利亚所指出的,作为合情推理的特殊情况的归纳,它的作用本身还存在很多争议.这是因为,我们根本不可能仅由形式逻辑意义上的归纳推理就能实现数学发现.一个普遍性判断包含了被归纳的事实中所没有的内容,因而在由几个单称判断归纳出一个新的全称判断时,归纳进程必然会存在跳跃.

数学发现也不可能局限于这种从一个个单个陈述跳到普遍陈述,而是可能在对事物的观察中,根本就没有这种结论的陈述.这些用形式逻辑解释显得无能为力的地方,只能视为直觉思维创造的结果.因此,在处理数学问题时,无论是把问题特殊化,还是把特殊化的问题化回到原来的一般问题,都需要直觉的跳跃.

## 四、在解题联想过程中不落窠臼

依据解题中的相关对象或相似因素,或熟悉的解题模式,人们在解题中常常会作出不落窠臼的跳跃式的自由联想.但是,数学发现中所用的联想,同样不可能是形式逻辑中所说的由现成的前提就可以得出结论的推理.事实上,无论是由原象联想类比象,还是基于某种已知因素探寻合适的解题模式,都是具有很大跳跃性的直觉判断,根本无法用形式逻辑解释清楚.因此,在数学发现中运用过往的经验时,我们可以发散思维,而无须受到某种思维束缚.

**例 4.9** 设 $f(x) = \dfrac{4^x}{4^x + 2}$,若 $S = f\left(\dfrac{1}{2015}\right) + f\left(\dfrac{2}{2015}\right) + \cdots + f\left(\dfrac{2014}{2015}\right)$,求 $S$.

**分析** 本题若直接求和难度较大.在本书第三章例 3.5 和例 3.13 中都曾讨论过这一题型,由此我们也许会受到某种启发.观察所求和式发现:$f(x)$ 中的自变量分别满足

$$\frac{1}{2015} + \frac{2014}{2015} = \frac{2}{2015} + \frac{2013}{2015} = \cdots = \frac{1007}{2015} + \frac{1008}{2015} = 1.$$

进一步作出推测,是否存在关系式:

$$f\left(\frac{1}{2015}\right) + f\left(\frac{2014}{2015}\right) = f\left(\frac{2}{2015}\right) + f\left(\frac{2013}{2015}\right) = \cdots = f\left(\frac{1007}{2015}\right) + f\left(\frac{1008}{2015}\right) = 常数,$$

即 $f\left(\dfrac{k}{2015}\right) + f\left(\dfrac{2015 - k}{2015}\right) = 常数 (1 \leqslant k \leqslant 1007)$.这一直觉猜测使解题思路明朗了.由题设

条件不难推得 $f\left(\dfrac{k}{2015}\right)+f\left(\dfrac{2015-k}{2015}\right)=1(1\leqslant k\leqslant 1007)$.

据此,可以类比高斯求解"$1+2+3+\cdots+100$"的倒序相加法,有

$$S=f\left(\frac{1}{2015}\right)+f\left(\frac{2}{2015}\right)+\cdots+f\left(\frac{2014}{2015}\right),$$

$$S=f\left(\frac{2014}{2015}\right)+f\left(\frac{2013}{2015}\right)+\cdots+f\left(\frac{1}{2015}\right).$$

两式相加可得,$2S=2014$,所以 $S=1007$.

## 第三节 解题直觉的捕获

直觉会瞬间消逝,那么我们如何捕捉解题直觉呢? 以下几个途径对于我们在解题中运用直觉具有十分重要的意义.

### 一、透视原题背景形成直觉

许多问题的解决往往要通过仔细的观察分析,发现问题各个环节中的联系,尤其是要透过问题的表象,直觉捕捉问题背后蕴藏的数学知识点与数学思想方法,真正感知到编题者命题的意图所在,为顺利解决问题奠定基础.

**例 4.10** 设 $n$ 为正整数,证明:$\dfrac{2^{2n}}{2n}\leqslant C_{2n}^{n}\leqslant 2^{2n}$.

**分析** 看到这个问题,可能会觉得很难,不知道怎么下手,而且如果企图通过演算求解,一定非常繁琐.通过对原题的仔细观察不难发现,$C_{2n}^{n}$ 为 $(x+y)^{2n}$ 展开式的第 $(n+1)$ 项的系数模式,所以直觉可以使用二项式定理证明.通过观察发现,这个题目会用到二项式定理的相关知识,那么下面应该怎么做呢? 由这一直觉出发,我们把解题思路向下延伸.

$$(x+y)^{2n}=C_{2n}^{0}x^{2n}+C_{2n}^{1}x^{2n-1}y+\cdots+C_{2n}^{n}x^{n}y^{n}+\cdots+C_{2n}^{2n}y^{2n},$$

其中,$C_{2n}^{n}$ 为二项式展开式中的最大系数.令 $x=y=1$,又因

$$(1+1)^{2n}=C_{2n}^{0}+C_{2n}^{1}+\cdots+C_{2n}^{n}+\cdots+C_{2n}^{2n}\leqslant 2nC_{2n}^{n}.$$

在此大背景下,可得出 $\dfrac{2^{2n}}{2n}\leqslant C_{2n}^{n}\leqslant 2^{2n}$.

**例 4.11** 设 $a\in\mathbf{R}$,若 $x>0$,均有 $[(a-1)x-1](x^{2}-ax-1)\geqslant 0$,求 $a$ 的值或取值范围.

**分析** 本题按照一般思路可分两种情况.

(1) $\begin{cases}(a-1)x-1\leqslant 0,\\ x^{2}-ax-1\leqslant 0,\end{cases}$ 无解;

(2) $\begin{cases}(a-1)x-1\geqslant 0,\\ x^{2}-ax-1\geqslant 0,\end{cases}$ 无解.

受经验的影响,可能会认为本题是错题或者解不出本题.事实上,观察本题已知条件,可能看到本题的背景源自两个简单的函数之积,一个是一次函数 $y_1=(a-1)x-1$,一个是二次函数 $y_2=x^2-ax-1$.从这两个函数入手,我们分别作出它们的函数图象,很快可以分析得到这两个函数都过定点 $P(0,-1)$.

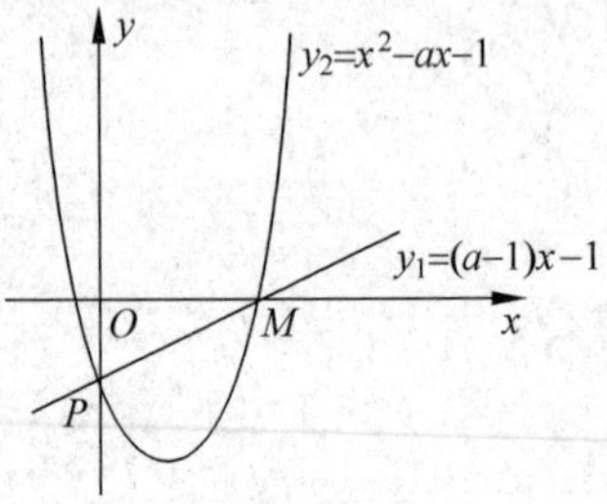

考察函数 $y_1=(a-1)x-1$:令 $y_1=0$,得 $M\left(\dfrac{1}{a-1},0\right)$.通过讨论可以发现 $a>1$;考察函数 $y_2=x^2-ax-1$,因为 $x>0$ 时均有 $[(a-1)x-1](x^2-ax-1)\geqslant 0$,所以 $y_2=x^2-ax-1$ 过点 $M\left(\dfrac{1}{a-1},0\right)$,如图 4.3 所示.代入得 $\left(\dfrac{1}{a-1}\right)^2-\dfrac{a}{a-1}-1=0$,解得 $a=\dfrac{3}{2}$ 或 $a=0$(舍去).

图 4.3

本题在真正实施求解时,为体现解题的完整与规范,首先要进行分类,把 $a$ 分为两类,即 $a=1$ 和 $a\neq 1$ 两种情况讨论.

综上所述,对于一个比较难的问题,我们只要把它还原到其所在的大背景下审视就会容易多了.

## 二、数形结合产生直觉

华罗庚说过:"数缺形时少直观,形离数时难入微."数与形是相辅相成的,在一定的条件下可互相转化.通俗地理解数形结合,就是使某些几何问题转化为代数问题,某些代数问题可用更为直观的几何图形解决.数形结合是数学中常用的思想方法.在解题中经常用到数与形的转换,通过数形结合构造某种数学形式,使数学条件和结论的关系很清晰地表现出来,从而使问题得到解决.

**例 4.12** 设 $0<a<\dfrac{1}{4}$,解关于 $x$ 的方程:$x^2+2ax+\dfrac{1}{16}=-a+\sqrt{a^2+x-\dfrac{1}{16}}$.

**分析** 本题如果直接去掉这个方程的根号,将化为一个系数含有参数 $a$ 的四次方程,不易求解.直觉告诉我们可以考虑借助函数的图象分析,也就是把方程两边看作 $x$ 的函数

$$y=x^2+2ax+\dfrac{1}{16}, \tag{①}$$

$$y=-a+\sqrt{a^2+x-\dfrac{1}{16}}. \tag{②}$$

试图求出它们的图象的交点的横坐标.

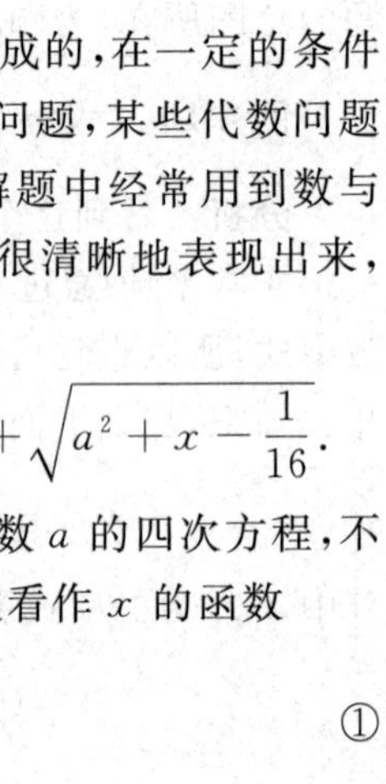

两个函数的解析式的形式有某些相似,启发我们将 ② 式进行变形,得 $x=y^2+2ay+\dfrac{1}{16}$.函数图象如图 4.4 所示.

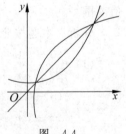

图 4.4

由此可得知,函数 ② 的图象与函数 ① 的部分图象关于直线 $y=x$ 对称,它们的交点在第一象限,位于直线 $y=x$ 上.

仔细观察这些图象,就可能产生这样的念头:为什么一定要求函数

① 与函数 ② 的图象的交点呢? 难道求函数 ① 的图象与直线 $y=x$ 的交点不是一样的吗? 在这当中类比了反函数的一般性质,于是解方程 $x^2+2ax+\dfrac{1}{16}=x$,得到原方程的两根为 $x_{1,2}=\dfrac{1-2a}{2}\pm\sqrt{\left(\dfrac{1-2a}{2}\right)^2-\dfrac{1}{16}}$.

**例 4.13** 已知复数 $z$ 满足 $|z-2-2\mathrm{i}|=\sqrt{2}$,求 $z$ 的模的最大值、最小值.

**分析** $|z-2-2\mathrm{i}|$ 表示复数 $z$ 对应的点到复数 $2+2\mathrm{i}$ 对应的点之间的距离,因此满足 $|z-2-2\mathrm{i}|=\sqrt{2}$ 的复数 $z$ 对应的点 $Z$,应在以 $(2,2)$ 为圆心,以 $\sqrt{2}$ 为半径的圆上,如图 4.5 所示.而 $|z|$ 表示复数 $z$ 对应的点 $Z$ 到原点 $O$ 的距离.显然,当点 $Z$、圆心 $C$、点 $O$ 三点共线时,$|z|$ 取得最值,此时 $|z|_{\min}=\sqrt{2}$,$|z|_{\max}=3\sqrt{2}$.

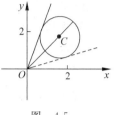

图　4.5

本题还可以令 $z=a+b\mathrm{i}$,利用代数思想求解模的最值.但是利用复数的几何意义,借助数形结合是解决本例复数最值问题最有效的途径,它将代数问题转化为几何问题,求解直观、形象,优化了解题过程.

**例 4.14** 已知 $y=f(x)$ 是定义在 **R** 上的增函数,函数 $y=f(x+1)$ 的图象是关于点 $(-1,0)$ 对称,则当 $f(x^2-6x+21)+f(y^2-8y)<0$ 时,求 $x^2+y^2$ 的取值范围.

**分析** 由题目很容易可以看出 $y=f(x)$ 是定义在 **R** 上的奇函数,且为增函数.根据已知条件,$f(x^2-6x+21)<-f(y^2-8y)$,我们容易推导出这样的结论:$x^2-6x+21+y^2-8y<0$,这是一个二元二次不等式,所以我们无法求出 $x$ 和 $y$ 的具体值.再看所要求的是 $x^2+y^2$ 的取值范围,所以这题我们没有必要,也不太可能求出 $x$ 和 $y$ 的具体值.

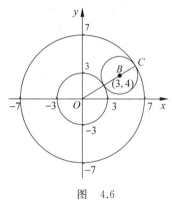

图　4.6

由直觉我们猜想它可能和圆有关,再仔细分析题目可以看出,$x^2-6x+21+y^2-8y<0$ 可以写成 $(x-3)^2+(y-4)^2<4$,它表示以 $(3,4)$ 为圆心,以 $2$ 为半径的圆的内部;而 $x^2+y^2$ 可以看成是以 $(0,0)$ 为圆心,以 $r$ 为半径,求半径平方的问题.于是我们可以利用数形结合将本题构造成圆的问题,如图 4.6 所示.

易知,当两圆外切时,$x^2+y^2$ 可以取得最小值为 9;当两圆内切时,$x^2+y^2$ 可以取得最大值为 49.由圆 $B$ 的圆周式可知 9 和 49 是取不到的.基于直觉思想及构造法的运用,我们可以很容易地求出答案为 $(9,49)$.

## 三、审美赏析产生直觉

对于一个特定的数学问题,在我们寻找解题路径时利用数学的和谐美、简单美和奇异美,有时亦能收获特别的数学直觉.在和谐美的情境下,追求统一性、对称性、不变性、恰当性;在简单美的情境下,思考如何用简单的原理、公式概括大量的事实;在奇异美的感悟下,人们会涌现奇特与新颖的感受.所有这些都可能在美的感召下,迸发出智慧的火花,这火花就是数学直觉.因此,美感与直觉紧密相关,数学美的审视与挖掘是直觉思维的源泉,美的意识能唤起和支配直觉.诚如法国数学家阿达玛所说,"数学直觉的本质是某种'美感'或'美的意识','美的意识'越强,发现和辨别隐蔽的和谐关系的直觉也就越强."

**例 4.15** 设 $(5+2\sqrt{6})^n = a_n - \sqrt{6}\, b_n (a_n 、b_n \in \mathbf{Z})$,求证:$a_n^2 - 6b_n^2 = 1$.

**分析** 本题即欲证:$(a_n + \sqrt{6}\, b_n)(a_n - \sqrt{6}\, b_n) = 1$,直觉告诉我们要构造 $5+2\sqrt{6}$ 的对偶式 $5-2\sqrt{6}$ 进行尝试.由 $(5+2\sqrt{6})^n = a_n - \sqrt{6}\, b_n$ 可知,$(5-2\sqrt{6})^n = a_n + \sqrt{6}\, b_n$.

故 $$a_n^2 - 6b_n^2 = (5+2\sqrt{6})^n (5-2\sqrt{6})^n = 1.$$

**例 4.16** 求 $\sin 10° \sin 30° \sin 50° \sin 70°$.

**分析** 设 $A = \sin 10° \sin 30° \sin 50° \sin 70°$,不妨设它的对偶式为 $B = \cos 10° \cos 30° \cos 50° \cos 70°$.

由 $A \cdot B = \dfrac{1}{16} \sin 20° \sin 60° \sin 100° \sin 140° = \dfrac{1}{16} \cos 10° \cos 30° \cos 50° \cos 70° = \dfrac{1}{16} B$.

由于 $B \neq 0$,所以 $A = \dfrac{1}{16}$.

**例 4.17** 在平面直角坐标系 $XOY$ 中,若动点 $P(a, b)$ 到直线 $l_1 : y = x$ 和 $l_2 : y = -x + 2$ 的距离之和为 $2\sqrt{2}$,则 $a^2 + b^2$ 的最大值为_____.

**分析** 这是江苏省苏北四市(徐州、连云港、宿迁、淮安)某年高三期末统考数学试题的最后一道填空题,难度系数约为 0.15,属于难题.若按部就班地完整解出答案是有一定难度的,但是如果我们依据点到直线距离的公式,对题中条件进行变换后,可以将原题转化为这样一道题:

"已知 $|a-b| + |a+b-2| = 4$,求 $a^2 + b^2$ 的最大值."

这是一道"条件最值"问题,容易发现题中条件式和目标式都是关于 $a$、$b$ 的对称式,凭借以往的解题经验可以得到这样一种直观的结论:当 $a = b$ 时,目标式得到最大值或最小值,于是我们可以由 $a = b$ 得到

$$a = b = 3 \quad 或 \quad a = b = -1.$$

当 $a = b = 3$ 时,$a^2 + b^2 = 18$;当 $a = b = -1$ 时,$a^2 + b^2 = 2$.至此,我们可以直观地感知到,本题的答案应该是 18.

当然,直观地感知结论只能满足应试要求.作为平常的解题训练,还需要对感知的结论进行必要的推理和演绎.严格意义上的推证,可以通过分类讨论去掉绝对值分别求出 $a$、$b$ 的值,自然就可以得到原问题答案了.

**例 4.18** 设 $x_1$、$x_2$ 是一元二次方程 $x^2 + x - 3 = 0$ 的两个根,那么 $x_1^3 - 4x_2^2 + 19$ 的值等于( ).

A. $-4$        B. 8        C. 6        D. 0

**分析** 由所求式中的 $x_1$ 与 $x_2$ 的位置不对等可想到,求 $x_1^3 - 4x_2^2 + 19$ 的值通常应有两个取值,但各选项暗示取值是唯一的.这说明 $M = x_1^3 - 4x_2^2 + 19$,$N = x_2^3 - 4x_1^2 + 19$ 是相等的.

又由 $M+N=\sum_{i=1}^{2}(x_i^3-4x_i^2+19)=\sum_{i=1}^{2}[(x_i-5)(x_i^2+x_i-3)+8x_i+4]=8(x_1+x_2)+8=0$,得 $M=N=0$.

这是一种配对解法,最终归结为 $x_1+x_2$ 的求值,自始至终有一种审美直觉在调控着:①二次方程的两根与系数之间的关系有对称性;②构造配对 $M$ 与 $N$ 有对称性;③$M+N$ 的计算利用了对称性.

这一切源于构题时数字的选择.一般地,对二次方程 $x^2+px+q=0$ 的两个实根 $x_1$、$x_2$,代数式 $M=x_1^3+ax_2^2+b$,$N=x_2^3+ax_1^2+b$,有

$$M+N=[(x_1+x_2)^3-3x_1x_2(x_1+x_2)]+a[(x_1+x_2)^2-2x_1x_2]+2b$$
$$=(-p^3+3pq)+a(p^2-2q)+2b.$$
$$M-N=(x_1^3-x_2^3)-a(x_2^2-x_1^2)$$
$$=(x_1-x_2)[(x_1+x_2)^2-x_1x_2-a(x_1+x_2)]$$
$$=\pm\sqrt{p^2-4q}(p^2-q+ap)\quad(p^2>4q).$$

可见,$M$ 的取值通常有两个,但当 $a=\dfrac{q-p^2}{p}$ 时,只有一个值 $M=N=b-\dfrac{p^4-3p^2q+q^2}{p}$.

## 四、结构相似产生直觉

结构相似也可以看作是类比构造.它是从比较所研究问题对象之间或这些对象与已学过的知识之间存在着的形式上的相同或相似性而受到启发,在此基础上构造一种兼有两者共同特点的数学形式,运用这种数学形式的丰富内涵达到解决问题的目的.

基于问题的结构相似性,我们在第一章研究了观察的方法,在第三章研究了类比的路径,这里我们侧重于直觉对问题结构相似的感知,以促进解题思路的形成和解题方向的确定.

**例 4.19**　设 $0<a<l$,$0<b<l$,试证:$\sqrt{(l-b)^2+a^2}+\sqrt{(l-a)^2+b^2}\geqslant\sqrt{2}\,l$.

**分析**　看到不等式左边的结构,有点像两个"距离"之和,不妨写成
$\sqrt{(l-b)^2+(0-a)^2}+\sqrt{(l-a)^2+(0-b)^2}$;右边 $\sqrt{2}\,l$ 像是边长为 $l$ 的正方形的对角线(或点 $(l,l)$ 到原点的距离),于是就想到了构图,如图 4.7 所示.

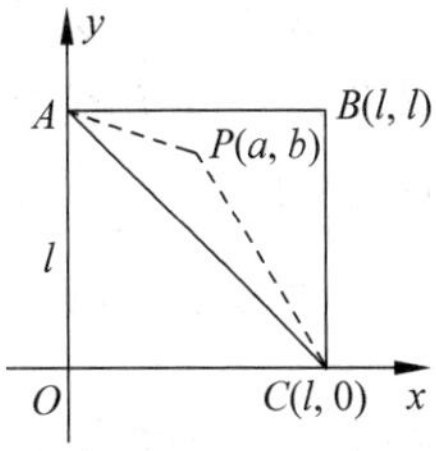

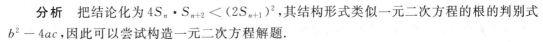

图　4.7

作正方形 $OABC$,在正方形内取一点 $P(a,b)$(因为 $0<a<l$,$0<b<l$),再用"三角形不等式":$AP+PC\geqslant AC$ 即可证明.

**例 4.20**　若 $\{a_n\}$ 是由正数组成的等比数列,$S_n$ 是它的前 $n$ 项和.证明:$S_n\cdot S_{n+2}<S_{n+1}^2$.

**分析**　把结论化为 $4S_n\cdot S_{n+2}<(2S_{n+1})^2$,其结构形式类似一元二次方程的根的判别式 $b^2-4ac$,因此可以尝试构造一元二次方程解题.

构造一元二次方程

$$S_nx^2+2S_{n+1}x+S_{n+2}=0. \tag{①}$$

因为 $S_n$ 是正项数列前 $n$ 项的和,故 $S_n > 0$.

欲证
$$S_n \cdot S_{n+2} < S_{n+1}^2,$$

只要证

$$(2S_{n+1})^2 - 4S_n \cdot S_{n+2} > 0. \qquad ②$$

为此,只需证明方程①有两个不等实数根即可.

当 $q = 1$ 时,不妨令 $a_1 = 1$,则①为

$$nx^2 + 2(n+1)x + (n+2) = 0, \qquad ③$$

即 $[nx + (n+2)](x+1) = 0$.

可见方程③有两个不同的实数根,即①也有两个不同的实数根,则②成立.

当 $q \neq 1$ 时,方程①即为

$$(1-q^n)x^2 + 2(1-q^{n+1})x + (1-q^{n+2}) = 0$$

即 $(x+1)^2 - q^n(x+q)^2 = 0$.

显然,它也有两个不同的实数根,故②成立.

综上所述,$S_n \cdot S_{n+2} < S_{n+1}^2$.

## 五、问题变式产生直觉

有些问题生疏隐晦,直接求解无从入手.这时,解题者应对问题作一番变换处理,并根据对应同构原理,对其进行恰当赋义,构造出一个全新的数学模型,利用新获得的数学机理,找到有效的解题途径.这类模型的构想往往超越了问题的原有意境,因此需要更为丰富的想象力和创造力,特别是直觉的能力.

**例 4.21**　已知 $\alpha$、$\beta \in \left(0, \dfrac{\pi}{2}\right)$,且 $\cot\alpha + \cot\beta - \cot(\alpha+\beta) = \sqrt{3}$,求 $\alpha$、$\beta$ 的值.

**分析**　本题所给的条件是一个含有两个未知数的三角方程,一般不能确定 $\alpha$、$\beta$ 的值.让我们将已知方程变式,化成一种特殊模式,诸如 $(\quad)^2 + (\quad)^2 = 0$ 或者化成一个关于 $\cot\alpha$ 或 $\cot\beta$ 的二元一次方程,而其判别式 $\Delta = -(\quad)^2$,以此探索解题的有效路径.

事实上,我们可利用两角和的余切公式代换 $\cot(\alpha+\beta)$,将方程化成 $\cot^2\alpha + \left(\cot\beta - \sqrt{3}\right)\cot\alpha + \cot^2\beta - \sqrt{3}\cot\beta + 1 = 0$.关于 $\cot\alpha$ 的一元二次的判别式为 $\Delta = -\left(\sqrt{3}\cot\beta - 1\right)^2$.由题意知 $\Delta = 0$,由此可求得 $\beta$ 的值,进而求出 $\alpha$ 的值.

## 六、反思回顾产生直觉

我们解题后的反思是一个必要的过程.波利亚曾精辟地指出:"没有任何问题可以解决得十全十美,总剩下些工作要做."有时我们虽然把题目做出来了,但并不能确认做得正确与否,也许会寻求另一条路径解题.比如,我们时常会考虑用数形结合检测答案是否正确.这一不同于原本解题的路径就是直觉,这一直觉不仅对修正与完善解题过程有作用,而且对于提高解题者的解题能力也有着特别重要的意义.

**例 4.22**  若实数 $x$、$y$、$z$、$t$ 满足 $1 \leqslant x \leqslant y \leqslant z \leqslant t \leqslant 10000$,求 $\dfrac{x}{y} + \dfrac{z}{t}$ 的最小值.

**分析**  题目本身并不难.但很多人拿到这道题目后的第一感觉就是无从下手.应该怎么处理呢? 可以先蒙再算,抓矛盾焦点!

题中让我们求 $\dfrac{x}{y} + \dfrac{z}{t}$ 的最小值,其实一个非常简单的思路就是让分子 $x$、$z$ 最小,让分母 $y$、$t$ 最大,由此可以得到 $\dfrac{x}{y} + \dfrac{z}{t} \geqslant \dfrac{1}{10000} + \dfrac{1}{10000} = \dfrac{1}{5000}$.但是这样的结果显然不对,那矛盾在什么地方呢?

由已知中所给的条件 $1 \leqslant x \leqslant y \leqslant z \leqslant t \leqslant 10000$ 不难发现:当 $x$ 和 $z$ 取到最小值 1 时,我们立马就能得出 $1 \leqslant y \leqslant 1$,即 $y=1$.同理,当 $y$ 和 $t$ 取到最大值 10000 时,$z$ 也会等于 10000.也就是说,因为 $x$、$z$ 和 $y$、$t$ 是交叉不等的,我们不能同时把它们进行放缩.当我们找到这个矛盾点时,正确的方法自然就出来了.

我们可以先只对 $x$、$t$ 放缩,得到 $\dfrac{x}{y} + \dfrac{z}{t} \geqslant \dfrac{1}{y} + \dfrac{z}{10000}$.对于 $y$、$z$,我们不妨研究 $z$.显然,若将 $z$ 放缩到 1,则 $y=1$,跟前面的矛盾一样,所以 $z$ 的最小值只能是 $y$.原来这道题就是把均值不等式改编了一下.

$$\frac{x}{y} + \frac{z}{t} \geqslant \frac{1}{y} + \frac{z}{10000} \geqslant \frac{1}{y} + \frac{y}{10000} \geqslant 2\sqrt{\frac{1}{10000}} = \frac{1}{50}.$$

所以,在很多时候,如果我们拿到题目后没有感觉,甚至读不懂题时,不如先蒙一蒙,找到最简单的情况,然后通过矛盾点挖掘题目背后的东西,这也是一种常见的做创新题的办法.

**例 4.23**  若实数 $a_1, a_2, a_3, a_4, \cdots, a_{2n-1}, a_{2n}$ 满足

$$1 \leqslant a_1 \leqslant a_2 \leqslant a_3 \leqslant a_4 \leqslant \cdots \leqslant a_{2n-1} \leqslant a_{2n} \leqslant 10^{2n},$$

则 $\dfrac{a_1}{a_2} + \dfrac{a_3}{a_4} + \dfrac{a_5}{a_6} + \cdots + \dfrac{a_{2n-1}}{a_{2n}}$ 的最小值为_____.

**分析**  依据例 4.22 的分析与解答,在本题中,我们首先可以把 $a_1$ 放到最小,把 $a_{2n}$ 放到最大;如果 $a_3$ 放缩到 $a_1$,则 $a_2$ 只能等于 $a_1$,此时,$\dfrac{a_1}{a_2}$ 只能等于 1,不是最小值,所以 $a_3$ 只能放缩到 $a_2$;把所有的项都进行这样的处理,不难得出

$$\frac{a_1}{a_2} + \frac{a_3}{a_4} + \frac{a_5}{a_6} + \cdots + \frac{a_{2n-1}}{a_{2n}} \geqslant \frac{1}{a_2} + \frac{a_2}{a_4} + \frac{a_4}{a_6} + \cdots + \frac{a_{2n-3}}{a_{2n-2}} + \frac{a_{2n-2}}{10^{2n}} \geqslant n\sqrt[n]{\frac{1}{10^{2n}}} = \frac{n}{100}.$$

## 第四节  解题直觉的运用

当我们在解决某些数学问题时,往往会陷入这样一个误区,就是过分依赖于程式化的解题策略,缺少灵活性,不懂得变通创新,也就使得很多人在学习数学及解决数学问题时遇到

很多困难,而如果利用好直觉思维及构造法,我们在研究解决数学问题时会变得异常简单,这样不仅能让数学问题变得简洁明快,还可以增强学习数学的自信心,激发数学学习的更大兴趣.

## 一、基于数学直觉顺藤摸瓜

笛卡尔把数学推导看作"一条结论的链""一条相继的步骤序列",强调每一步上的直觉洞察力.无独有偶,庞加莱也曾从"序"的角度谈整体把握,他认为,一旦直觉到这个序,就再也不必害怕会忘掉任何一个元素,以至于一眼就能领悟出整个推理.由此可见,解题时,要从整体上把握推理过程,把握好推理的一列序、一条链,顺着这个序、这条链,"顺藤摸瓜",也许会成功地发现解题思路.

**例 4.24** 已知 $y = 3x^2 + \sqrt{\arcsin x - \dfrac{\pi}{2}} + x - 2$,求 $\log_4 y$ 的值.

**分析** 对于该题如果不假思索,直接进行对数运算是无效的.为有效地推导,必须先进行直觉判断.事实上,考虑偶次根式被开方数不小于零,就可以发现题设隐含了条件:$\arcsin x - \dfrac{\pi}{2} \geqslant 0$;再考虑反正弦函数的值域:$|\arcsin x| \leqslant \dfrac{\pi}{2}$,本题就不难解决了.

**例 4.25** 如图 4.8 所示,已知 $\triangle ABC$ 是等边三角形,$D$、$E$ 分别是 $BC$、$AC$ 边上的点,且 $BD = \dfrac{1}{3}BC, CE = \dfrac{1}{3}AC, AD$ 与 $BE$ 相交于点 $P$.求证:$CP \perp AD$.

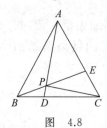

图 4.8

**分析** 观察题中条件、结论及图形的结构特征,借助直觉洞察力,我们可以推测解决问题的"序":①证明 $\triangle ABD \cong \triangle BCE$;②证明 $P$、$D$、$C$、$E$ 四点共圆;③证明 $CD$ 是四边形 $PDCE$ 的外接圆的直径;④证明 $DE \perp EC$(即 $\triangle DEC$ 为直角三角形),从而得证 $CP \perp AD$.

事实上,这的确是一条有效的序.根据这个序,我们就有了解题思路,只要一步一步推导,一步一步证明,就能顺利地解决问题.

**例 4.26** 自凸 $n$ 边形内一点向各边作高,求证至少有一个垂足在其边上而不在边的延长线上.

**分析** 如图 4.9 所示,自凸 $n$ 边形内一点 $O$ 向各个方向作高,等距的高都在同一圆周上,一圈一圈向外膨胀的同心圆隐示着一条逐渐加长的高线,直觉告诉我们,首先遇到的切线不会在延长线上,因为同心圆由多边形内到多边形外必定要经过多边形的边.当然这也是一个直觉经验(严格的论证要用到连续公理).

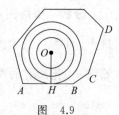

图 4.9

所以,直觉的结论是第一个切点必为所求,这是直觉对结论的发现.那么,如何证明这个结论呢? 我们继续进行解题思路的直觉探索.

如图 4.9 所示,同心圆首先与多边形的 $AB$ 边相切于 $H$,这意味着点 $O$ 到各边的距离中 $OH$ 最短,这是一个有价值的认识(极端原理的应用将由此开始).但是,又怎么说明 $H$ 在线段 $AB$ 上呢?

回想"点在线上"的种种证明方法,最便于操作的是解析几何:验证点的坐标为直线方程的解.但在这个例子中,坐标法似乎表现不出优越性.此外,$OH$ 的最小性又怎么体现出来呢? 问题依然棘手,思路有中途受阻的危险.

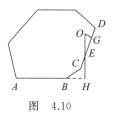

图　4.10

正难则反! 这又是一个直觉念头.如果 $H$ 在 $AB$ 的延长线上,$OH$ 就不会是 $O$ 到 $AB$ 的最短距离,这会引起矛盾,但是,如何解决矛盾呢?

暂时还不知道,然而,不管怎么说,我们至少有路可走了.于是,我们试着作图:$O$ 在形内,$H$ 在形外,连结 $OH$,还是没有证出来.这些作废的图形向我们显示,$OH$ 必与某一边相交,对这一边来说,$OH$ 是斜线,由斜线不小于垂线便构成矛盾,如图 4.10 所示,这可能还是一个直觉.

**证明**　自 $n$ 边形内任一点 $O$ 向各边作高,其中必有一条最短的.记 $O$ 到 $AB$ 的距离 $OH$ 最短(极端原理),则垂足 $H$ 在线段 $AB$ 上而不在边的延长线上.若不然,$H$ 在 $AB$ 的延长线上.如图 4.10 所示,则由形内 $O$ 到形外 $H$ 作连线,$OH$ 必与某一边相交,记 $OH$ 与 $CD$ 交于 $E$,记 $O$ 到 $CD$ 的高为 $OG$,则 $OG < OE < OH$.这与 $OH$ 的最小性矛盾.故 $H$ 不在 $AB$ 的延长线上.

## 二、基于数学直觉浮现例题

波利亚说过,为解题,我们必须回忆各式各样的基本事实,回忆以前解答过的问题、已知的定理和定义.从我们的记忆中汲取相关的内容可称为"动员".在考察问题过程中,如果洞察到熟悉的某种模式或某个例题,就能引导我们回忆起某些有用的东西,把相关的知识整合起来,帮助我们发现解题思路.

**例 4.27**　如图 4.11 所示的"风车三角形"中,$AA' = BB' = CC' = 2$,$\angle AOB' = \angle BOC' = \angle COA' = 60°$,求证:$S_{\triangle AOB'} + S_{\triangle BOC'} + S_{\triangle OCA'} < \sqrt{3}$.

**分析**　德国地球物理学家魏格纳在观察世界地图时发现了有些大陆刚好可以拼在一起,由此产生了大陆漂移假说.本题中,先观察"风车三角形".它的线长都是那么整齐,它的夹角都是那么匀称,会不会也是一个整体的"木板"经过断裂,"飘移"而成为"风车"?

经过试验"平移",如图 4.12 所示,发现果然是边长为 2 的正 $\triangle OPQ$ 被 $\triangle AB'R$ 割开,再"飘移"成一个风车.

由 $S_{\triangle AOB'} + S_{\triangle BOC'} + S_{\triangle OCA'} < S_{\triangle OPQ}$,又 $S_{\triangle OPQ} = \sqrt{3}$,即得 $S_{\triangle AOB'} + S_{\triangle BOC'} + S_{\triangle OCA'} < \sqrt{3}$.

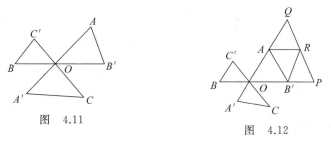

图　4.11　　　　　图　4.12

**例 4.28**　如图 4.13 所示,已知 $\angle ACB = 90°$,$AC = 8$,$BC = 6$.以 $C$ 为圆心,定长 4 为半径画圆,交 $AC$、$BC$ 于 $E$、$F$.$D$ 为 $\overset{\frown}{EF}$ 上一动点,连结 $AD$、$BD$、$CD$.求:$\dfrac{1}{2}AD + BD$ 的最小值.

**分析**    本题求的是两条线段之和的最小值,直觉想到是否能将这两条线段通过变换,化归到三点共线的问题上.

由条件可知,$CD = 4$,$AC = 8$,这里面包含了一个 $1 : 2$ 的关系,而 $CD$、$AC$ 及要转化的 $\frac{1}{2}AD$ 都在 $\triangle ACD$ 上,所以自然地想到要构造相似三角形,而且构造的三角形的相似比是 $1 : 2$,进一步想到作 $CE$ 中点 $G$,如图 4.14 所示,构造 $\triangle DCG$ 与 $\triangle ACD$ 相似.这样就可以把 $\frac{1}{2}AD$ 转化为与 $GD$ 相等,到此问题转化为三点共线求线段和的最小值,非常容易解决.

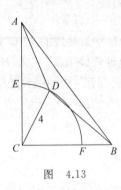
图　4.13

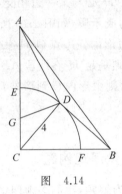
图　4.14

**例 4.29**    设 $r \neq 1$,求下列数列前 $n$ 项的和.

$$\frac{r}{(1 + rx)(1 + r^2 x)}, \frac{r^2}{(1 + r^2 x)(1 + r^3 x)}, \cdots, \frac{r^n}{(1 + r^n x)(1 + r^{n+1} x)}, \cdots$$

**分析**    这个数列的通项比较复杂,从分子来看,可能就想到等比数列的问题,但如果连续写几项,就会注意到求和的真正困难之处是通分.接着仔细分析分母的结构,发现每项的分母都是两个因子的积,且相邻两项的分母中前者的第二个因子恰为后者第一个因子,于是,头脑中会闪现出一个简单的类似问题.

$$\frac{1}{1 \times 2} + \frac{1}{2 \times 3} + \frac{1}{3 \times 4} + \cdots + \frac{1}{n(n+1)} = \left( \frac{1}{1} - \frac{1}{2} \right) + \left( \frac{1}{2} - \frac{1}{3} \right) + \left( \frac{1}{3} - \frac{1}{4} \right) + \cdots + \left( \frac{1}{n} - \frac{1}{n+1} \right)$$

$$= 1 - \frac{1}{n+1}.$$

由此便抓住了解决上面问题的关键,可能又会产生这样的念头:所给数列的一般项也可按分母的结构拆分为两个分式的差,且各项相加恰好能交错消去中间各项.于是,令

$$\frac{r^n}{(1 + r^n x)(1 + r^{n+1} x)} = \frac{A_n}{1 + r^n x} - \frac{B_n}{1 + r^{n+1} x},$$

并用待定系数法可求得 $A_n = \frac{r^n}{1 - r}$,$B_n = \frac{r^{n+1}}{1 - r}$.

再根据 $A_n = B_{n-1}$,即可得所求数列前 $n$ 项和.

$$S_n = \frac{A_1}{1 + rx} - \frac{B_n}{1 + r^{n+1} x} = \frac{r}{1 - r} \left( \frac{1}{1 + rx} - \frac{r^n}{1 + r^{n+1} x} \right).$$

本题运用类比,借助直觉发现不同对象在功能、结构、形式上的相同属性,浮现恰当的类似问题.类似问题虽然简单,却帮助我们找到了解题的关键,从而发现解题思路.

### 三、基于数学直觉整体把握

对于有些数学问题,若拘泥于细节方面的考察,则难以突破;如果从整体上把握,洞察某些结构特征,问题也就迎刃而解了.直觉思维的一大特点就是能从整体上把握考察对象.就像刘徽考察圆面积时,先观察圆内接正 $3 \times 2^n$ 边形的面积 $S_n$,他不是着眼于个别内接正多边形的面积,而是从整体上把握 $S_n$ 的变化趋势,凭直觉确认了"$S_n$ 越来越接近于圆面积".

**例 4.30**　求证:$n \times \sqrt[n]{n+1} < n + 1 + \dfrac{1}{2} + \dfrac{1}{3} + \cdots + \dfrac{1}{n} (n \in \mathbf{N}, n > 1)$.

**分析**　如果用数学归纳法证明,在论证的第二步,"从 $k$ 推到 $k+1$"时,将遭遇很大的困难.如果我们整体考察求证式,不难发现这个等式和均值不等式 $\sqrt[n]{a_1 a_2 \cdots a_n} \leqslant \dfrac{a_1 + a_2 + \cdots + a_n}{n}$ 在结构上有相似之处.只要把题中不等式的两端都除以 $n$,结构上就更相似了.因此,可将题中不等式改写为

$$\sqrt[n]{n+1} < \frac{1}{n}\left(n + 1 + \frac{1}{2} + \frac{1}{3} + \cdots + \frac{1}{n}\right).$$

从结构上来看,我们必须设法把右端括弧中的 $n+1$ 个数的和改写成 $n$ 个数的和,而这 $n$ 个数的积正好是 $n+1$.这的确是可以做到的,因为

$$n + 1 + \frac{1}{2} + \frac{1}{3} + \cdots + \frac{1}{n} = 2 + \frac{3}{2} + \frac{4}{3} + \cdots + \frac{n+1}{n}.$$

因此,欲证的不等式可改写为

$$\sqrt[n]{n+1} < \frac{1}{n}\left(2 + \frac{3}{2} + \frac{4}{3} + \cdots + \frac{n+1}{n}\right).$$

显然这一不等式成立.该例题的求解中,没有将所证不等式的元素分开来看,而是将它看成一个整体,继而联想到均值不等式,通过一步步改写,向均值不等式靠拢,解题思路逐渐清晰,从而解决了问题.

**例 4.31**　已知三正数 $a$、$b$、$c$ 满足 $a + b + c = 1$,求证

$$\left(a + \frac{1}{a}\right)^2 + \left(b + \frac{1}{b}\right)^2 + \left(c + \frac{1}{c}\right)^2 \geqslant \frac{100}{3}. \qquad ①$$

**分析**　在本例中 $a$、$b$、$c$ 的"地位"是平等的,直觉猜测当不等式左边各项都等于 $\dfrac{100}{9}$,即当 $a = b = c = \dfrac{1}{3}$ 时,结论中的等号成立,依此直觉进一步探索证明途径.因为

$$\left(a + \frac{1}{a}\right)^2 + \left(b + \frac{1}{b}\right)^2 + \left(c + \frac{1}{c}\right)^2 = (a^2 + b^2 + c^2) + \left(\frac{1}{a^2} + \frac{1}{b^2} + \frac{1}{c^2}\right) + 6, \qquad ②$$

令 $A=a^2+b^2+c^2,B=\dfrac{1}{a^2}+\dfrac{1}{b^2}+\dfrac{1}{c^2}$，当 $a=b=c=\dfrac{1}{3}$ 时，$A=\dfrac{1}{3}$，$B=27$. 此时有 $\dfrac{1}{3}+27+$

$6=\dfrac{100}{3}$.

比较①、② 两式可看出：要证明原式成立只需证明 $A\geqslant\dfrac{1}{3}$，$B\geqslant27$ 即可.

先证 $A\geqslant\dfrac{1}{3}$，由题设条件得 $3A=3(a^2+b^2+c^2)=(a+b+c)^2+(a-b)^2+(b-c)^2+$

$(c-a)^2\geqslant1$. 再证 $B\geqslant27$，由题设条件得 $B=\dfrac{1}{a^2}+\dfrac{1}{b^2}+\dfrac{1}{c^2}\geqslant3\sqrt[3]{\left(\dfrac{1}{abc}\right)^2}$；由 $a+b+c\geqslant$

$3\sqrt[3]{abc}\geqslant0$ 得 $abc\leqslant\dfrac{1}{27}$，即 $\dfrac{1}{abc}\geqslant27$，故得 $B\geqslant3\sqrt[3]{27^2}=27$.

**例 4.32** 已知 $x$、$y\in\left[-\dfrac{\pi}{4},\dfrac{\pi}{4}\right]$，$a\in\mathbf{R}$，且有

$$\begin{cases}x^3+\sin x-2a=0,\\4y^3+\sin y\cos y+a=0.\end{cases}$$

求 $\cos(x+2y)$ 的值.

**分析** 如果用常规方法，从方程中解出 $x$、$y$，再代入 $\cos(x+2y)$ 求值，是极困难的. 我们可以对方程组的结构作整体考察，凭直觉不难看出，第二个方程乘以 2 可得 $(2y)^3+\sin2y+$ $2a=0$，它与第一个方程的结构完全一样，可构造奇函数 $f(t)=t^3+\sin t,t\in\left[-\dfrac{\pi}{4},\dfrac{\pi}{4}\right]$.

易知，$f(t)$ 在 $\left[-\dfrac{\pi}{4},\dfrac{\pi}{4}\right]$ 是增函数. 于是，原方程组可改写为

$$\begin{cases}f(x)-2a=0,\\f(-2y)-2a=0.\end{cases}$$

从而有 $f(x)=f(-2y)$，所以 $x=-2y$，$\cos(x+2y)=1$.

本题从整体出发分析题目，为避免原方程组复杂的结构，通过简单的变形，构造一个单调递增的奇函数，最终根据其性质求解出结果.

综上可以看出，直觉既要利用模型和规则，又要依靠知识和经验. 如果离开了知识和经验，要谈直觉洞察力，就是无源取水、无本伐木.

## 四、基于数学直觉出奇制胜

在解题过程中，我们常常会陷入死胡同，用平常的解法解决不了，或者解题过程很麻烦，从而将这类题目归为难题. 实则不然，很多题目，只要你换一种思路，就会出现一些灵感，继而豁然开朗，发现解题思路，这些方法往往能够出奇制胜.

**例 4.33** 求证：$\dfrac{3\times5\times7\times\cdots\times(2n-1)}{2\times4\times6\times\cdots\times(2n-2)}>\sqrt{n}\ (n\in\mathbf{N},n>1)$.

**分析** 此题是一道与自然数相关的不等式证明题，可以用数学归纳法证明，但是当我们

对问题进行详细的观察后会发现,不等式左边的分子缺 $4 \times 6 \times \cdots \times 2n$,分母缺 $3 \times 5 \times \cdots \times (2n-1)$,将其补上,可以得到

$$\frac{3 \times 5 \times 7 \times \cdots \times (2n-1)}{2 \times 4 \times 6 \times \cdots \times (2n-2)} \times \frac{4 \times 6 \times 8 \times \cdots \times 2n}{3 \times 5 \times 7 \times \cdots \times (2n-1)} = n.$$

注意到右端的 $n$ 与原不等式右端的 $\sqrt{n}$ 相关,即 $n = \sqrt{n} \times \sqrt{n}$,从而只需证明

$$\frac{3 \times 5 \times 7 \times \cdots \times (2n-1)}{2 \times 4 \times 6 \times \cdots \times (2n-2)} > \frac{4 \times 6 \times 8 \times \cdots \times 2n}{3 \times 5 \times 7 \times \cdots \times (2n-1)}$$ 即可,即只需证明 $\frac{3}{2} > \frac{4}{3}, \frac{5}{4} >$

$\frac{6}{5}, \cdots, \frac{2n-1}{2n-2} > \frac{2n}{2n-1}$,这些不等式显然成立,从而使原问题得证.

上述方法打破了常规思路,借助直觉思维,找到了一种与众不同的方法,即构想出式子

$$\frac{4 \times 6 \times 8 \times \cdots \times 2n}{3 \times 5 \times 7 \times \cdots \times (2n-1)},$$ 从而出奇制胜,发现了一种新颖的解题思路.

**例 4.34**　在正项等比数列 $\{a_n\}$ 中,$a_5 = \frac{1}{2}$,$a_6 + a_7 = 3$,求满足

$$a_1 + a_2 + \cdots + a_n > a_1 a_2 \cdots a_n$$

的最大正整数 $n$ 的值.

**分析**　这是江苏省某年高考的一道填空题,该题有一定的难度.一般的思路是由条件"$a_5 = \frac{1}{2}$,$a_6 + a_7 = 3$"求出 $a_1 = \frac{1}{32}$,$q = 2$,再将条件"$a_1 + a_2 + \cdots + a_n > a_1 a_2 \cdots a_n$"化归为关于 $n$ 的不等式,并求出不等式的解集,最后在所求得的解集中找出最大的正整数.应该说思路比较清楚,而且大多数考生能够想到,但我们最终得到的关于 $n$ 的不等式是:

$$2^n - 1 > 2^{\frac{n^2 - 11n + 10}{2}}.$$

这个不等式的求解对高中学生而言是没法完成的,很多学生花了不少时间得到这个结论后就无所适从了.

如果我们能够直觉感知到 $2^n$ 与 $2^{\frac{n^2 - 11n + 10}{2}}$ 都是正的偶数,那么就能比较容易地得到其等价不等式:$2^n > 2^{\frac{n^2 - 11n + 10}{2}}$,于是问题转化为解不等式 $n > \frac{n^2 - 11n + 10}{2}$,求解得到 $\frac{13 - \sqrt{129}}{2} <$

$n < \frac{13 + \sqrt{129}}{2}.$

由于 $\frac{13 + \sqrt{129}}{2} \in (12, 13)$,因此本题的答案应为 12.

可以看到解决本题的关键是把 $2^n - 1 > 2^{\frac{n^2 - 11n + 10}{2}}$ 转化为等价不等式 $2^n > 2^{\frac{n^2 - 11n + 10}{2}}$,从而得到 $n > \frac{n^2 - 11n + 10}{2}.$

**例 4.35**　在 $\triangle ABC$ 中,$\cos B$ 为 $\sin A$、$\sin C$ 的等比中项,$\sin B$ 为 $\cos A$、$\cos C$ 的等差中项,则 $\angle B = \underline{\qquad\qquad}$.

**分析**  许多人拿到此题后不知道该如何下手.寻找此题的解题方向,直觉指引不失为一种有效的措施.事实上,根据已知条件,知

$$\cos^2 B = \sin A \sin C, \qquad ①$$

$$2\sin B = \cos A + \cos C. \qquad ②$$

由①、②可知∠A 和∠B 是对称出现的.凭直觉,在题设条件下,∠A 既不能大于∠C,又不能小于∠C,也就是说,∠A 应该等于∠C,即 $A = C$,代入②得 $\sin B = \cos A$,由此推出 $B = \dfrac{\pi}{2} + A$,所以 $B = \dfrac{2}{3}\pi$.如上直觉可靠吗?也就是说,能否证明 $A = C$?也正是因为有了证明 $A = C$ 这一目标,以下的变式思路是明确的,而非盲目进行.

**证法 1**  由①、②得

$$\begin{cases} 4\cos^2 B = 4\sin A \sin C, \\ 4\sin^2 B = \cos^2 A + 2\cos A \cos C + \cos^2 C. \end{cases}$$

两式相加得

$$4 = 4\sin A \sin C + \cos^2 A + \cos^2 C + 2\cos A \cos C, \qquad ③$$

即

$$4 = 4\sin A \sin C + \cos^2 A + \cos^2 C + 4\cos A \cos C - 2\cos A \cos C,$$

$$4 = 4\cos(A - C) + (\cos A - \cos C)^2, \qquad ④$$

进一步化简得,$\sin^2 \dfrac{A-C}{2}\left(2 - \sin^2 \dfrac{A+C}{2}\right) = 0$,所以 $\sin \dfrac{A-C}{2} = 0$.

因为 $A$、$B$、$C$ 为 $\triangle ABC$ 的三内角,$-\dfrac{\pi}{2} < \dfrac{A-C}{2} < \dfrac{\pi}{2}$,所以 $\dfrac{A-C}{2} = 0$,即 $A = C$.

**证法 2**  同证法 1,由③得

$$4 = 4\sin A \sin C + 1 - \sin^2 A + 1 - \sin^2 C + 2\cos A \cos C,$$

$$2 = -(\sin A - \sin C)^2 + 2\cos(A - C) \leqslant 2\cos(A - C),$$

即 $\cos(A - C) \geqslant 1$,得 $A = C$.

**证法 3**  由①得

$$\cos^2 B = \sin A \sin C \leqslant \left(\frac{\sin A + \sin C}{2}\right)^2,$$

由②得

$$\sin^2 B = \left(\frac{\cos A + \cos C}{2}\right)^2,$$

两式相加得 $1 \leqslant \cos(A - C)$.

又因 $\cos(A - C) \leqslant 1$,所以 $\cos(A - C) = 1$,$A = C$.

综上所述,面对较为综合、复杂的问题时,运用直觉指引寻找解题的方向不失为一条快

捷有效的路径.当然,我们还应注意到:随着解题计划的实施,原先的直觉可能需要调整、完善或改变.正如杨振宁教授所说,"直觉不断被修正的过程就是自我提升的过程",直觉会带领我们把解题走向深入,带领我们把解题进行到底,带领我们走向解题研究新的领域.

# 习　题　四

1. 已知实数 $a$、$b$、$c$ 满足 $b=6-a$,$c^2=ab-9$,试求 $a$、$b$ 的值.

2. 当 $k=1,2,\cdots,n$ 时,求所有 $y=k(k+1)x^2-(2k+1)x+1$ 的图象在 $x$ 轴上所截线段长度的和.

3. 化简:$(x+y+z)^3-(y+z-x)^3-(z+x-y)^3-(x+y-z)^3$.

4. 设 $\dfrac{a-b}{1+ab}+\dfrac{b-c}{1+bc}+\dfrac{c-a}{1+ca}=0$,求证:$a$、$b$、$c$ 中至少有两个相等.

5. 求 $y=\sqrt{x^2-2x+5}+\sqrt{x^2+6x+25}$ 的最值.

6. 已知复数 $z_1$、$z_2$ 满足 $10z_1^2+5z_2^2=2z_1z_2$,且 $z_1+2z_2$ 为纯虚数,求证:$3z_1-z_2$ 为实数.

7. 甲、乙、丙 3 人卖小鸡,甲带了 10 只,乙带了 16 只,丙带了 26 只.中午之前他们按同一价格卖出了一部分小鸡.过了中午,他们把所剩的小鸡又按同一价格全部降价销售.回家时 3 人均带回 35 元.问他们的小鸡上午、下午各按什么价格卖出的?

8. 设 $p$、$q$ 都是自然数,使得:$\dfrac{p}{q}=1-\dfrac{1}{2}+\dfrac{1}{3}-\cdots-\dfrac{1}{1318}+\dfrac{1}{1319}$,试证 $p$ 可被 1979 整除.

9. 设 $A=\{(x,y)\,|\,y^2=x+1\}$,$B=\{(x,y)\,|\,4x^2+2x-2y+5=0\}$,$C=\{(x,y)\,|\,y=kx+b\}$,是否存在自然数对 $(k,b)$,使 $(A\bigcup B)\bigcap C=\varnothing$.并证明你的假设.

10. 已知 $\triangle ABC$ 的外接圆的半径为 $R$,并且有 $2R(\sin^2A-\sin^2C)=\left(\sqrt{2}a-b\right)\sin B$,求 $\triangle ABC$ 面积的最大值.

11. 如图 4.15 所示,在 $\triangle ABC$ 中,$\angle BAC=40°$,$\angle ABC=60°$,点 $D$、$E$ 分别在 $AC$、$AB$ 上,且 $\angle BCE=70°$,$\angle CBD=40°$,$F$ 是 $BD$ 与 $CE$ 的交点.求证:$AF\perp BC$.

12. 椭圆 $\dfrac{x^2}{9}+\dfrac{y^2}{4}=1$ 的焦点是 $F_1$、$F_2$,点 $P$ 是椭圆上的动点,如图 4.16 所示.当 $\angle F_1PF_2$ 为钝角时,求点 $P$ 横坐标的取值范围.

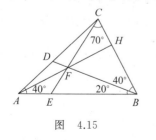

图　4.15

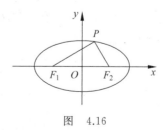

图　4.16

13. 已知双曲线过点 $A(-2,4)$ 和 $B(4,4)$,它的一个焦点恰好是抛物线 $y^2=4x$ 的焦点,求其另一个焦点的轨迹.

14. 设 $\{a_n\}$ 是由整数组成的数列,其前 $n$ 项和为 $S_n$,并且对于所有的自然数 $n$,$a_n$ 与 2 的

等差中项等于 $S_n$ 与 2 的等比中项,求数列 $\{a_n\}$ 的通项公式.

15. 已知定义在 **R** 上的奇函数 $f(x)$ 满足 $f(x)=f(4+x)$,且 $f(3)=0$,求方程 $f(x)=0$ 在区间 $(0,10)$ 内的实数根的个数.

16. 若两个等差数列 $\{a_n\}$、$\{b_n\}$ 前 $n$ 项和分别为 $A_n$、$B_n$,且满足 $\dfrac{A_n}{B_n}=\dfrac{7n+1}{4n+27}(n\in\mathbf{N}_+)$,求 $\dfrac{a_8}{b_{11}}$.

17. 在三棱锥 $P-ABC$ 中,$PA$、$PB$、$PC$ 两两互相垂直,$PO\perp$ 平面 $ABC$,$O$ 为垂足,$\angle APO=\angle BPO$.

(1) 求证 $\triangle ABC$ 为等腰三角形;

(2) 当 $\angle APO=\angle BPO=60°$ 时,求 $PC$ 与平面 $ABC$ 所成的角.

18. 已知函数 $f(x)=\dfrac{x+2}{x+1}(x\in(0,+\infty))$,数列 $\{x_n\}$ 满足 $x_{n+1}=f(x_n)(n\in\mathbf{N}_+)$,且 $x_1=1$.

(1) 设 $a_n=\left|x_n-\sqrt{2}\right|$,证明:$a_{n+1}<a_n$;

(2) 设(1)中的数列 $\{a_n\}$ 的前 $n$ 项和为 $S_n$,证明:$S_n<\dfrac{\sqrt{2}}{2}$.

19. 设

$$x=\cfrac{1}{1+\cfrac{1}{1+\cfrac{1}{1+\cdots+\cfrac{1}{1+1}}}},$$

已知上式有 2018 条水平分数线,问 $x^2+x>1$ 是否成立?

20. 已知 $f(x)$ 是定义在实数集上的函数,对一切 $x$ 都有 $f(x)=f(x+1)+f(x-1)$,求证:$f(x)$ 是周期函数.

21. 已知 $n$ 个任意正方形 $(n\in\mathbf{N}_+)$.试证:可以用剪刀把它们剪开,然后组拼成一个新的正方形.

22. 如图 4.17 所示,已知三个圆 $k$、$m$、$l$ 具有相同的半径 $r$,且通过同一点 $O$,$l$ 和 $m$ 相交于 $A$,$m$ 和 $k$ 相交于 $B$,$k$ 和 $l$ 相交于 $C$.求证:$A$、$B$、$C$ 所确定得到圆 $e$ 的半径也是 $r$.

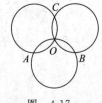

图 4.17

进了大学学习戴德金分割及其他构造法后,我才理解整个数学的建构是如此美轮美奂.

——[美]丘成桐(1949——    )

数学中的一切进步都是引进符号后的反响.

——[意]皮亚诺(1858—1932)

# 第五章　构造:解题的突破

构造作为一种重要的数学思想方法,在过去为许多数学家所运用,为解决数学中的难题、推动数学的发展研究起到了重大作用.数学中的许多概念和理论,本身就是一种构造.构造思想对于数学来说是"与生俱来"的.作为数学思想两大源泉的古代中国数学(以《九章算术》为代表)和古希腊数学(以《几何原本》为代表),都有着明显的构造性特点和丰富的构造思想.一般来说,构造法能沟通数学各个不同的分支,甚至还沟通着数学与其他的学科,实现跨度极大的问题转化,这是一种难度大、规律不易掌握的高层次的数学方法.利用构造法解题往往巧妙简捷,许多时候让人拍案叫绝.

## 第一节　构造法的本质特征

构造法不同于一般的逻辑方法,它属于非常规思维,其本质特征是"构造",其关键是借助对问题特征的敏锐观察,展开丰富的联想、实施有效的解题转化.

### 一、构造法的实质

构造法是数学中的一种基本方法,它是指当某些数学问题使用通常办法、按定式思维很难解决时,根据问题的条件和结论的特征、性质从新的角度,采用新的观点观察、分析、解释对象,抓住反映问题的条件与结论之间的内在联系,把握问题的数量、结构等关系的特征,构造出满足条件或结论的新的数学对象,或构造出一种新的问题形式,使原问题中隐晦不清的关系和性质在新构造的数学对象(或问题形式)中清楚地表现出来,从而借助该数学对象(或问题形式)简捷地解决问题的方法.

通俗地理解,构造法就是依据某些数学问题的条件或结论所具有的典型特征,用已知条件中的元素为"元件",用已知的数学关系为"支架",在思维中构造一种相关的数学对象、一种新的数学形式;或者利用具体问题的特殊性,为待解决的问题设计一个合理的框架,从而使问题转化并得到解决的方法.

**例 5.1**　求函数 $f(x)=\sqrt{x^4-3x^2-6x+13}-\sqrt{x^4-x^2+1}$ 的最大值.

**分析**　原函数变换为 $f(x)=\sqrt{(x-3)^2+(x^2-2)^2}-\sqrt{x^2+(x^2-1)^2}$,从而将其转化为几何问题.几何意义是抛物线 $y=x^2$ 上动点 $M(x,x^2)\Rightarrow(x,y)$ 到点 $P(3,2)$ 和到点 $Q(0,1)$ 的距离之差.由 $|MP|-|MQ|\leqslant|PQ|$,解得 $f(x)$ 的最大值为 $|PQ|=\sqrt{10}$.

本题还可以考虑用向量的知识求解:利用

$$|\vec{a}|-|\vec{b}|\leqslant|\vec{a}\pm\vec{b}|\leqslant|\vec{a}|+|\vec{b}| \qquad ①$$

由 $f(x)=\sqrt{(x-3)^2+(x^2-2)^2}-\sqrt{x^2+(x^2-1)^2}$,令 $y=x^2$,

$$|\vec{a}|=\sqrt{(x-3)^2+(x^2-2)^2} \text{ 和 } |\vec{b}|=\sqrt{x^2+(x^2-1)^2},$$

可知 $\vec{a}=(x-3,y-2)$ 和 $\vec{b}=(x,y-1)$.

由 ① 式可得 $f(x)\leqslant|\vec{a}\pm\vec{b}|$.

$\vec{a}-\vec{b}=(x-3,y-2)-(x,y-1)=(-3,-1)\Rightarrow|\vec{a}-\vec{b}|=\sqrt{3^2+1^2}=\sqrt{10}$.当且仅当 $\vec{a}$ 与 $\vec{b}$ 共线同向时等号成立,所以 $f(x)$ 的最大值是 $\sqrt{10}$.

与本题相同,许多问题利用已知条件难以直接求解,需要按一定目标构造某种数学对象(如数、式、方程、函数、复数等)作为桥梁,沟通条件与结论之间的逻辑联系才能求得结论.

构造法是一种极其富有技巧性和创造性的解题方法,体现了数学中发现、类比、转化的思想.①在数学解题中,构造法体现了数学发现的思想方法,因为解决问题往往要通过仔细观察、分析,发现问题各个环节及其中的联系,从而为寻求解法创造条件.②为找出解题途径,要联系已有知识中与之类似的或与之相关的问题,从而为构造模型提供参照对象,体现了构造法中的类比思想.③在解题中把一个个零散的发现由表及里、由浅入深地集中和联系起来,通过恰当的方法加以处理,化归为已有的认识就自然形成了构造模型的方法,体现了化归的思想.除此之外,构造法还渗透着试验、归纳等数学思想方法.

## 二、构造法在解题中的运用

用构造法解题的关键是构造,它并没有确定的套路,常表现出思维的试探性、不规则性和创造性.构造法在数学解题中有着广泛的应用,主要体现在两个方面.

一方面,许多数学问题本身具有构造性的要求,或者说可以通过构造直接得解.例如,为证明"能够表示为一个平方数与一个质数之和的平方数有无穷多个",我们可以构造无穷多个这样的数:$\left\{\dfrac{(p+1)^2}{4},p\text{ 为奇质数}\right\}$.由于质数有无穷多个,故我们构造的是一个无限集.又由 $\left(\dfrac{p+1}{2}\right)^2=\left(\dfrac{p-1}{2}\right)^2+p$,故上面构造的这个无限集中的每个数都是平方数.

另一方面,许多问题,如果通过构造相应的数学对象(如方程、函数、数列、图形、命题等)作为辅助工具,则问题更容易解决.数学解题中运用构造法,常常体现为不对问题本身求解,而是构造一个与之相关的辅助问题求解.波利亚十分重视这种方法,他认为"构造一个辅助问题是一项重要的思维活动""学会(或教会)怎样聪明地处理辅助问题是一项重大的任务".

**例 5.2**　若 $\dfrac{\sin\alpha}{a^2-1}=\dfrac{\cos\alpha}{2a\sin2\beta}=\dfrac{1}{a^2+2a\cos2\beta+1}$,求证:$\sin\alpha=\dfrac{a^2-1}{a^2+1}$.

**分析**　此题用常规方法证明显然比较繁琐,但通过观察条件的特征进行分析,条件与我们熟悉的两重合直线的系数比相似,故可构造两重合直线.

不妨设两直线分别为

$$l_1:x\cos\alpha + y\sin\alpha = 1;$$
$$l_2:2a\sin2\beta x + (a^2-1)y = a^2 + 2a\cos2\beta + 1.$$

由已知条件可知:$l_1$ 与 $l_2$ 重合,而从 $l_1$ 的形式可知其是单位圆 $x^2+y^2=1$ 的切线,故原点到直线 $l_2$ 的距离为 1.由距离公式有

$$\frac{|a^2+2a\cos2\beta+1|}{\sqrt{(2a\sin2\beta)^2+(a^2-1)^2}} = 1,$$

推出 $\cos2\beta = 0$.

所以,$\sin\alpha = \dfrac{a^2-1}{a^2+2a\cos2\beta+1} = \dfrac{a^2-1}{a^2+1}$.

历史上不少著名的数学家都曾经采用构造方法成功地解决过数学上的难题,如欧几里得在《几何原本》中证明"素数的个数是无限的"就是一个典型的范例.

**例 5.3**　素数的个数是无限的.

**分析**　假设素数的个数是有限的.$p_1,p_2,\cdots,p_n$ 为素数,再构造一个新的数 $p_1p_2\cdots p_n+1$.如果这个新数是素数,那么它大于 $p_1,p_2,\cdots,p_n$ 中任一数,于是就得到了第 $(n+1)$ 个素数;如果这个新数是合数,那么它必然能被某个素数整除,但那个素数不可能是 $p_1$,$p_2,\cdots,p_n$ 中任何一个,因为将它们中的任何一个去除时都有余数 1,因此必有另一个素数能整除 $p_1p_2\cdots p_n+1$,这样也能得到第 $(n+1)$ 个素数了.这就证明了素数的个数是无限的.

## 第二节　挖掘问题背景进行构造

在第四章第三节,我们曾经研究过问题的背景对于解题直觉产生的影响,提出在解题中要善于通过问题背景形成直觉感知.本节着重于相关问题的背景分析,深入探索如何基于问题背景进行有效地构造,以实现问题的顺利解决.事实上,有些问题,当孤立地运用题设条件难以获得解题思路时,不妨把所考虑的问题置于特定的背景下,构造原题的原形,往往可得到简捷而巧妙的解法.

**例 5.4**　已知 $a<b<c$,$x$ 是实数,求 $|x-a|+|x-b|+|x-c|$ 的最小值.

**分析**　这是一道代数题.我们试图用构造几何图形的方法加以解决.事实上,$|x-a|$ 的几何意义是在数轴上表示两数 $x$ 与 $a$ 之间的距离.因此要求 $|x-a|+|x-b|+|x-c|$ 的最小值,就是要在数轴上找一点 $x$,使其到 $a$、$b$、$c$ 的距离之和最短.经尝试发现当 $x$ 取在 $b$ 以外的地方时,三条线段 $|x-a|$、$|x-b|$、$|x-c|$ 都有重叠部分,所以当 $x$ 取在 $b$ 点时 $|x-a|+|x-b|+|x-c|$ 有最小值,最小值为 $c-a$.

**例 5.5**　如图 5.1 所示,在 $\triangle ABC$ 中,$AB=AC$,$\angle BAC=90°$,$BD$ 是中线,$AF\perp BD$ 交 $BC$ 于点 $E$,求证:$BE=2EC$.

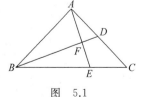

图　5.1

**分析** 像生活在不同的环境中一样,人们会形成不同的思维方式,不同的数学背景会使人产生不同的联想和思考方法.同时,将一个问题放在更大的背景下思考,一个看似"重要"的问题,会变成一个简单的特例,便于发现新的方法、抽象出更一般的结论.

通过"$\triangle ABC$ 是等腰直角三角形"这个特征,可以把它放到正方形和圆中证明,以构造成有关正方形和圆的问题.

(1) 将 $\triangle ABC$ 置入正方形中,如图 5.2 所示,正方形 $ABHC$ 中,将 $AE$ 延长线交 $HC$ 于点 $G$,可以证得 $\mathrm{Rt}\triangle ABD \cong \mathrm{Rt}\triangle CAG$,故 $CG = AD$.

又易证 $\triangle ABE \backsim \triangle GCE$,故 $\dfrac{BE}{CE} = \dfrac{BA}{CG}$,所以,$\dfrac{BE}{CE} = \dfrac{BA}{CG} = \dfrac{AB}{AD} = 2$,即 $BE = 2EC$.

(2) 将 $\triangle ABC$ 置入圆中,如图 5.3 所示,$\triangle ABC$ 内接于圆心 $O$,$AE$ 延长线交圆心 $O$ 于点 $G$,连结 $BG$、$CG$,易证 $\mathrm{Rt}\triangle ABD \backsim \mathrm{Rt}\triangle GBC$,所以 $\dfrac{AB}{AD} = \dfrac{GB}{GC} = 2$.

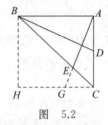

图 5.2

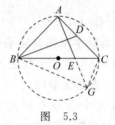

图 5.3

综上所述,对于一个相对比较难的问题,只要把它还原到其所在的大背景下看就容易多了.

**例 5.6** 已知 $a$、$b$、$c > 0$,满足关系式 $a^2 + b^2 = c^2$,求证:$a^n + b^n < c^n$,其中 $n$ 为不小于 3 的自然数.

**分析** 代数问题的解决往往需要通过几何意义的建构去实现.本题条件 $a^2 + b^2 = c^2$ 的几何意义是:$a$、$b$、$c$ 是一个直角三角形的三边,故可以构造以三边分别为 $a$、$b$、$c$ 的直角三角形,且边 $c$ 是斜边.$\sin A = \dfrac{a}{c}$,$\cos A = \dfrac{b}{c}$,且 $0 < \sin A < 1$,$0 < \cos A < 1$.

当 $n \geqslant 3$ 时,有 $\sin^n A < \sin^2 A$,$\cos^n A < \cos^2 A$,二式相加即可得证.

**例 5.7** 求证:$\dfrac{1}{n+1} + \dfrac{1}{n+2} + \cdots + \dfrac{1}{3n+1} > 1$(其中 $n \in \mathbf{N}_+$).

**分析** 某些关于自然数的不等式问题,与数列有着密切的联系,可构造有关数列模型,利用其单调性求解.依据本题结构特点,我们可以尝试构造数列模型 $a_n = \dfrac{1}{n+1} + \dfrac{1}{n+2} + \cdots + \dfrac{1}{3n+1} - 1$,则有

$$a_{n+1} - a_n = \frac{1}{3n+4} + \frac{1}{3n+3} + \frac{1}{3n+2} - \frac{1}{n+1} = \frac{1}{3n+4} + \frac{1}{3n+2} - \frac{2}{3n+3}$$

$$= \frac{2}{(3n+2)(3n+3)(3n+4)} > 0,$$

所以数列 $\{a_n\}$ 为递增数列.

又因 $a_1 = \dfrac{1}{2} + \dfrac{1}{3} + \dfrac{1}{4} - 1 = \dfrac{1}{12} > 0$,故 $a_n > 0$(其中 $n \in \mathbf{N}_+$),原不等式得证.

在本例中,欲证含有与自然数 $n$ 有关的和的不等式 $f(n) > g(n)$,可以构造数列模型 $a_n = f(n) - g(n)$,只需证明数列 $\{a_n\}$ 单调递增,且 $a_1 > 0$.本题也可以用数学归纳法证明,但用构造数列模型证明更简洁.

**例 5.8**　已知 $\alpha$、$\beta$、$\gamma$ 均为锐角,且 $\cos^2\alpha + \cos^2\beta + \cos^2\gamma = 1$,求证:$\tan\alpha + \tan\beta + \tan\gamma \geqslant 3\sqrt{2}$.

**分析**　由题设条件可知,可以作一个三度(长度、宽度和高度)分别为 $\cos\alpha$、$\cos\beta$、$\cos\gamma$ 的长方体,原问题就可以建立在这个长方体内进行讨论和证明了.

由于长方体一条对角线和与它过同一顶点的三条棱所成角的余弦值的平方和等于 1,为此可构造一个长方体 $ABCD$-$A_1B_1C_1D_1$,如图 5.4 所示,使 $\angle C_1AD = \alpha$,$\angle C_1AB = \beta$,$\angle C_1AA_1 = \gamma$.设 $AD = a$,$AB = b$,$AA_1 = c$,则

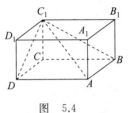

图　5.4

$$\tan\alpha = \frac{\sqrt{b^2 + c^2}}{a},\ \tan\beta = \frac{\sqrt{a^2 + c^2}}{b},\ \tan\gamma = \frac{\sqrt{b^2 + a^2}}{c}.$$

由基本不等式得

$$\tan\alpha + \tan\beta + \tan\gamma \geqslant \sqrt{2}\left(\frac{\sqrt{bc}}{a} + \frac{\sqrt{ca}}{b} + \frac{\sqrt{ab}}{c}\right)$$

$$\geqslant \sqrt{2} \cdot 3\sqrt[3]{\frac{\sqrt{bc}}{a} \cdot \frac{\sqrt{ca}}{b} \cdot \frac{\sqrt{ab}}{c}}$$

$$= 3\sqrt{2}\ (\text{当 } a = b = c \text{ 时取等号}).$$

**例 5.9**　设 $x$、$y$、$z$ 为实数,且证明 $0 < x、y、z < \dfrac{\pi}{2}$.证明

$$\frac{\pi}{2} + 2\sin x\cos y + 2\sin y\cos z > \sin 2x + \sin 2y + \sin 2z.$$

**分析**　先化简结论得

$$\frac{\pi}{4} + \sin x\cos y + \sin y\cos z > \sin x\cos x + \sin y\cos y + \sin z\cos z,$$

即

$$\frac{\pi}{4} > \sin x(\cos x - \cos y) + \sin y(\cos y - \cos z) + \sin z\cos z.$$

$\dfrac{\pi}{4}$ 是一个单位圆面积的 $\dfrac{1}{4}$,结合问题所给已知条件 $0 < x、y、z < \dfrac{\pi}{2}$,可以把问题放在 $\dfrac{1}{4}$ 个单位圆上考虑,这便是本题的背景所在.

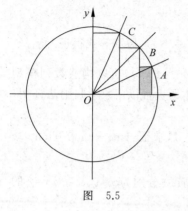

图　5.5

作单位圆如图 5.5 所示,因为 $0 < x$、$y$、$z < \dfrac{\pi}{2}$,设 $OA$、$OB$、$OC$ 与 $x$ 轴夹角分别为 $x$、$y$、$z$,则最右端小矩形面积为 $\sin x(\cos x - \cos y)$.同理可得另外两个矩形面积分别为 $\sin y(\cos y - \cos z)$ 和 $\sin z \cos z$.由图 5.5 易知,三个矩形的面积的和小于 $\dfrac{1}{4}$ 圆的面积,即

$$\frac{\pi}{4} > \sin x(\cos x - \cos y) + \sin y(\cos y - \cos z) + \sin z \cos z.$$

## 第三节　借用数形结合进行构造

第四章第三节里,我们研究了数形结合思想促进数学解题直觉形成的规律.在本节里我们将从具体问题的解决入手,进一步探索基于数形结合的构造法在数学解题中的运用.

在数学中,数形结合主要体现在两个方面,一是以形助数,即借助形的直观性来阐明数之间的联系;二是以数助形,即借助于数的精确性来阐明形的某些属性.一般来说,由"形"到"数"的转换比较明显,而由"数"到"形"的转换,却需要构造的意识,因此,研究数形结合思想在解题中的运用,往往偏重于由"数"到"形"的构造.

**例 5.10**　已知 $0 < a < 4$,求 $W = \sqrt{a^2 + 4} + \sqrt{(4-a)^2 + 1}$ 的最小值.

**分析**　此题若用代数方法很难解决,这里可以运用数形结合的思想构建一个几何图形.

如图 5.6 所示,探究原代数式的几何意义,先构造两个直角边长分别为 2 和 $a$ 及 1 和 $4-a$ 的直角三角形,它们的斜边长之和是 $W$.要求 $W$ 的最小值,就是要在线段 $AB$ 上找一个动点 $P$,使得 $EP + FP$ 最短.人们通常把这一问题称为"将军饮马问题".

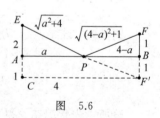

图　5.6

作 $F$ 的对称点 $F'$,连结 $EF'$ 交 $AB$ 于点 $P$,则点 $P$ 为符合条件的点,$W$ 最小值 $= EF'$.再平移 $AB$、$BF'$ 得到 $\mathrm{Rt}\triangle ECF'$,求出斜边 $EF' = 5$,即 $W$ 最小值 $= 5$.最后利用三角形相似,可求出 $a = \dfrac{8}{3}$.

**例 5.11**　设 $x$、$y$、$z$ 为正数,求证:$\sqrt{x^2 + y^2} + \sqrt{x^2 + z^2 - xz} \geqslant \sqrt{y^2 + z^2 + \sqrt{3}\,yz}$,并确定式中等号成立的条件.

**分析**　本题与例 3.4 极其相似.式中有三个根号,若采用常规方法(平方去根号的方法)处理,需两次平方,这使表达式变得非常复杂.但若注意到其形如"三角形两边之和大于第三边"把每一个根号对应于一条线段,就会萌发利用勾股定理和余弦定理构造三角形解题的想法.

如图 5.7 所示,设 $OA = x$,$OB = y$,$OC = z$,$\angle AOB = 90°$,$\angle AOC = 90°$,则有

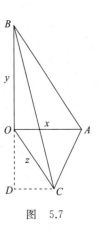

$$|BA| = \sqrt{x^2 + y^2}, \quad |AC| = \sqrt{x^2 + z^2 - xz}, \quad |BC| = \sqrt{y^2 + z^2 + \sqrt{3}\, yz},$$

于是由 $|BA| + |AC| \geqslant |BC|$,即证得原不等式成立.

为确定 $x$、$y$、$z$ 满足何种条件时点 $A$ 在 $BC$ 上,作 $CD \perp BO$ 交 $BO$ 延长线于 $D$,易知 $CD = \dfrac{z}{2}$,$OD = \dfrac{\sqrt{3}}{2}z$,点 $A$ 在 $BC$ 上,当且仅当 $\dfrac{OA}{CD} = \dfrac{BO}{BD}$ 时,

图 5.7

$$\frac{x}{\frac{1}{2}z} = \frac{y}{y + \frac{\sqrt{3}}{2}z}.$$

这样求得当且仅当 $x = \dfrac{yz}{2y + \sqrt{3}z}$ 时,原不等式成立.

**例 5.12** 正数 $a$、$b$、$c$、$A$、$B$、$C$ 满足条件 $a + A = b + B = c + C = k$,求证:$aB + bC + cA < k^2$.

**分析** 由求证的不等式联想到面积关系.

**方法 1** 由所设条件联想到构造边长为 $k$ 的正三角形,如图 5.8 所示.

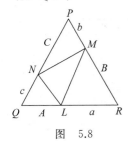

由图易知 $S_{\triangle RML} + S_{\triangle PMN} + S_{\triangle QNL} < S_{\triangle QRP}$,即

$$\frac{1}{2}aB\sin 60° + \frac{1}{2}bC\sin 60° + \frac{1}{2}cA\sin 60° < \frac{1}{2}k^2\sin 60°,$$

图 5.8

也即 $aB + bC + cA < k^2$.

**方法 2** 由题设条件式联想到边长为 $k$ 的正方形,如图 5.9 所示.由图即证.

**方法 3** 以上两种证法是联想到面积,那么联想到体积可以吗?

不妨构造棱长为 $k$ 的正方体,则有

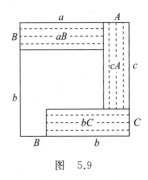

$$\begin{aligned}
k^3 &= (a + A) \cdot (b + B) \cdot (c + C) \\
&= abc + ABC + k(aB + bC + cA).
\end{aligned}$$

图 5.9

显然 $k^3 > k(aB + bC + cA)$.所以,$k^2 > aB + bC + cA$.

方法 3 的构造,本质上还是一种代数思维.本题还可联想函数式加以证明.

**方法 4** 将条件代入结论,有 $a(k-b) + b(k-c) + c(k-a) < k^2$,且有 $a$、$b$、$c \in (0, k)$,即

$$(k - a - b)c + k(a + b) - ab - k^2 < 0.$$

构造以 $c$(或 $a$ 或 $b$)为变量字母的一次函数式 $f(c) = (k - a - b)c + k(a + b) - ab - k^2$ $(0 < c < k)$.此函数式的图象是无端点的线段,且 $f(0) < 0$,$f(k) < 0$.

事实上,当 $k-a-b\geqslant0$ 时,运用放缩法,取 $c=k$,则左边 $\leqslant-ab<0$;

当 $k-a-b<0$ 时,运用放缩法,取 $c=0$,则左边 $\leqslant-(k-a)\cdot(k-b)<0$.

所以 $f(c)<0$,代换即得 $aB+bC+cA<k^2$.

**例 5.13** 证明 $\sin5°+\sin77°+\sin149°+\sin221°+\sin293°=0$.

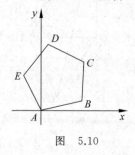

图 5.10

**分析** 此题若作为"三角"问题处理,当然也可以证出来,但从题中的数量特征来看,发现这些角都依次相差 $72°$,联想到正五边形的内角关系,由此构造一个正五边形,如图 5.10 所示.

由于 $\overrightarrow{AB}+\overrightarrow{BC}+\overrightarrow{CD}+\overrightarrow{DE}+\overrightarrow{EA}=\vec{0}$,从而,它们的各个向量在 $Y$ 轴上的分量之和亦为 0,故知原式成立.

这里,正五边形作为切合题意构造的一个对象,恰到好处地体现了题中角度的数量特征,需要敏锐的观察能力与想象能力.如果没有一定的构造法训练,是很难"创造"出如此简洁、优美的证明的.

**例 5.14** 求证:$\dfrac{1}{\sin12°}=\dfrac{1}{\sin24°}+\dfrac{1}{\sin48°}+\dfrac{1}{\sin96°}$.

**分析** 这道题若用通常的做法,先进行通分,然后进行三角变形来证明非常麻烦.观察到这些三角函数的角的倍数特征,由三角函数的定义,我们可以构造含有 $12°$、$24°$、$48°$、$84°$(即 $96°$ 的补角)的直角三角形,且为将这些基本图形联系起来,我们在构造图形时应考虑让它们有公共的直角边.

如图 5.11 所示,我们作直角三角形 $ABC$,使 $BC=1$,$\angle A=12°$,作 $AB$ 的中垂线交 $AC$ 于 $D$,连结 $BD$,作 $BD$ 的中垂线交 $AC$ 于 $E$,连结 $BE$,作 $BE$ 的中垂线交 $AC$ 的延长线于 $F$,连结 $BF$,这时有

$$\angle A=12°,\angle BDC=24°,\angle BEC=48°,\angle BFC=84°,$$

所以

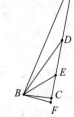

图 5.11

$$AB=\frac{1}{\sin12°},\ AD=BD=\frac{1}{\sin24°},\ DE=BE=\frac{1}{\sin48°},\ EF=BF=\frac{1}{\sin96°}.$$

显然 $\angle ABF=12°+24°+48°=84°=\angle AFB$,$AB=AF=AD+DE+EF$,于是 $\dfrac{1}{\sin12°}=\dfrac{1}{\sin24°}+\dfrac{1}{\sin48°}+\dfrac{1}{\sin96°}$.

**例 5.15** 求函数 $y=\dfrac{\sin x+2}{\cos x-2}$ 的值域.

**分析** 本题可以把函数化为关于 $x$ 的三角函数,然后利用其有界性求值域,但其运算量大,对运算能力也有较高要求,有一定的难度.此题可看成过两点 $M(\cos x,\sin x)$、$P(2,-2)$ 构成直线的斜率的范围.又因 $M(\cos x,\sin x)$ 在一个单位圆上,故可构造图象求此函数值域.

事实上,$y=\dfrac{\sin x+2}{\cos x-2}$ 的形式类似于斜率公式 $k=\dfrac{y_2-y_1}{x_2-x_1}$,$y=\dfrac{\sin x+2}{\cos x-2}$ 表示过两点 $M(\cos x,\sin x)$、$P(2,-2)$ 构成直线的斜率.由于点 $M$ 在单位圆 $x^2+y^2=1$ 上,如图 5.12 所示,显然 $k_{PA}\leqslant y\leqslant k_{PB}$.设过点 $P$ 的圆的切线方程为 $y+2=k(x-2)$,则有 $\dfrac{|2k+2|}{\sqrt{k^2+1}}=1$,解

得 $k = \dfrac{-4 \pm \sqrt{7}}{3}$, 即 $k_{PA} = \dfrac{-4-\sqrt{7}}{3}$, $k_{PB} = \dfrac{-4+\sqrt{7}}{3}$. 所以,

$\dfrac{-4-\sqrt{7}}{3} \leqslant y \leqslant \dfrac{-4+\sqrt{7}}{3}$.

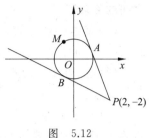

图 5.12

本题揭示了三角函数值域与直线斜率之间的内在联系,考查数形结合能力.在解决三角函数的有关问题时,我们要善于把三角函数的性质、化简的形式通过构造思想融于函数的图象之中,将数(量)与图形结合起来进行分析、研究,使抽象复杂的数量关系通过几何图形直观地表现出来,这是解决三角函数问题的一种思维策略.

**例 5.16** 求函数 $y = \left| x+2-\sqrt{1-x^2} \right|$ 的单调区间和值域.

**分析** 此题用常规方法求解较为繁琐.转换思维视角,依条件构造解析几何模型,可获得新颖别致的解法.原函数式可以变形为

$$\frac{y}{\sqrt{2}} = \frac{\left| x+2-\sqrt{1-x^2} \right|}{\sqrt{2}} = \frac{\left| 1 \cdot x + (-1)\sqrt{1-x^2} + 2 \right|}{\sqrt{1^2 + (-1)^2}}.$$

这样,$\dfrac{y}{\sqrt{2}}$ 是动点 $P\left(x, \sqrt{1-x^2}\right)$ 到直线 $X-Y+2=0$ 的距离,其中 $X^2+Y^2=1 (0 \leqslant Y \leqslant 1)$.又因 $P$ 点的轨迹如图 5.13 所示,过 $O$ 作直线 $X-Y+2=0$ 的垂线,分别交半圆、直线于 $P_0$、$R$,易求得 $P_0\left(-\dfrac{\sqrt{2}}{2}, \dfrac{\sqrt{2}}{2}\right)$.

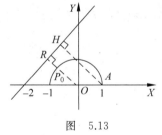

图 5.13

由图 5.13 可以看出,$\dfrac{y}{\sqrt{2}}$ 在 $-1 \leqslant x \leqslant -\dfrac{\sqrt{2}}{2}$ 上是递减的,在 $-\dfrac{\sqrt{2}}{2} < x < 1$ 上是递增的,即 $y = \left| x+2-\sqrt{1-x^2} \right|$ 在 $x \in \left[-1, -\dfrac{\sqrt{2}}{2}\right]$ 上为减函数,在 $x \in \left[-\dfrac{\sqrt{2}}{2}, 1\right]$ 上为增函数.半圆上的点到直线 $X-Y+2=0$ 的最短距离为 $|PR| = \sqrt{2}-1$,最大距离 $|AH| = \dfrac{|1-0+2|}{\sqrt{2}} = \dfrac{3\sqrt{2}}{2}$,故所求值域为 $y \in \left[2-\sqrt{2}, 3\right]$.

## 第四节 透析结构相似进行构造

用构造法解题的关键是通过分析观察题设条件和结论的结构特征,以及条件与结论的联系,充分展开想象,联想与已有知识结构的相似性,构造出相应的数学对象(方程、几何图形、函数等),从而使问题得到解决.这时一些基本的数学结构形式就是联想与转化的出发点,中学数学中常见的用于构造的结构形式大致有以下几种.

(1)方程的根(或方程组的解)的结构关系,如根与系数的关系(韦达定理)、未知量相互

之间的关系等.

（2）基本的代数表示，如在整数集合中，以自然数 $n$ 为模，任一整数可表示为 $np + r(0 \leqslant r < n)$.

（3）点、直线、圆、抛物线及双曲线的代数表示形式，复平面中复数的表示形式，向量的表示形式等.

（4）重要的定理、恒等式，如余弦定理、三角恒等式、二项式定理等，重要不等式，如柯西不等式、阈可夫斯基不等式等.

（5）平面几何、立体几何中的一些基本图形，如三垂线定理、异面直线之间的公垂线等.

基于以上一些基本数学结构形式的理解和运用，可避免构造时的盲目性.

**例 5.17**　不查表，求 $\sin^2 74° + \sin^2 76° - \sqrt{3}\sin 74°\sin 76°$ 的值.

**分析**　看到这个式子，便会想到余弦定理，注意 $74° + 76° = 150°$，于是想到画一个三角形（图略），让它的一条边等于 $\sin 74°$，另一条边等于 $\sin 76°$，所对的角分别等于 $74°$ 和 $76°$，显然所画三角形的外接圆的直径为 1，余下的一个角等于 $30°$. 因为 $\cos 30° = \dfrac{\sqrt{3}}{2}$，恰好满足所求值的式子.所以原式的几何意义就是 $30°$ 角所对的边长的平方.

又根据正弦定理可知：$30°$ 角对的边长为 $\sin 30°$，所以原式 $= \sin^2 30° = \dfrac{1}{4}$.

**例 5.18**　已知 $a$、$b$、$c$ 为实数，且 $a + b + c = 0$，$abc = 1$.求证：$a$、$b$、$c$ 中必有一个大于 $\dfrac{3}{2}$.

**分析**　由 $a + b + c = 0$ 及 $abc > 0$ 可知，$a$、$b$、$c$ 中一正二负.不妨设 $a > 0$，则题设可化为 $b + c = -a$，$bc = \dfrac{1}{a}$，其结构类似韦达定理，所以构造一个以 $b$、$c$ 为实根的一元二次方程 $x^2 + ax + \dfrac{1}{a} = 0$.由于此方程有两个实根，故有 $\Delta = a^2 - \dfrac{4}{a} \geqslant 0$.又因 $a > 0$，得 $a \geqslant \sqrt[3]{4} = \sqrt[3]{\dfrac{32}{8}} > \sqrt[3]{\dfrac{27}{8}} = \dfrac{3}{2}$.

**例 5.19**　设任意实数 $x$、$y$ 满足 $|x| < 1$，$|y| < 1$.求证：$\dfrac{1}{1 - x^2} + \dfrac{1}{1 - y^2} \geqslant \dfrac{2}{1 - xy}$.

**分析**　结论的左边 $\dfrac{1}{1 - x^2}$ 与 $\dfrac{1}{1 - y^2}$ 的结构类似无穷等比数列求和公式（逆用求和公式），所以构造无穷等比数列 $\{x^{2n-2}\}$，$\{y^{2n-2}\}$，从而有

$$
\begin{aligned}
\frac{1}{1 - x^2} + \frac{1}{1 - y^2} &= (1 + x^2 + x^4 + \cdots) + (1 + y^2 + y^4 + \cdots) \\
&= 2 + (x^2 + y^2) + (x^4 + y^4) + \cdots \\
&\geqslant 2 + 2xy + 2(xy)^2 + \cdots = \frac{2}{1 - xy}.
\end{aligned}
$$

**例 5.20**　求证：$\dfrac{|a_1 + a_2 + \cdots + a_n|}{1 + |a_1 + a_2 + \cdots + a_n|} \leqslant \dfrac{|a_1|}{1 + |a_1|} + \dfrac{|a_2|}{1 + |a_2|} + \cdots + \dfrac{|a_n|}{1 + |a_n|}$.

**分析**　观察不等式中左右两边各项的式子,其结构均相似于形式 $\dfrac{M}{1+M}$,于是可构造函数 $f(x)=\dfrac{x}{1+x}$.

由于 $f'(x)=\dfrac{1}{(1+x)^2}>0$,所以 $f(x)$ 在 **R** 上递增.

令 $x_1=|a_1+a_2+\cdots+a_n|,x_2=|a_1|+|a_2|+\cdots+|a_n|$,则 $x_1\leqslant x_2,f(x_1)\leqslant f(x_2)$.即

$$
\begin{aligned}
\frac{|a_1+a_2+\cdots+a_n|}{1+|a_1+a_2+\cdots+a_n|} &\leqslant \frac{|a_1|+|a_2|+\cdots+|a_n|}{1+|a_1|+|a_2|+\cdots+|a_n|} \\
&= \frac{|a_1|}{1+|a_1|+|a_2|+\cdots+|a_n|}+\frac{|a_2|}{1+|a_1|+|a_2|+\cdots+|a_n|}+\cdots \\
&\quad +\frac{|a_n|}{1+|a_1|+|a_2|+\cdots+|a_n|} \\
&\leqslant \frac{|a_1|}{1+|a_1|}+\frac{|a_2|}{1+|a_2|}+\cdots+\frac{|a_n|}{1+|a_n|}.
\end{aligned}
$$

**例 5.21**　设 $a_0=1,a_n=\dfrac{\sqrt{1+a_{n-1}^2}-1}{a_{n-1}}(n\in \mathbf{N_+})$,求证:$a_n>\dfrac{\pi}{2^{n+2}}$.

**分析**　本题的题设中含有 $\sqrt{1+a_{n-1}^2}$ 及结论中含有 π 这两个特征.由于 $a_n>0$,因此考虑构造新数列 $\{\alpha_n\}$,使 $a_n=\tan\alpha_n$,其中 $\alpha_n\in\left(0,\dfrac{\pi}{2}\right)$.

通过化简去掉了根号,即

$$
\tan\alpha_n=\frac{\sqrt{1+\tan^2\alpha_{n-1}}-1}{\tan\alpha_{n-1}}=\frac{1-\cos\alpha_{n-1}}{\sin\alpha_{n-1}}=\tan\frac{\alpha_{n-1}}{2},
$$

则 $\alpha_n=\dfrac{\alpha_{n-1}}{2}$.又因 $a_0=1,a_1=\sqrt{2}-1=\tan\dfrac{\pi}{8}$,从而 $\alpha_1=\dfrac{\pi}{8}$.

因此,数列 $\{\alpha_n\}$ 是以 $\dfrac{\pi}{8}$ 为首项,以 $\dfrac{1}{2}$ 为公比的等比数列,则

$$
\alpha_n=\left(\frac{1}{2}\right)^{n-1}\cdot\frac{\pi}{8}=\frac{\pi}{2^{n+2}}.
$$

考虑到当 $x\in\left(0,\dfrac{\pi}{2}\right)$ 时,有 $\tan x>x$,故 $a_n=\tan\dfrac{\pi}{2^{n+2}}>\dfrac{\pi}{2^{n+2}}$.

事实上,对含有形如 $\sqrt{1\pm a_n^2}$,$\sqrt{1\pm a_n}$,$\dfrac{a_{n+1}\pm a_n}{1\mp a_n a_{n+1}}$ 的问题,可尝试通过三角换元构造一个新数列,把一般数列问题化归为特殊数列问题.

**例 5.22**　解方程组 $\begin{cases} y=4x^3-3x, \\ z=4y^3-3y, \\ x=4z^3-3z. \end{cases}$

**分析** 观察方程组中每个方程式的结构特征,有似曾相识之感.再注意每个方程式右边的三个数字"4,3,3"容易联想到公式 $\cos 3\theta = 4\cos^3\theta - 3\cos\theta$,于是设想构造三倍角公式求解.用反证法可以证明 $|x| \leqslant 1, |y| \leqslant 1, |z| \leqslant 1$.

事实上,若 $|x| > 1$,则 $|y| = |x^3 + 3(x^3 - x)| = |x| \cdot |x^2 + 3(x^2 - 1)| > |x|$,同理可得 $|z| > |y|, |x| > |z|$,这是相互矛盾的,所以 $|x| \leqslant 1$,同理可证 $|y| \leqslant 1, |z| \leqslant 1$.

这样可设 $x = \cos\theta (0 \leqslant \theta \leqslant \pi)$,则 $y = 4\cos^3\theta - 3\cos\theta = \cos 3\theta, z = \cos 9\theta, x = \cos 27\theta$,故 $\cos\theta - \cos 27\theta = 0$,易得到 $2\sin 13\theta \cdot \sin 14\theta = 0$.在 $[0, \pi]$ 内,有 27 个解: $\theta = \dfrac{k\pi}{13}(k = 0, 1, 2, \cdots, 12), \theta = \dfrac{k\pi}{14}(k = 0, 1, 2, \cdots, 13)$.

## 第五节　运用等效转换进行构造

等效转换原本是物理中的一个概念,指的是在保证最终效果相同的情况下,用较为简便的事件或条件将原事件或条件代替转化来考虑问题.在数学解题中,我们遵循着相同的思想,就是把较繁难的、复杂的问题转换为简单的、容易解决的问题.因此,基于等效转换的思想,力求把题目"看破",改变问题表达方式,以降低题目抽象度,帮助解题突破思维瓶颈,同样是我们构造的一个努力方向.

**例 5.23** 已知: $a > 0, b > 0, a + b = 1$.求证: $\sqrt{2} < \sqrt{a + \dfrac{1}{2}} + \sqrt{b + \dfrac{1}{2}} \leqslant 2$.

**分析** 为使条件 $a + b = 1$ 与待证式的中间部分在形式上接近,可以变形为

$$\left(a + \frac{1}{2}\right) + \left(b + \frac{1}{2}\right) = 2.$$

进而有
$$\left(\sqrt{a + \frac{1}{2}}\right)^2 + \left(\sqrt{b + \frac{1}{2}}\right)^2 = (\sqrt{2})^2.$$

由此构造一个直角三角形如图 5.14 所示.

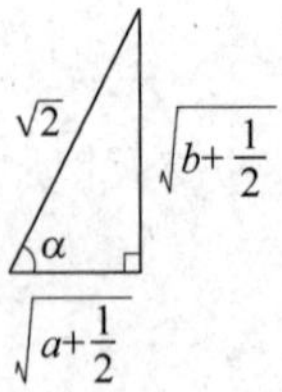

图　5.14

显然 $\sqrt{2} < \sqrt{a + \dfrac{1}{2}} + \sqrt{b + \dfrac{1}{2}}$ 成立.

又因 $\sqrt{a + \dfrac{1}{2}} = \sqrt{2}\cos\alpha, \sqrt{b + \dfrac{1}{2}} = \sqrt{2}\sin\alpha$,

所以 $\sqrt{a + \dfrac{1}{2}} + \sqrt{b + \dfrac{1}{2}} = \sqrt{2}(\sin\alpha + \cos\alpha)$

$$= \sqrt{2} \cdot \sqrt{2}\sin\left(\alpha + \frac{\pi}{4}\right) \leqslant 2.$$

上述解法简明直观,但解法之由来,不能不归功于精巧的构图.不难看出,这一构图源于条件的等效转换.可见,构造与等效转换是密不可分的.

**例 5.24** 已知函数 $y = \sin x + \sqrt{1 + \cos^2 x}$,求函数的最值.

**分析** 许多人拿到此题最大的困惑是如何处理根号,这看起来很难.注意观察 $\sin x$ 和

$\sqrt{1+\cos^2 x}$ 的关系,可以发现 $\sin^2 x + (\sqrt{1+\cos^2 x})^2 = 2$,则可把原函数式转换为

$$\begin{cases} \sin x = \sqrt{2}\cos\theta, \\ \sqrt{1+\cos^2 x} = \sqrt{2}\sin\theta, \end{cases} \left(\frac{\pi}{4} \leqslant \theta \leqslant \frac{3\pi}{4}\right).$$

这样 $y = \sqrt{2}\cos\theta + \sqrt{2}\sin\theta = 2\sin\left(\theta + \frac{\pi}{4}\right)$,而 $\frac{\pi}{2} \leqslant \theta + \frac{\pi}{4} \leqslant \pi$,$0 \leqslant \sin\left(\theta + \frac{\pi}{4}\right) \leqslant 1$.

函数的最大值为 2,最小值为 0.

上面是通过转换函数关系式,构造新三角模型,再利用三角函数的性质,巧妙地摆脱了去根号的困惑,使问题得到了解决.

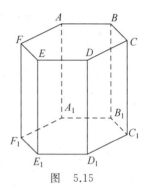

图 5.15

**例 5.25** 从 6 对老搭档运动员中选派 5 名出国参赛,要求被选的运动员中任意两名都不是老搭档,求有多少种不同的选派方法?

**分析** 为厘清问题中的变量关系,图示法是最好的选择.为转换问题表达方式,可以构造六棱柱 $ABCDEF$—$A_1B_1C_1D_1E_1F_1$,如图 5.15 所示,可用 6 种不同的颜色给六棱柱的 12 个顶点染色,使得同一侧棱的两端点同色,用于表示一对老搭档运动员.

由题意可知,只需求出从 12 个着色点中任取 5 个不同色的点的不同取法即可.这可分两个步骤完成.

第一步,先求从 6 种颜色中任取 5 种的取法,$C_6^5 = 6$(种).

第二步,因为图中的 6 个染色点中同色点各 2 个,所以第一步中的每一种取法均有 $(C_2^1)^5 = 32$(种)搭配方式.

故由乘法原理,完成这件事共有 $6 \times 32 = 192$(种)方法,即选派 5 名运动员共有 192 种方法.

**例 5.26** 求 $\displaystyle\sum_{k=1}^{n} \frac{k^2}{2^k}$.

**分析** 离散问题一般可以转换为连续问题进行探索,构造 $f(x) = \displaystyle\sum_{k=1}^{n} k^2 x^k$,这使得我们联想到可以使用($k=1$)微积分的手段.对 $\displaystyle\sum_{k=1}^{n} x^k = \frac{1-x^{n+1}}{1-x}$ 两边求导,得

$$\sum_{k=1}^{n} kx^{k-1} = \frac{1-(n+1)x^n+nx^{n+1}}{(1-x)^2}.$$

两边乘以 $x$ 后再求导,得

$$\sum_{k=1}^{n} k^2 x^{k-1} = \frac{(1+x)-x^n(nx-n-1)^2-x^{n+1}}{(1-x)^3}.$$

从而,

$$f(x) = \frac{x(1+x)-x^{n+1}(nx-n-1)^2-x^{n+2}}{(1-x)^3}.$$

令 $x = \dfrac{1}{2}$,得 $f\left(\dfrac{1}{2}\right) = \displaystyle\sum_{k=1}^{n} \frac{k^2}{2^k} = 6 - \frac{n^2+4n+6}{2^n}$.

**例 5.27** 求 $r$ 元方程 $x_1 + x_2 + \cdots + x_r = n$ 非负整数解的组数.

**分析** 要解决这个问题,我们可以设计一个适当的数学问题模型,把问题直接等效转换到不重组合,构造以下新的问题.

"把 $n$ 个不加区分的球全部放入 $r$ 个盒子里,每个盒子里的球数不限,也可以有空盒子,共有几种不同的放法?"

我们设想 $n$ 个球放在一条直线上,如图 5.16 所示,在两边固定挡板 A、B.然后利用 $(r-1)$ 个活动板插入球与球或球与挡板之间的空隙(如 C、D、E、…).我们把从 A 板开始的每相邻两个挡板间的球数顺次记为 $x_1, x_2, \cdots, x_r$.这就是方程的一组解.

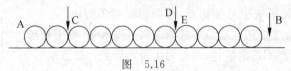

图 5.16

可见,方程的解的组数即 $(r-1)$ 个活动挡板的插法总数.而挡板的插入总方法数又是 $[n(个球) + (r-1)(个活动挡板)]$ 个位置中任取 $(r-1)$ 个不同位置的方法数,即 $C_{n+r-1}^{r-1}$.

抽屉原则的应用本身就是一种模型的构造.要设法构造"抽屉"和"球",甚至要设法构造"放法"("球"如何放进"抽屉"里),构造得合适,有时问题就可以迎刃而解.

**例 5.28** $n$ 人围坐一圈,每相邻四人中,若女的成单,则这四人各罚一筹,若女的成双,则这四人各奖一筹,结果奖得筹数正是所罚筹数.求证:$n$ 是 4 的倍数.

**分析** 选择合适的方式将原问题等效转换,是解决本题的关键.有关生活中的数学问题,常用的方法有图示法和赋值法两种,本题我们可选择对研究对象进行赋值.以 $x_1, x_2, \cdots, x_n$ 表示 $n$ 个人,赋义男的为 1,女的为 $-1$,则总有

$$x_1^2 = x_2^2 = \cdots = x_n^2 = 1.$$

若 $x_i x_{i+1} x_{i+2} x_{i+3} = -1$,表示 $x_i$、$x_{i+1}$、$x_{i+2}$、$x_{i+3}$ 中女的成单,各罚出一筹;若 $x_i x_{i+1} x_{i+2} x_{i+3} = 1$,表示 $x_i$、$x_{i+1}$、$x_{i+2}$、$x_{i+3}$ 中女的成双,各奖一筹.这就构造出了原问题的数学模型.

因所罚筹数等于所奖筹数,故

$$x_1 x_2 x_3 x_4 + x_2 x_3 x_4 x_5 + \cdots + x_n x_1 x_2 x_3 = 0.$$

左边 $n$ 项中,正数项与负数项相等,设各为 $k$ 项,则 $n = 2k$.所以,

$$(x_1 x_2 x_3 x_4)(x_2 x_3 x_4 x_5)\cdots(x_n x_1 x_2 x_3) = (-1)^k = 1.$$

这样,$k$ 又为偶数.

设 $k = 2m (m \in \mathbf{N}_+)$,那么 $n = 4m (m \in \mathbf{N}_+)$,故 $n$ 是 4 的倍数.

**例 5.29** 已知集合 $A$ 和集合 $B$ 各有 12 个元素,$A \cap B$ 中有 4 个元素,试求同时满足下列条件的集合 $C$ 的个数:① $C \subset A \cup B$ 且 $C$ 中含有 3 个元素;② $C \cap A \neq \phi$.

**分析** 此题中集合符号的抽象表示给解题带来了一定的困难.若注意到 $A \cup B$ 中含有 $12 + 12 - 4 = 20(个)$ 元素,则可将原问题实施等效转换,构造组合模型:某种产品 20 件,其中合格品 12 件,现抽取 3 件检查,问至少有一件合格品的抽法有多少种?

由此可得集合 $C$ 的个数为 $\mathrm{C}_{20}^3 - \mathrm{C}_8^3 = 1084$.

**例 5.30**　求证：$\mathrm{C}_n^1 \cdot 1^3 + \mathrm{C}_n^2 \cdot 2^3 + \cdots + \mathrm{C}_n^n \cdot n^3 = n^2(n+3) \cdot 2^{n-3}$.

**分析**　一时找不到证题的方向感，我们可以试着将待证等式作适当变换. 事实上，原待证等式可转换为 $\mathrm{C}_n^1 \cdot (\mathrm{C}_1^1)^3 + \mathrm{C}_n^2 \cdot (\mathrm{C}_2^1)^3 + \cdots + \mathrm{C}_n^n \cdot (\mathrm{C}_n^1)^3 = n^2(n+3) \cdot 2^{n-3}$. 基于观察，可以发现端倪，左边为 $n$ 项之和，表示有 $n$ 类方法，其中每项恰为四个数之积，表示任一类方法均需分 4 步进行，故可构造如下一个计数模型：从 $n$ 个学生中任选 $m$ 个($1 \leqslant m \leqslant n, m \in \mathbf{N}$)学生参加教学座谈会，并从中确定一人汇报语文，一人汇报数学，一人汇报外语的学习情况(可以兼任)，问有多少种不同的选法.

一方面，我们可以从 $n$ 个学生中先选出参加座谈的学生，再从中确定汇报者，则有

$$N = \mathrm{C}_n^1 \cdot 1^3 + \mathrm{C}_n^2 \cdot 2^3 + \cdots + \mathrm{C}_n^n \cdot n^3.$$

另一方面，我们可以先选出汇报者，再选出其他参加座谈的学生.

(1) 若均由一人汇报，则选出汇报者有 $\mathrm{C}_n^1$ 种方法. 再在 $n-1$ 个学生中逐个选出出席座谈者，有 $2^{n-1}$ 种方法. 由乘法原理，得 $N_1 = \mathrm{C}_n^1 \cdot 2^{n-1}$.

(2) 若由二人汇报，则需分步考虑：① 由哪二人汇报？② 谁汇报两门课程？③ 汇报哪两门课程？④ 其他人如何选？由乘法原理可得 $N_2 = \mathrm{C}_n^2 \cdot \mathrm{C}_2^1 \cdot \mathrm{C}_3^2 \cdot 2^{n-2}$.

(3) 若由三人汇报，则需分步考虑：① 由哪三人汇报？② 各汇报什么课程？③ 其他人如何选？由乘法原理可得 $N_3 = \mathrm{C}_n^3 \cdot \mathrm{A}_3^3 \cdot 2^{n-3}$.

再由加法原理得 $N = N_1 + N_2 + N_3 = n^2(n+3) \cdot 2^{n-3}$. 由于解唯一，所以求证式得证.

**例 5.31**　证明：$\displaystyle\sum_{i=0}^n \frac{\mathrm{C}_n^i}{\mathrm{C}_{n+m-1}^i} = \frac{m+n}{m}$.

**分析**　本题与组合相关，可以试着转换问题形式，构造古典概率模型：从装有 $n$ 个白球和 $m$ 个黑球的不透明箱子中，不放回地一个一个取球. 第 $i$ 次取球是且第一次取到黑球为事件 $A_i(i = 1, 2, \cdots, n+1)$，则由古典概率定义得到

$$
\begin{aligned}
P(A_i) &= \frac{m\mathrm{C}_n^{i-1} \cdot (i-1)!}{\mathrm{C}_{n+m}^i \cdot i!} = \frac{m\mathrm{A}_n^{i-1}}{(n+m)\mathrm{A}_{n+m-1}^{i-1}} \\
&= \frac{m\mathrm{C}_n^{i-1}}{(n+m)\mathrm{C}_{n+m-1}^{i-1}} = \frac{m}{m+n} \cdot \frac{\mathrm{C}_n^{i-1}}{\mathrm{C}_{n+m-1}^{i-1}}.
\end{aligned}
$$

由上述构造的例子可知，取球过程最多在第 $(n+1)$ 次停止，即一定可以取到黑球，于是取到黑球是必然事件，即 $\displaystyle\bigcup_{i=1}^{n+1} \mathrm{A}_i = \Omega$，且 $\mathrm{A}_i \bigcap \mathrm{A}_j = \phi\,(i \neq j)$. 从而推出

$$\sum_{i=1}^{n+1} P(\mathrm{A}_i) = P(\Omega) = 1.$$

因此

$$
\sum_{i=1}^{n+1} \frac{m}{n+m} \cdot \frac{\mathrm{C}_n^{i-1}}{\mathrm{C}_{n+m-1}^{i-1}} = 1 \Rightarrow \frac{m}{n+m} \cdot \sum_{i=1}^{n+1} \frac{\mathrm{C}_n^{i-1}}{\mathrm{C}_{n+m-1}^{i-1}} = 1
$$

$$
\Rightarrow \sum_{i=1}^{n+1} \frac{\mathrm{C}_n^{i-1}}{\mathrm{C}_{n+m-1}^{i-1}} = \frac{m+n}{m}
$$

$$\Rightarrow \sum_{i=0}^{n} \frac{C_n^i}{C_{n+m-1}^i} = \frac{m+n}{m}.$$

上述构造法途径的分类,只是为了方便问题的讨论,具体解题时需要综合考虑.特别地,在应用构造思想解题时,或许还要渗透着猜想、试验、归纳等数学思想方法.因此构造并无定法,但有规律可循.

综上所述,构造法在解题应用中具有把问题由繁化简、由难化易、由抽象转化具体的功能,因此构造法是解决数学问题中应用较广的一种方法.在解决数学问题时,若能巧妙、恰当地运用构造法,可达到事半功倍的效果.

# 习 题 五

1. 一个正四面体的所有棱长为 $\sqrt{2}$,四个顶点在同一个球面上,则此球的表面积是多少?

2. 比较 $\sqrt[3]{60}$ 与 $2+\sqrt[3]{7}$ 的大小.

3. 求 $C_n^0 + C_n^1 \cos\varphi + C_n^2 \cos 2\varphi + \cdots + C_n^n \cos n\varphi$ 的值.

4. 求值:$\sin 6° \sin 42° \sin 66° \sin 78°$.

5. 已知 $x + 2y = 5$,求 $x^2 + y^2$ 的最小值.

6. 已知 $\theta$ 和 $\varphi$ 是方程 $a\cos x + b\sin x = c$ 的两个根,其中,$a$、$b$、$c \neq 0$,$\theta \pm \varphi \neq 2k\pi$($k \in Z$),求证:$\dfrac{a}{\cos\dfrac{\theta+\varphi}{2}} = \dfrac{b}{\sin\dfrac{\theta+\varphi}{2}} = \dfrac{c}{\cos\dfrac{\theta-\varphi}{2}}$.

7. 已知实数 $a$、$b$、$c$ 满足 $\dfrac{\sqrt{5}b-c}{5a} = \dfrac{1}{4}$,求证:$b^2 \geqslant ac$.

8. 已知 $a$、$b$、$c$、$d \in \mathbf{R}$,求证:$ac + bd \leqslant \sqrt{a^2+b^2} \cdot \sqrt{c^2+d^2}$.

9. 求 $y = \dfrac{x^2 - 5x + 1}{x^2 - x + 1}$ 的值域.

10. 已知 $x$、$y \in \mathbf{R}_+$,求证:

$$\sqrt{x^2 - 3x + 3} + \sqrt{y^2 - 3y + 3} + \sqrt{x^2 - \sqrt{3}xy + y^2} \geqslant \sqrt{6}.$$

11. 证明:$\sin\left(x - \dfrac{\pi}{6}\right)\cos x \geqslant -\dfrac{3}{4}$.

12. 若 $a^2 - 3a - 1 = 0$,$b^2 - 1 = 3b$($a \neq b$),求 $\left|\dfrac{a}{b^2} - \dfrac{b}{a^2}\right|$ 的值.

13. 已知 $\sqrt{x} - \sqrt{y} = 10$($x$、$y \in \mathbf{R}_+$),求证:$x - 2y \leqslant 200$.

14. 已知 $a$、$b$、$c$、$d$ 都是正数,且 $a^2 + b^2 = c^2$,$c\sqrt{a^2 - d^2} = a^2$,求证:$ab = cd$.

15. 若 $a$、$b$ 均为正数,且 $\sqrt{a^2 + b^2}$,$\sqrt{4a^2 + b^2}$,$\sqrt{a^2 + 4b^2}$ 是一个三角形的三条边,那么这个三角形的面积是多少?

16. 已知 $a$、$b$、$c$ 为正数,求函数 $y = \sqrt{x^2 + a^2} + \sqrt{(c-x)^2 + b^2}$ 的最小值.

17. 函数 $f(x)$ 定义域为 $\mathbf{R}$,$f(0) = 2$,对任意 $x \in \mathbf{R}$,$f(x) + f'(x) > 1$,求不等式 $e^x f(x) > e^x + 1$ 的解集.

18. 已知函数 $f(x)$ 是定义在 $\mathbf{R}$ 上的奇函数,且 $f(1) = 1$.当 $x > 0$ 时,$f(x) > xf'(x)$,求不等式 $f(x) > x$ 的解集.

19. 已知 $f(x)$ 在 $\mathbf{R}$ 上可导,当 $x \neq 0$ 时,$f'(x) + \dfrac{f(x)}{x} > 0$,求函数 $F(x) = f(x) + \dfrac{1}{x}$ 的零点个数.

20. 求证:对于任意自然数,若 $m > n$,总有

$$1 + \frac{m-n}{m-1} + \frac{(m-n)(m-n-1)}{(m-1)(m-2)} + \cdots + \frac{(m-n)\cdot(m-n-1)\cdots 2 \cdot 1}{(m-1)(m-2)\cdots(n+1)n} = \frac{m}{n}.$$

21. 求证:$1 + \dfrac{1}{2^2} + \dfrac{1}{3^2} + \cdots + \dfrac{1}{n^2} < 2$.

22. 若 $p(x)$ 表示 $n$ 次多项式,且知 $p(k) = \dfrac{k}{1+k}(k = 0, 1, \cdots, n)$,试求 $p(n+1)$.

23. 设 $0 < a_i < a(i = 1, 2, 3, 4)$,求证:$\dfrac{a_1 + a_2 + a_3 + a_4}{a} - \dfrac{a_1a_2 + a_2a_3 + a_3a_4 + a_4a_1}{a^2} \leqslant 2$ 对一切 $a \in \mathbf{R}$ 成立.

数学模型使数学走出数学的世界,是构建数学与现实世界的桥梁.

——史宁中(1950——   )

具有丰富知识和经验的人,比只有一种知识和经验的人更容易产生新的联想和独创的见解.

——[英]E.L.泰勒(1685—1731)

# 第六章   建模:解题的支架

随着科学技术的发展,要求人们解决各类实际问题更加精确化和定量化,而数学建模正是从定性和定量的角度分析与解决实际问题.现实生活也是这样,许多问题的解决需要我们构建数学模型.此外,数学建模在培养学生分析问题和解决问题的能力、创新思维能力等方面起到很好的作用.因此,基于数学建模的解题方法研究也具有非常重要的现实意义.

本质上来说,建模也是构造,但建模的内涵要比构造更广泛、更深刻.这里说的建模,主要是指通过对实际问题的抽象、简化,确定变量和参数,并应用某些"规律"建立变量、参数间的确定的数学问题(也可称为一个数学模型),求解该数学问题,解释验证所得到的解,并确定能否用于问题解决的多次循环、不断深化的过程.

## 第一节   数学建模的基本内涵

所谓数学模型,就是用数学的语言和方法对各种实际对象作出抽象或模仿而形成的一种数学结构.建立数学模型的过程叫作数学建模.将所考察的实际问题化为数学问题,构造相应的数学模型,通过对数学模型的研究和解答使原来的实际问题得以解决,这种解决问题的方法叫作数学模型方法.在许多场合下,数学建模与数学模型方法是作为同义词运用的.

数学模型不能等同于实际对象本身,它必须舍弃实际对象的质的规定性,而从量的关系上对实际对象作形式化的描述和刻画.在这一过程中常常略去实际对象的某些次要性质和因素,抓住其主要性质和因素.因此,数学模型虽然能从某些数量关系上反映实际对象的原形,但这种反映仅仅是一种近似和模拟.然而,正是由于用与之相应的数学模型代替实际对象,才有可能把所研究的问题表达为数学问题,并使用与对象的质的规定性无关的数学工具分析和处理问题,才能充分发挥数学工具在解决问题时的巨大作用,使我们能够深化对所研究的实际问题的认识.

建立数学模型是一项创造性的劳动,不管用什么方法,都必须根据具体问题具体分析的原则,灵活机动,不断修正,但一般都要经过以下步骤,如图 6.1 所示.

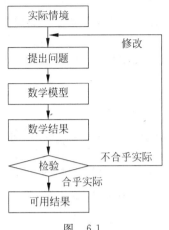

图 6.1

**例 6.1** 方桌平衡问题:一张四条腿等长的方桌放在不平的地面上,是否总有办法使四条腿同时着地?

**分析** 这个问题似乎与数学没有什么关系,但实际情况并非如此,我们可以建立一个简单的数学模型,将它数学化.

假设:①地面是一个连续曲面;②对于地面的弯曲程度而言,桌腿有足够的长度;③桌腿底部的面积可忽略不计,即当桌腿底部与地面接触时,可看成几何中的点与面的关系.

建立模型的关键在于恰当地寻找表示桌脚位置的变量,并把要证明的"四条腿同时着地"这个结论归结为简单的数学关系.

现以 $A$、$B$、$C$、$D$ 分别表示方桌的四条腿的终端,则 $ABCD$ 是一个正方形,以 $O$ 表示它的中心,如图 6.2 所示.建立以 $O$ 为原点,$CA$ 为 $x$ 轴,$DB$ 为 $y$ 轴的平面直角坐标系.

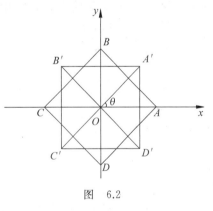

图 6.2

当方桌绕 $O$ 点转动时,对角线 $AC$ 与 $x$ 轴的夹角 $\theta$ 表示方桌的位置.在图 6.2 中,正方形 $ABCD$ 绕 $O$ 点转动至 $A'、B'、C'、D'$,此时 $A'C'$ 与 $x$ 轴的夹角为 $\theta$."四条腿同时着地"就是四条桌腿的终端与地面的距离都等于零.方桌位于不同的位置,桌腿的终端与地面的距离情况不同,因此这距离是 $\theta$ 的函数.

用 $f(\theta)$ 与 $g(\theta)$ 分别表示 $A$、$C$ 两腿与 $B$、$D$ 两腿到地面的距离之和.由假设 ① 可知,$f(\theta)$ 与 $g(\theta)$ 都是非负的连续函数;由假设 ② 可知,至少有三条桌腿可以同时着地,即对于任意的 $\theta$,$f(\theta)$ 与 $g(\theta)$ 中总有一个为零,因此 $f(\theta)g(\theta)=0$.特别地,有 $f(0)g(0)=0$.

如果 $f(0)=g(0)=0$,则问题已经解决,即四条腿同时着地.因此,不妨设 $f(0)=0$,$g(0)>0$,这样可建立方桌平衡问题的数学模型.

**问题** 已知连续的非负函数 $f(\theta)$ 与 $g(\theta)$,满足条件 $f(\theta)g(\theta)=0$,$f(0)=0$,$g(0)>0$,问是否存在 $\theta_0$,使得 $f(\theta_0)=g(\theta_0)=0$,其中 $0<\theta_0<\dfrac{\pi}{2}$.

现在证明,这样的 $\theta_0$ 是存在的.事实上,若将方桌绕 $O$ 点转动 $\dfrac{\pi}{2}$,这时 $A$、$C$ 与 $B$、$D$ 互换位置,则有 $f\left(\dfrac{\pi}{2}\right) > 0$,$g\left(\dfrac{\pi}{2}\right) = 0$.记 $d(\theta) = f(\theta) - g(\theta)$,则 $d(\theta)$ 也是连续函数,并且满足条件 $d(0) < 0$,$d\left(\dfrac{\pi}{2}\right) > 0$.

利用连续函数的性质可知,必存在 $\theta_0\left(0 < \theta_0 < \dfrac{\pi}{2}\right)$ 使得 $d(\theta_0) = f(\theta_0) - g(\theta_0) = 0$,即

$$f(\theta_0) = g(\theta_0) \qquad\qquad ①$$

又因对任意 $\theta$,均有 $f(\theta)g(\theta) = 0$,对 $\theta_0$ 也应有

$$f(\theta_0)g(\theta_0) = 0 \qquad\qquad ②$$

由 ①、② 易得 $f(\theta_0) = g(\theta_0) = 0$,即总有办法使方桌的四条腿同时着地.

此问题解决得非常巧妙而简单,从中可学到一些建立数学模型的具体技巧:用一元变量表示方桌的位置,将距离表示为 $\theta$ 的函数,桌子有四条腿,但只设两个函数 $f$ 和 $g$;证明时转动 $\dfrac{\pi}{2}$;设辅助函数 $d(\theta)$ 并利用连续函数的性质等.

中学数学解题中真正需要完全按照上述几个步骤实施的数学建模并不多.立足于解决实际问题,中学数学更多的是解决与数学相关的应用性问题.在应用性问题的解题过程中,通过对原始问题的分析、假设、抽象,省略一些较复杂的假设与探究过程,重点利用中学里学过的数学知识,建立常见及常用的数学模型.一般来说,中学数学解决实际应用性问题的常用建模过程如图 6.3 所示.

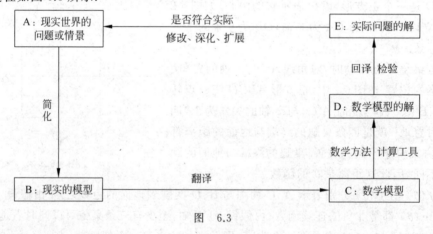

图 6.3

**例 6.2** 如图 6.4 所示,河岸 $L$ 同侧有 $A$、$B$ 两个居民小区,现计划在河边建一个长 $a\mathrm{m}$、宽 $b\mathrm{m}$ 的矩形公园(公园用 $CDEF$ 表示,$DE$ 边与河岸重合,$CF = a\mathrm{m}$,$CD = b\mathrm{m}$),$C$、$F$ 处分别是公园的大门(门口宽度忽略不计),怎样建才能使小区 $A$ 到大门 $C$ 的距离与小区 $B$ 到大门 $F$ 的距离之和最小?

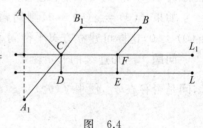

图 6.4

**分析**　因为公园一边与河岸重合,所以对边在平行于河岸且距河岸的距离为 $b$ 的直线上,所以将 $L$ 向上平移 $b$ m 得 $L_1$,将 $B$ 向左平移 $a$ m 距离至 $B_1$,按"将军饮马模型"的作法找到 $C$(连结 $A$ 关于 $L_1$ 的对称点 $A_1$ 和 $B_1$,与直线 $L_1$ 的交点),再将 $C$ 向右平移 $a$ m 距离即为 $F$,过 $C$、$F$ 分别作 $L$ 的垂线,垂足分别为 $D$、$E$,则 $CDFE$ 即为所建的矩形公园,连结 $AC$、$BF$,满足 $AC + BF$ 最小.

所谓"将军饮马模型",说的是在罗马时期,亚历山大城有位精通数学和物理的学者,名叫海伦.一位罗马将军专程拜访他,向他请教一个百思不得其解的问题:将军每天从军营 $A$ 出发,先到河边饮马,然后再去河边同侧的军营 $B$ 开会,应怎样走使路程最短? 如图 6.5 所示,这个问题很简单,海伦略加思索就解决了,相信今天一般人都会解决这个问题.

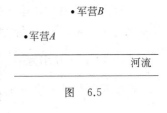

图　6.5

数学模型能够在研究中代替实际对象,它就必须与所反映的原型具有近似性和一致性,并且能够把通过分析模型所得到的规律和结论返回到原型中去应用和检验.如果由数学模型得到的结论不合原型的实际,就需要调整或重新建立数学模型.

## 第二节　从实际问题中抽象出数学模型

数学来源于实际生活.数学,作为一门研究现实世界数量关系和空间形式的科学,与生活是息息相关的.作为用数学方法解决实际问题的第一步,数学建模自然有着重要的意义.在各种领域中,人们一直在运用数学建模描绘、刻画某种生活规律或者生活现象,以便找到其中解决问题的最佳方案或得到最佳结论.

**例 6.3**　一个星级旅馆有 150 个房间.经过一段时间的经营实践,经理得到数据:如果每间客房定价为 160 元,住房率为 55%;如果每间客房定价为 140 元,住房率为 65%;如果每间客房定价为 120 元,住房率为 75%;如果每间客房定价为 100 元,住房率为 85%.欲使每天收入最高,问每间住房的定价应是多少?

**分析**　根据建模思想,本题的求解可分为以下五个阶段.

(1)弄清实际问题.也称模型准备阶段,包括了解问题的实际背景知识,从中提取有关的信息,明确要达到的目的和要求.

上述问题中,旅馆的收入显然和入住率有直接关系.但入住率又和房价有关系.房价太高,入住率低,收入也不会很高.但房价又不能过低,太低了,虽然入住率上去了,但旅馆收入可能还是上不去.问题就是在房价定为多少时,旅馆的收入最高?

(2)化简问题.在这个阶段,就是要针对问题,舍弃一些次要因素,从而使问题得以化简.现实问题往往是杂乱无章的,涉及的变量非常多.如果不对其进行简化,则认识它是困难的.因此,必须将问题简单化和理想化.同时,厘清变量之间的关系,把那些反映问题本质属性的量和关系抽象出来.

为建立数学模型,要简化上述问题,为此我们提出了下面的假设:假设 1,设每间房的最高定价为 160 元;假设 2,设旅馆每间客房定价相等.

通过上面的分析,我们发现,与 160 元相比,房价每减少 20 元,住房率上升 10%,于是我们提出第三条假设:假设 3,与 160 元相比,降低的房价和增长的住房率成正比.

(3) 建立模型.在假设的基础上,抓住问题的主要因素和有关量之间的关系进行抽象概括,运用适当的数学工具刻画变量之间的数量关系,建立相应的数学结构.

上述问题主要涉及两个变量 —— 房价和收入,不妨设房价为 $x$ 元,此时的收入为 $y$ 元,根据上面 3 条假设,我们要建立两个变量之间的关系.

针对这道题,我们要建立收入和房价之间的变量关系.当房价为 $x$ 元时,我们来看入住率应该为多少.与 160 元相比,房价为 $x$ 时,房价减少了($160-x$)元,根据假设 3,此时入住上升率为 $\frac{160-x}{20}\times 10\%$,入住率为 $\frac{160-x}{20}\times 10\%+55\%$,则可知收入 $y=150x\left(\frac{160-x}{20}\times 10\%+55\%\right)$.

于是问题归结为求 $y$ 的最大值,即求当 $x$ 为多少时,$y$ 取最大值,即问题的数学模型为

$$\max_{0<x\leqslant 160} y=150x\left(\frac{160-x}{20}\times 10\%+55\%\right).$$

(4) 模型求解.对所得的模型在数学上进行推理或演算,求出数学上的结果.

将上式展开,有 $y=-\frac{3}{4}(x^2-270x)=-\frac{3}{4}(x-135)^2+13668.75$.于是当 $x=135$ 时,$y$ 取得最大值 13668.75.

(5) 检验.把数学上得到的结论返回到实际问题中.

把上面的值带回到实际问题中,即当房价定为 135 元时,收入最高为 13668.75 元.

需要指出的是,检验阶段,如果经过检验,所得模型确实合理,即可将模型应用到实际问题中,并在实践中进一步接受验证.如果发现模型不合理,那就必须修改假设,重新建模.这一过程可以循环往复,直至获得满意的结果为止.

**例 6.4** 某饲养场每天投入 6 元资金用于饲养、设备、人力,估计可使一头 60kg 重的生猪每天增重 2.5kg.目前生猪出售的市场价格为 12 元/kg,但是预测每天会降低 0.1 元,问该饲养场应该什么时候出售这样的生猪?

**分析** 投入资金可使生猪体重随时间增长,但售价会随时间降低,应该存在一个最佳的出售时机,使获得的利润最大.根据给出的条件,可作出如下的简化假设.

模型假设:每天投入 6 元资金使生猪的体重每天增加的常数为 $r(r=2.5\text{kg})$;生猪出售的市场价格每天降低常数 $g(g=0.1$ 元$)$.

模型建立:给出以下记号 $t$ —— 时间(天);$w$ —— 生猪体重(kg);$P$ —— 单价(元/kg);$R$ —— 出售的收入(元);$Q$ —— 纯利润(元);$C$ ——$t$ 天投入的资金(元).

按照假设,$w=60+rt(r=2.5)$,$P=12-gt(g=0.1)$,又知道 $R=Pw$,$C=6t$.

再考虑纯利润应扣掉以当前价格(12 元/kg)出售 60kg 生猪的收入,有 $Q=R-C-12\times 60$,得到目标函数(纯利润)为

$$Q(t)=(12-gt)(60+rt)-6t-720 \tag{①}$$

其中 $r=2.5$,$g=0.1$,求 $t(t\geqslant 0)$,使 $Q(t)$ 最大.

模型求解:这是求二次函数最大值问题,用代数或微分法容易得到

$$t=\frac{6r-30g-3}{gr} \tag{②}$$

当 $r=2.5,g=0.1$ 时,$t=36$,$Q(36)=324$,即 36 天后出售,可得最大纯利润 324 元.

数学模型实际上是人对现实世界的一种反映形式,因此数学模型和现实世界的原型就应有一定的"相似性",抓住与原型相似的数学表达式或数学理论就是建立数学模型的关键性技巧.

**例 6.5**　在洗衣服时,衣服已打好了肥皂,揉搓得很充分了,再拧一拧,当然不能把水完全拧干,衣服上还残留含有污物的水 1kg,用 20kg 清水漂洗,问怎样才能将衣服漂洗得更干净?

**分析**　这是个实际问题,我们需要利用数学的方法进行解决,下面给出的解答过程,其中的大部分内容是中学生可以接受的.

如果把衣服放到这20kg清水中,那么,连同衣服上那1kg污水,一共21kg.污物均匀分布在这 21kg 水里.拧"干"后,衣服上还有 1kg 水,所以污物残存量是原来的 $\frac{1}{21}$.或者,我们把这 20kg 水分两次用.比如,第一次用 5kg 水,可使污物减少到 $\frac{1}{6}$;再用 15kg 水,污物又减少到 $\frac{1}{6}$ 的 $\frac{1}{16}$,即 $\frac{1}{96}$,分两次漂洗,效果好多了! 同样分两次漂洗,也可以每次用 10kg 水,每次都使污物减少到原有量的 $\frac{1}{11}$,污物减少到 $\frac{1}{121}$.

由此我们可以得到如下两个猜想:①将清水分成多次清洗衣服时,当每次分的量相等时,衣服清洗得最干净;②在总的清水量一定的前提下,把水分的份数越多,衣服清洗得越干净.

这两个猜想是否正确,我们需要建立一般的模型进行解答.现将一般化的问题叙述如下:设衣服经洗涤充分拧干后残存水量为 $w$ kg,其中含污物 $m_0$ kg,漂洗用的清水为 $A$ kg,我们把 $A$ kg水分成 $n$ 次使用,每次用量依次是 $a_1a_2,\cdots,a_n$,经过 $n$ 次漂洗后,衣服上还有多少污物? 怎样合理使用这 $A$ kg 水,才能把衣服洗干净(残留污物的量最少)?

(1) 模型假设:①总水量 $A$ 是有限的,假定总水量一定(不考虑总水量无限的情况,这与节约用水的常识是相符的);②设每次都漂洗得很充分,使得衣服上的污物能均匀地溶于水中.

(2) 建立求解模型:考察第一次,把带有 $m_0$ kg 污物的 $w$ kg 水的衣服放到 $a_1$ kg 水中,充分搓洗拧干后,由于 $m_0$ kg 污物均匀分布于 $(w+a_1)$ kg 水中,所以衣服上残留的污物量 $m_1$ kg 与残留的水量 $w$ kg 成正比,即 $\frac{m_1}{m_0}=\frac{w}{w+a_1}$,则有 $m_1=m_0\cdot\frac{w}{w+a_1}=\frac{m_0}{1+\frac{a_1}{w}}$.以此类推,当衣服漂洗 $n$ 次后,残留的污物量为 $m_n=\dfrac{m_0}{\left(1+\frac{a_1}{w}\right)\left(1+\frac{a_2}{w}\right)\cdots\left(1+\frac{a_n}{w}\right)}$.可见,原来衣物上残留的污物 $m_0$ 越多,最后剩下的污物也越多,衣服越脏越难洗,这与生活常识是相符的.

(3) 模型的进一步研究:我们来探讨前面提出的第一个猜想,假设总水量 $A$ 一定,则有 $a_1+a_2+\cdots+a_n=A$.根据平均值不等式,有

$$\left(1+\frac{a_1}{w}\right)\left(1+\frac{a_2}{w}\right)\cdots\left(1+\frac{a_n}{w}\right)$$

$$\leqslant\left\{\frac{1}{n}\left[\left(1+\frac{a_1}{w}\right)+\left(1+\frac{a_2}{w}\right)+\cdots+\left(1+\frac{a_n}{w}\right)\right]\right\}^n=\left(1+\frac{A}{nw}\right)^n.$$

当 $a_1=a_2=\cdots=a_n=\dfrac{A}{n}$ 时取等号,这表明每次用水量均为 $\dfrac{A}{n}$ 时,残留的污物量 $m_0$ 取得最小值,即此时衣服洗得最干净,于是我们第一个猜想的正确性得到了验证.

下面来看第二个猜想,若把洗 $n$ 次后残留的最小污物量记为 $m_n^*$,则 $m_n^*=\dfrac{m_0}{\left(1+\dfrac{A}{nw}\right)^n}$.

同理 $m_{n+1}^*=\dfrac{m_0}{\left[1+\dfrac{A}{(n+1)w}\right]^{n+1}}$.

由均值不等式,得

$$\left(1+\frac{A}{nw}\right)^n\times1<\left[\frac{n\left(1+\dfrac{A}{nw}\right)+1}{n+1}\right]^{n+1}=\left[1+\frac{A}{(n+1)w}\right]^{n+1}.$$

所以 $m_n^*>m_{n+1}^*$,这表明,对于给定的水量,把水分成 $(n+1)$ 次用,要比分成 $n$ 次用更干净.但是,在总水量 $A$ 一定的前提下,是不是份数分得越多,洗得越干净呢? 相关的讨论需要涉及高等数学方面的知识,有兴趣的读者可以查询文献资料,这里只给出结论:当分的份数 $n$ 趋于无穷时,记 $m^*$ 为 $m_n^*$ 的极限,则有

$$m^*=\frac{m_0}{\mathrm{e}^{\frac{A}{w}}}.$$

这表明,$m_n^*$ 不是无穷小量,即当总水量 $A$ 一定时,不论分多少次漂洗,也做不到一点污物都不残留.

**结论**　从上式可知,若总水量 $A$ 充分大,且洗的次数充分多时,可以使 $m_n^*$ 任意小,但这与节约用水相矛盾,实际上也不需要.

事实上,当 $A:w=4:1$ 时,残余物的最小值可达

$$m^*=\frac{m_0}{\mathrm{e}^{\frac{A}{w}}}\approx\frac{m_0}{(2.718)^4}\approx0.018m_0.$$

而且由于 $\left(1+\dfrac{A}{nw}\right)^n$ 当 $n$ 增大时收敛得很快,因此只要将水分成不多的几等份就可以了.由计算得知,通常将水分成 $2\sim4$ 等份,污物的残留量就很少了,所以全自动洗衣机设定的三次漂洗而不是更多次,并不是因为怕麻烦,而是污物的漂洗已经达到了理想的要求.

# 第三节　数学解题常见、常用模型的建构

现实世界许多问题并非简单的一些符号表示就能解决,很多问题需要借用数学上的图形、公式、定理以及丰富的数学思想方法来解决.由于知识覆盖的广度不够,在中小学开展数

学建模活动会受到一定限制,能够解决的现实问题并不普遍.以下介绍中小学数学解题中常见、常用的几种数学模型,并就中小学数学相关的实际问题模型的多维构建进行探讨.

## 一、中小学常见、常用数学模型的建构

### 1. 构造函数模型

在我们的实际生活中,普遍存在着最优化问题 —— 最佳投资、最小成本、最大容积(面积)等,这些问题常常归结为函数的最值问题,可利用函数的单调性和相关的性质解决.例 6.6 就是一道典型的构造函数模型解题的案例.

**例 6.6** 某一房地产开发商买了一块地,地形如图 6.6 所示,近似如扇形.已知扇形 $AOB$ 的半径约为 1km,中心角 $\angle AOB$ 约为 $60°$,现在开发商准备把此地建成一个矩形的小区,即图 6.6 中的 $PQRS$,为了充分地利用土地,请问 $P$ 选在什么位置时,矩形 $PQRS$ 的面积最大,并求出这个最大值.

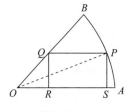

图 6.6

**分析** 因为 $P$ 点在 $\overset{\frown}{AB}$ 上运动,所以要想确定 $P$ 点的位置,必须要用 $P$ 点所确定的圆心角来说明,即 $P$ 点的位置由 $\angle AOP$ 决定,因此这道题的关键在于求 $\angle AOP$ 的度数.需要注意的是,在化简三角函数表达式时,正、余弦的和差公式及其逆运算在求最值方面经常用到.本题在化简积 $S$ 的表达式时,就用到了它的逆运算.

连结 $OP$,可设 $\angle AOP = x$,则 $PS = \sin x$,$OR = \sin x \cot 60°$,$RS = \cos x - \sin x \cot 60°$

所以,$S = RS \cdot PS = (\cos x - \sin x \cot 60°)\sin x = \dfrac{\sqrt{3}}{3}\sin(2x + 30°) - \dfrac{\sqrt{3}}{6}$.

因为 $x \in (0°, 60°)$,所以当 $2x + 30° = 90°$,即 $x = 30°$ 时,此时面积最大值为 $\dfrac{\sqrt{3}}{6}$.

**例 6.7** 请您设计一个帐篷,它下部的形状是高为 1m 的正六棱柱,上部的形状是侧棱长为 3m 的正六棱锥,如图 6.7 所示.试问当帐篷的顶点 $O$ 到底面中心 $O_1$ 的距离为多少时,帐篷的体积最大?

**分析** 要知何时体积最大,只要表达出体积关于 $OO_1$ 为 $x$m,则 $1 < x < 4$.由题设可得正六棱锥底面边长为 $\sqrt{3^2 - (x-1)^2} = \sqrt{8 + 2x - x^2}$.

于是底面正六边形的面积为 $6 \cdot \dfrac{\sqrt{3}}{4} \cdot (\sqrt{8 + 2x - x^2})^2 = \dfrac{3}{2}\sqrt{3} \cdot (8 + 2x - x^2)$.

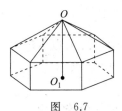

图 6.7

帐篷的体积为 $V(x) = \dfrac{3\sqrt{3}}{2} \cdot (8 + 2x - x^2)\left[\dfrac{1}{3}(x-1) + 1\right] = \dfrac{\sqrt{3}}{2} \cdot (16 + 12x - x^3)$.

求导数,得 $V'(x) = 0$,解得 $x = -2$(不合题意,舍去),$x = 2$.

当 $1 < x < 2$ 时,$V'(x) > 0$,$V(x)$ 为增函数;当 $2 < x < 4$ 时,$V'(x) < 0$,$V(x)$ 为减函数.所以当 $x = 2$ 时,$V(x)$ 最大.即当 $OO_1$ 为 2m 时,帐篷的体积最大.

**2. 构造方程或不等式模型**

在现实世界中,广泛存在着数量之间的相等或不等关系,如最佳决策、人口控制、资源保护、生产规划、交通运输、水土流失等问题中涉及的有关数量问题,常归结为方程或不等式求解.一般可以通过对给出的一些数据进行分析、转化,建立"方程或不等式(组)模型",再求在约束条件下方程或不等式(组)的解集.

**例 6.8** 如图 6.8 所示,动物园要围成相同面积的长方形虎笼 4 间,一面可利用原有的墙,其他各面用钢筋网围成.

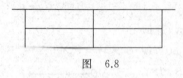

图 6.8

(1) 现有可围 36m 长网的材料,每间虎笼的长、宽各设计为多少时,可使每间虎笼的面积最大?

(2) 若使每间虎笼面积为 24m²,则每间虎笼的长、宽各设计为多少时,可使围成 4 间虎笼的钢筋网总长最小?

**分析**

(1) 设每间虎笼长 $x$ m,宽为 $y$ m,则由条件可知:$4x+6y=36$,即 $2x+3y=18$,并且 $x>0,y>0$.设每间虎笼面积为 $S$,则 $S=xy$.

由于 $2x+3y \geqslant 2\sqrt{2x \cdot 3y}=2\sqrt{6xy}$,所以 $2\sqrt{6xy} \leqslant 18$,得 $xy \leqslant \dfrac{27}{2}$.即 $S \leqslant \dfrac{27}{2}$,当且仅当 $2x=3y$ 时,等号成立.

由 $\begin{cases} 2x+3y=18, \\ 2x=3y, \end{cases}$ 解得 $\begin{cases} x=4.5, \\ y=3. \end{cases}$ 即每间虎笼长为 4.5m、宽为 3m 时,可使每间虎笼的面积最大.

(2) 设围成 4 间虎笼的钢筋网总长为 $l$ m,则 $l=4x+6y$,且 $xy=24$,$l=2(2x+3y) \geqslant 2 \times 2\sqrt{2x \cdot 3y}=4\sqrt{6xy}=4\sqrt{6 \times 24}=48$,当且仅当 $2x=3y$ 时取等号.即 $\begin{cases} xy=24, \\ 2x=3y, \end{cases}$ 解得 $\begin{cases} x=6, \\ y=4. \end{cases}$ 故每间虎笼长为 6m、宽为 4m 时,可使钢筋网的总长最小为 48m.

**例 6.9** 某城市 2018 年年末汽车保有量为 30 万辆,预计此后每年报废上一年年末汽车保有量的 6%,并且每年新增汽车数量相同,为保护城市环境,要求该城市汽车保有量不超过 60 万辆,那么每年新增汽车数量不应超过多少辆?

**分析** 本题是一道高考原题,一般的思路是设出递推数列,再求极限取值.这里我们采用构造不等式模型给出另一种解法.设每年新增汽车数量为 $x$ 万辆,则可建立数学模型如下.

对满足 $0<a \leqslant 60$ 的任意实数 $a$,都有 $(1-0.06)a+x \leqslant 60$.

可得,$x \leqslant 60-(1-0.06)a$.

易知其右端可看作 $a$ 的一次函数,在区间 $(0,60]$ 上有最小值 $0.06 \times 60=3.6$.所以不等式对任意 $a \in (0,60]$ 都成立的充要条件为 $x \leqslant 3.6$.

因此,每年新增汽车数量不应超过 3.6 万辆.

**例 6.10** 某种机器,每天要付维修费,若在买回来后的第 $t$ 天,应该付的维修费为 $(t+500)$ 元(买回来的当天以 $t=0$ 计算),又买机器时,花的费用为 50 万元,问买回来的第几天报废最合算?

**分析**　设买进以后第 $t$ 天报废最合算,则买进以后的 $(t-1)$ 天内所付的维修费为

$$500+(1+500)+(2+500)+\cdots+[(t-1)+500]$$

$$=500t+[1+2+\cdots+(t-1)]=\frac{t(t-1)}{2}+500t.$$

加上购买机器的 50 万元,设每天的平均损耗为 $y$ 元,则

$$y=\frac{500000+\dfrac{t(t-1)}{2}+500t}{t}=\frac{500000}{t}+\frac{t}{2}-\frac{1}{2}+500$$

$$\geqslant 2\sqrt{\frac{500000}{t}\cdot\frac{t}{2}}-\frac{1}{2}+500=1500-\frac{1}{2}=1499\frac{1}{2}.$$

当且仅当 $\dfrac{500000}{t}=\dfrac{t}{2}$,即 $t=1000$ 时取"="号,故知在买回机器后的第 1000 天报废最划算.

**3. 构造数列模型**

例 6.9 也可以通过构造递推数列去求解,限于篇幅,这里略去具体解法.在实际生活中,有关产量增长、资金增长、存贷利率、工程用料等问题,经常是通过分析题目所提供的有关数据建立"数列模型",再借助数列的性质与求和,使问题得解.

**例 6.11**　甲、乙、丙 3 人相互传球,由甲开始传球,并作为第一次传球,经过 $n$ 次后,球仍回到甲手中,则不同的传球方式有多少种?

**分析**　此题从表面上来看,似乎与数列无关,使人陷入"山重水复疑无路"之境.如解题时仔细观察,注意到题目条件的特点,充分展开联想,发挥思维的创造性,构造数列通项中的递推关系,可使解题思路简单顺畅,解法灵活巧妙.

设经过 $n$ 次传球后,球回到甲手中的不同方法有 $a_n$ 种,球不在甲手中的不同方法有 $b_n$ 种.对每个传球的人来说,每次传球的方法有 2 种,故 $n$ 次传球后,共有 $2^n$ 种不同的传球方法,故 $a_n+b_n=2^n$.同时,第 $(n+1)$ 次把球传给甲,则第 $n$ 次时必不传给甲,因而 $a_{n+1}=b_n$,所以 $a_n+a_{n+1}=2^n$,即 $a_{n+1}=-a_n+2^n$,其中 $a_1=0$.从而建立起 $a_n$ 的递推关系,易得

$$a_{n+1}-\frac{2^{n+1}}{3}=-\left(a_n-\frac{2^n}{3}\right)$$

所以数列 $\left\{a_n-\dfrac{2^n}{3}\right\}$ 是首项为 $a_1-\dfrac{2^1}{3}=-\dfrac{2}{3}$,公比为 $-1$ 的等比数列,所以

$$a_n-\frac{2^n}{3}=-\frac{2}{3}\times(-1)^{n-1}.$$

**例 6.12**　某油料库已储油料 $at$,计划正式运营后的第一年的进油量为已储油量的 $25\%$,以后每年的进油量为上一年年底储油量的 $25\%$,且每年运出 $bt$,设 $a_n$ 为正式运营第 $n$ 年年底的储油量.

(1) 求 $a_n$ 的表达式并加以证明;

(2) 为应对突发事件,该油库年底储油量不得少于 $\frac{2}{3}at$.如果 $b = \frac{7}{24}at$,该油库能否长期按计划运营? 如果可以请加以证明,如果不行请说明理由(取 $\lg2 = 0.30, \lg3 = 0.48$).

**分析**　常规解法如下.

(1) 依题意,油库原有油量为 $at$,则

$$a_1 = (1 + 25\%)a - b = \frac{5}{4}a - b,$$

$$a_n = (1 + 25\%)a_{n-1} - b = \frac{5}{4}a_{n-1} - b \quad (n \geqslant 2, n \in \mathbf{N}_+).$$

易知 $a_n - 4b = \frac{5}{4}(a_{n-1} - 4b)$.数列 $\{a_n - 4b\}$ 是公比为 $\frac{5}{4}$,首项为 $\frac{5}{4}a - 5b$ 的等比数列.所以, $a_n = \left(\frac{5}{4}\right)^n a + 4b - 5b\left(\frac{5}{4}\right)^{n-1} = \left(\frac{5}{4}\right)^n a - 4b\left[\left(\frac{5}{4}\right)^n - 1\right].$

(2) 若 $b = \frac{7}{24}at$ 时,该油库第 $n$ 年年底的储油量不少于 $\frac{2}{3}at$,即

$$\left(\frac{5}{4}\right)^n a - \left[\left(\frac{5}{4}\right)^n - 1\right] \times 4 \times \frac{7}{24}a \geqslant \frac{2}{3}a, \text{即} \left(\frac{5}{4}\right)^n \leqslant 3.$$

所以, $n \leqslant \log_{\frac{5}{4}} 3 = \frac{\lg3}{1 - 3\lg2} = \frac{0.48}{1 - 3 \times 0.3} = 4.8$.可见该油库只能在 5 年内运营,因此不能长期运营.

**4. 构造几何模型**

数形结合在代数和几何之间架设了桥梁,人们经常用构造几何模型的方法解决代数问题.而在现实生活中的许多应用性问题,如航行、建筑、测量、人造卫星运行轨道等,一样常需建立相应的几何模型,应用几何知识,转化为用方程、不等式或三角等知识去求解.

**例 6.13**　在一个晚会上,有唱歌、小品、书法、跳舞、朗诵、猜谜 6 个表演项目.要求每位参赛者只能参加两个项目,任意两个比赛项目中,只有一个参赛者是重复的,并且 6 个比赛项目的参赛人数均等.根据这些条件,求参赛者的人数.

**分析**　用点表示参赛者,直线表示比赛项目,参赛者 $A$ 参加某项目 $p$,当且仅当点 $A$ 在直线 $p$ 上.于是可将原题翻译成几何问题:有 6 条直线,任两条直线仅有一个交点,每一点仅在两条直线上,每条直线上的点数相同,求一共有多少个点?

显然,点的个数有 $C_6^2 = 15$(个),如图 6.9 所示.所以,参赛者有 15 人.

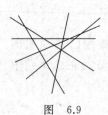

图　6.9

这样,将问题翻译成几何语言,舍弃非本质的条件,仅保留参赛者与项目的本质关系,于是问题轻而易举地得到解决.本题还可以推广到一般情形:如果有 $n$ 个比赛项目,参赛者条件不变,那么参赛者有 $C_n^2 = \frac{n(n-1)}{2}$(人).

**例 6.14**　我现在的岁数是我弟弟当年岁数的 2 倍,但我当年的岁数却与弟弟现在的岁数一样,我们两人现在的年龄之和是 63 岁.请问,我和弟

弟现在各是多少岁?

**分析** 本题如用算术法和代数法求解均不容易,然而巧用构图法求解却别有洞天,值得欣赏和重视.构造几何模型如图6.10所示,线段 $BE$ 表示两人的年龄之差.当年,我的年龄是 $AE$ 时,他的年龄是 $CG$,很明显,$BE=DG$,而 $BDGE$ 是一个平行四边形.

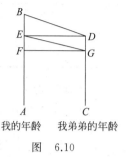
我的年龄 我弟弟的年龄
图 6.10

由题意可以知道,$CG=\dfrac{1}{2}AB$,所以 $AF=CG=\dfrac{1}{2}AB$.由于 $BE=DG,EF=DG$,所以 $BF=2BE$.于是 $AB=4BE$,而 $CD=3BE$,所以 $AB+CD=7BE$,即 $63=7BE$,所以 $BE=9$ 岁.因此,我和弟弟的年龄分别是 36 岁和 27 岁.

**例 6.15** 有若干个鸟窝,它们之间的距离彼此不等,如果从每个鸟窝都有一只鸟飞落到离它最近的另一个鸟窝,试证每个鸟窝飞落下的鸟不超过 5 只.

**分析** 如果鸟窝的个数不超过 6 个,则每个鸟窝飞落的鸟不超过 5 只,命题显然成立.

如果鸟窝的个数超过 6 个,我们就可以将问题构想成数学模型:证明平面内不存在这样的点 $O$,它到 $n$ 个点 $P_1,P_2,\cdots,P_n$ 的距离为 $d_1,d_2,\cdots,d_n$,能使 $d_1<P_1P_n,d_1<P_1P_2$,$d_2<P_2P_1,d_2<P_2P_3,\cdots,d_n<P_nP_1,d_n<P_nP_{n-1}$ 同时成立.

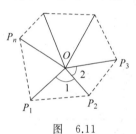
图 6.11

如图 6.11 所示,设 $O$ 在多边形内部,$d_1<P_1P_2,d_2<P_2P_1$,则 $P_1P_2$ 为不等边 $\triangle P_1OP_2$ 的最大边,所以 $\angle 1>60°$.同理 $\angle 2>60°,\cdots,\angle n>60°$.于是 $\angle 1+\angle 2+\cdots+\angle n>360°(n\geqslant 6)$.这与 $\angle 1+\angle 2+\cdots+\angle n=360°$ 相矛盾.所以这样的点是不存在的.

如果点 $O$ 在多边形的边上或者外部,同样可推得满足这样条件的点 $O$ 也是不存在的.命题得证.

5. 构造线性规划模型

在平时的生产生活中,我们常常会遇到在一定的条件下生产两种产品,怎样组合搭配能使生产成本最低或花费最少等问题,这样的问题常常转化为线性规划问题解决.线性规划应用问题的一般求解步骤如下.

(1)根据题意建立数学模型,作出不等式组区域的图形即可行解区域.

(2)设所求的目标函数 $f(x,y)$ 为 $P$ 值.

(3)将目标函数转化为斜截式,平移直线 $l$,当直线 $l$ 经过可行域的顶点或边界时可求得直线 $l$ 在 $y$ 轴上截距的最大值(最小值),从而得 $P$ 的最大值和最小值.

**例 6.16** 某营养学家指出,成人良好的日常饮食应该至少每天提供 0.075kg 的碳水化合物、0.06kg 的蛋白质、0.06kg 的脂肪.1kg 食物 $A$ 含有 0.105kg 碳水化合物、0.07kg 蛋白质、0.14kg 脂肪,花费 28 元.而 1kg 食物 $B$ 含有 0.105kg 碳水化合物、0.14kg 蛋白质、0.07kg 脂肪,花费 21 元.为满足营养学家指出的日常饮食要求,同时使花费最低,需要同时食用食物 $A$ 和食物 $B$ 各多少 kg?

**分析** 据已知数据,可以把所有条件归类列出,如表 6.1 所示.

表 6.1    食物中营养物质的含量                                              单位:kg

| 食物 | 碳水化合物 | 蛋白质 | 脂肪 |
|------|-----------|--------|------|
| A | 0.105 | 0.07 | 0.14 |
| B | 0.105 | 0.14 | 0.07 |

设每天食用 $x$ kg 的食物 $A$, $y$ kg 的食物 $B$, 总成本为 $z$ 元, 那么

$$\begin{cases} 0.105x + 0.105y \geqslant 0.075, \\ 0.07x + 0.14y \geqslant 0.06, \\ 0.14x + 0.07y \geqslant 0.06, \\ x \geqslant 0, y \geqslant 0, \end{cases}$$    目标函数为 $z = 28x + 21y$.

上述二元一次不等式组等价于 $\begin{cases} 7x + 7y \geqslant 5, \\ 7x + 14y \geqslant 6, \\ 14x + 7y \geqslant 6, \\ x \geqslant 0, y \geqslant 0, \end{cases}$ 作出此不等式组表示的平面区域即可行

域, 如图 6.12 所示.

由图中可行域可以看出, 当直线 $z = 28x + 21y$ 经过点 $B$ 时, 截距 $\dfrac{z}{21}$ 最小, 此时 $z$ 也是最小.

解方程组 $\begin{cases} 7x + 7y = 5, \\ 14x + 7y = 6, \end{cases}$ 得 $\begin{cases} x = \dfrac{1}{7}, \\ y = \dfrac{4}{7}, \end{cases}$

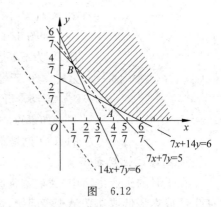

图    6.12

$B$ 点的坐标为 $\left(\dfrac{1}{7}, \dfrac{4}{7}\right)$.

由此可以知, 每天食用食物 $A$ 约 $\dfrac{1}{7}$ kg, 食用食物 $B$

约 $\dfrac{4}{7}$ kg, 可使花费最少为 16 元.

## 二、实际问题数学模型的多维构建

有些问题, 依据每个人不同的知识储备, 以及对问题情境的不同分析, 可以多方位、多层次、多角度地抽象、构造多种数学模型, 得到不同的解法.

**例 6.17**    一条笔直的大河, 河面很宽, 岸边停放着一只小船, 因风起刮断缆绳, 小船被风吹走, 船速为 $41\dfrac{2}{3}$ m/min, 行进的方向与河岸成 $15°$ 的角. 船主发现时船刚离开, 于是立即追赶. 已知他跑步的速度为 $66\dfrac{2}{3}$ m/min, 游泳的速度是 $33\dfrac{1}{3}$ m/min. 问船主能否追上小船? 小船能被船主追上的最大速度是多少?

**分析**    由于人在水中游的速度小于船的速度, 因此人不能直接下水追船, 而应该利用在

岸上跑的速度快于船速的特点,先在岸上跑一阵,再下水去追.所以这不是一般的沿直线追及的问题,而是一种沿折线追及的问题.只有当以小船运动的轨迹为一边,以人在岸上跑的轨迹为一边,在水中游的轨迹为另一边可以构成三角形时,人才能追上小船.为解决这个实际问题,我们可以构造出如下的一些数学模型.

模型 1:解三角形.

设小船的速度为 $v$ m/min,则依题意 $v \geqslant 66\dfrac{2}{3}$ 时,人是追不上小船的;而当 $0 < v \leqslant 33\dfrac{1}{3}$ 时,人可以直接下水去追.这两种情况都不符合题意,也都构不成三角形.因此,我们只需要考虑构成三角形时小船所能达到的最大速度,即知能否追上小船.为此,我们所要构造的第一个数学模型就是三角形.

设人追上小船的时间为 $t$ 分钟,人在岸上跑的时间为 $kt$ 分钟 $(0 < k < 1)$,则人在水中游的时间为 $(1-k)t$ 分钟.当人追上小船时,追及路线如图 6.13 所示.在 $\triangle AOB$ 中,依所设应有 $|OA| = 66\dfrac{2}{3}kt$,$|OB| = vt$,$|AB| = 33\dfrac{1}{3}(1-k)t$,从而由余弦定理,得

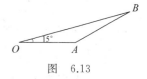

图　6.13

$$\frac{10000}{9}(1-k)^2 t^2 = \left(\frac{200}{3}kt\right)^2 + (vt)^2 - 2 \cdot \frac{200}{3}kt \cdot vt\cos 15°.$$

整理成关于 $k$ 的一元二次方程,得

$$30000k^2 + 100[200 - 3(\sqrt{6}+\sqrt{2})v]k + 9v^2 - 10000 = 0$$

要使上式在 $0 < k < 1$ 的范围内有实数解,而 $\dfrac{100}{3} < v < \dfrac{200}{3}$,则有

$$\begin{cases} 0 < \dfrac{9v^2 - 10000}{30000} < 1, \\ \Delta = [200 - 3(\sqrt{6}+\sqrt{2})v]^2 - 12(9v^2 - 10000) \geqslant 0. \end{cases}$$

解此不等式组,得 $\dfrac{100}{3} < v \leqslant \dfrac{100\sqrt{2}}{3}$.从而,当船速不超过 $\dfrac{100\sqrt{2}}{3}$ m/min 时,人能追上小船,故此题答案是肯定的.小船能被人追上的最大速度为 $\dfrac{100\sqrt{2}}{3}$ m/min.

模型 2:图象分析.

下面再借助图象分析建立另一种数学模型.为此,作图标出在追上小船的时间 $t$ 分钟内,人在岸上跑和在水里游所能达到的区域.若在此时间内小船没有漂出该区域,则表明人能追上小船.于是,由小船与该区域边界的交点,即可求出小船能被追上时的最大速度.如图 6.14 所示,$AB$ 表示河岸,$O$ 为追赶的起点,则 $OA$ 或 $OB$ 的方向就是人在岸上跑的方向.设人在岸上跑的速度为 $v_1$,人在水中游的速度为 $v_2$,若人在岸上跑了 $t$ 分钟后到达 $B$,则 $OB = v_1 t$;若人在水中

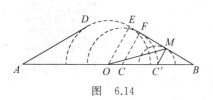

图　6.14

游了 $t$ 分钟,则其到达的区域是以 $O$ 为圆心,$v_2t$ 为半径的圆;若人在岸上跑了 $t_1$ 分钟,则在水中游了 $(t-t_1)$ 分钟.设人在岸上跑到 $C$ 点,则 $|OC|=v_1t_1$;在水中游,则到达以 $C$ 为圆心,以 $v_2(t-t_1)$ 为半径的圆.

同理,选取不同的 $t_1(0<t_1<t)$,可以得到不同的入水点 $C'$,以点 $C'$ 为圆心,以 $v_2(t-t_1)$ 为半径可作无数多个半圆.这些半圆的公切线为 $AD$、$BE$,因此在追赶时间 $t$ 分钟内,人能够到达的区域的边界为河岸 $AB$、公切线 $AD$、$BE$ 及以 $O$ 为圆心,以 $v_2t$ 为半径的圆弧 $DE$.如图 6.14 所示,作 $\angle BOM=15°$,则当 $vt \leqslant OM$ 时,人就可追上小船.可见要在 $M$ 点追上小船,必须在岸边选择合适的入水点 $C'$.

因为 $\dfrac{C'M}{C'B}=\dfrac{v_2(t-t_1)}{v_1(t-t_1)}=\dfrac{v_2}{v_1}=\dfrac{1}{2}$,$\triangle BMC'$ 为直角三角形,所以 $\angle B=30°$.因为 $\angle BOM=15°$,$\angle OEM=90°$,所以 $\angle EOM=45°$.所以,$\triangle EOM$ 为等腰直角三角形.于是由 $OE=v_2t$,得

$$OM=v_{\max}t=\sqrt{2}\,v_2t,$$ 所以 $v_{\max}=\sqrt{2}\,v_2=\dfrac{100\sqrt{2}}{3}$(m/min).

模型3:矢量分析.

由于人与船的位移是矢量,故又可采用矢量分析的数学模型.设人在岸上跑的速度为 $\vec{v}_1$,在水中游的速度为 $\vec{v}_2$,小船的速度为 $\vec{v}$.

如图 6.15 所示,$O$ 为追赶的起点,$A$ 为下水点,$AE$ 为人在水中追赶的路线,作 $\angle AOB=15°$,过 $E$ 点作 $ED/\!/OB$,$\overrightarrow{ED}=-\vec{v}$.

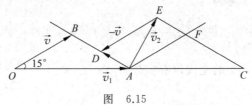

图    6.15

连结 $AD$,则要 $|\vec{v}|$ 取最大值,只需让 $\triangle AED$ 中 $ED$ 最长.为此,又只需 $EA \perp AD$ 即可.

过 $A$ 点作 $ED$ 的平行线,过 $E$ 点作 $EF/\!/AD$ 交 $OA$ 于 $C$,设 $AD$ 交 $OB$ 于 $B$,则 $\triangle AFC \sim \triangle OBA$,所以 $\dfrac{AF}{AC}=\dfrac{OB}{OA}=\dfrac{|\vec{v}|}{|\vec{v}_1|}$.又因为 $\overrightarrow{AF}=\vec{v}$,所以 $\overrightarrow{AC}=\vec{v}_1$.

在 $\mathrm{Rt}\triangle AEC$ 中,$\sin\angle ACE=\dfrac{|\vec{v}_2|}{|\vec{v}_1|}$,所以 $\angle ACE=30°$.

所以,$\angle EAC=60°$.从而 $\angle AED=45°$,故 $\triangle AED$ 为等腰直角三角形,因此得 $v_{\max}=\sqrt{2}\,v_2=\dfrac{100\sqrt{2}}{3}$(m/min).于是问题得解.

# 习 题 六

1. 在平面直角坐标系中,$A(2,3)$,$B(5,-2)$,$M$、$N$ 在 $x$ 轴上,$P$、$Q$ 在 $y$ 轴上,$MN=PQ=1$($M$ 在 $N$ 的左侧,$P$ 在 $Q$ 的上方).求下列路径的最小值:①$A \to P \to B$;②$A \to P \to M \to N \to B$;③$A \to P \to Q \to B$.

2. 请问图 6.16 中共有多少个三角形?

3. 某中学的研究性学习小组为考察一个小岛的湿地开发情况,从某码头乘汽艇出发,沿直线方向匀速开往该岛,靠近岛时,绕小岛环行两周后,把汽艇停靠在岸边上岸考察,然后又乘汽艇沿原航线匀速返回.设 $t$ 为出发后的某一时刻,$S$ 为汽艇与码头在 $t$ 时刻的距离,以下能大致表示 $S = f(x)$ 函数关系的为(　　).

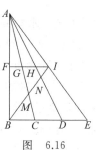

图　6.16

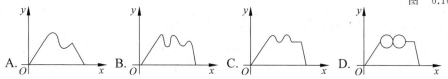

4. 对于各数互不相等的正数数组 $(i_1, i_2, \cdots, i_n)$($n$ 是不小于 2 的正整数),如果在 $p < q$ 时有 $i_p > i_q$,则称 $i_p$ 与 $i_q$ 是该数组的一个"逆序",一个数组中所有"逆序"的个数称为此数组的"逆序数".例如,数组 $(2, 4, 3, 1)$ 中有逆序"2,1""4,3""4,1""3,2",其"逆序"等于 4.若各数互不相等的正数数组 $(a_1, a_2, a_3, a_4, a_5, a_6)$ 的"逆序数"是 2,则 $(a_6, a_5, a_4, a_3, a_2, a_1)$ 的"逆序数"是多少?

5. 某大学的信息中心 $A$ 与大学各部门、各院系 $B$、$C$、$D$、$E$、$F$、$G$、$H$、$I$ 之间拟建立信息联网工程,实际测算的费用如图 6.17 所示(单位:万元).请观察图形,可以不建部分网线,而使得中心与各部门、院系彼此都能连通(直接或中转),则最少的建网费用是多少万元?

6. 一张报纸的厚度为 $a$,面积为 $b$,现将报纸对折(即沿对边中点连线折叠)7 次,这时报纸的厚度和面积分别是多少?

7. 某家用电器厂根据其产品在市场上的销售情况,决定对原来以每件 2000 元出售的一种产品进行调价,并按新单价的八折优惠销售.结果每件产品仍可获得实际销售价 20% 的利润.已知该产品每件的成本是原销售价的 60%.

(1) 求调价后这种产品的新单价是每件多少元? 让利后的实际销售价是每件多少元?

(2) 为使今年按新单价让利销售后的利润总额不低于 20 万元,今年至少应销售这种产品多少件(每件产品利润 = 每件产品的实际销售价 − 每件产品的成本价)?

8. 如图 6.18 所示,$a$ 是海面上一条南北方向的海防警戒线,在 $a$ 上一点 $A$ 处有一个水声监测点,另两个监测点 $B$、$C$ 分别在 $A$ 的正东方 20km 和 54km 处.某时刻,监测点 $B$ 收到发静止目标 $P$ 的一个声波,8s 后监测点 $A$、20s 后监测点 $C$ 相继收到这一信号.在当时的气象条件

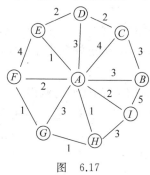

图　6.17

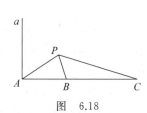

图　6.18

下,声波在水中的传播速度是 1.5km/s.

(1) 设 $A$ 到 $P$ 的距离为 $x$ km,用 $x$ 表示 $B$、$C$ 到 $P$ 的距离,并求 $x$ 的值;

(2) 求静止目标 $P$ 到海防警戒线 $a$ 的距离(结果精确到 0.01km).

9. 某地区的一种特色水果上市时间仅能持续 5 个月,预测上市初期和后期会因供不应求使价格呈连续上涨态势,而中期又将出现供大于求使价格连续下跌,现有三种价格模拟函数:①$f(x)=p \cdot q^x$;②$f(x)=px^2+qx+1$;③$f(x)=x(x-q)^2+p$.以上三式中 $p$、$q$ 均为常数,且 $q > 1$.

(1) 为准确研究其价格走势,应选哪种价格模拟函数?为什么?

(2) 若 $f(0)=4$,$f(2)=6$,求出所选函数 $f(x)$ 的解析式(注:函数的定义域是 $[0,5]$,其中 $x=0$ 表示 4 月 1 日,$x=1$ 表示 5 月 1 日,以此类推).

(3) 为保证果农的收益,打算在价格下跌期间积极拓宽外销,请你预测(2)中函数解析式表示的该果品在哪几个月份内价格下跌?

10. 已知有三个居民小区 $A$、$B$、$C$ 构成 $\triangle ABC$,$AB=700$m,$BC=800$m,$AC=300$m.现计划在与 $A$、$B$、$C$ 三个小区距离相等处建造一个工厂,为不影响小区居民的正常生活和休息,需在厂房的四周安装隔音窗或建造隔音墙.

据测算,从厂房发出的噪音是 85 分贝,而维持居民正常生活和休息时的噪音不得超过 50 分贝.每安装一道隔音窗噪音降低 3 分贝,成本 3 万元,隔音窗不能超过 3 道;每建造一堵隔音墙噪音降低 15 分贝,成本 10 万元;距离厂房平均每 25m 噪音均匀降低 1 分贝.

(1) 求 $\angle C$ 的大小;

(2) 求加工厂与小区 $A$ 的距离(精确到 1m);

(3) 为不影响小区居民的正常生活和休息且花费成本最低,需要安装几道隔音窗、建造几堵隔音墙(计算时厂房和小区的大小忽略不计)?

11. 飞船返回舱顺利到达地球后,为及时将航天员救出,地面指挥中心在返回舱预计到达区域安排三个救援中心(记为 $A$、$B$、$C$),$B$ 在 $A$ 的正东方向,相距 6km;$C$ 在 $B$ 的北偏东 $30°$,相距 4km;$P$ 为航天员着陆点.某一时刻 $A$ 接到 $P$ 的求救信号,由于 $B$、$C$ 两地比 $A$ 距 $P$ 远,因此 4s 后,$B$、$C$ 两个救援中心才同时接收到这一信号,已知该信号的传播速度为 1km/s.

(1) 求 $A$、$C$ 两个救援中心的距离;

(2) 求在 $A$ 处发现 $P$ 的方向角;

(3) 若信号从 $P$ 点的正上方 $Q$ 点处发出,则 $A$、$B$ 收到信号的时间差变大还是变小?说明理由.

12. 有一支队伍长 $L$m,以速度 $v$m/s 匀速前进.排尾的传令兵因传达命令赶赴排头,到达排头后立即返回,往返速度不变.如果传令兵回到排尾时,全队正好前进了 $L$m,求传令兵所行走的路程.

13. 如图 6.19 所示的一组图形为某一四棱锥 $S-ABCD$ 的底面与侧面.

(1) 请画出四棱锥 $S-ABCD$ 的示意图,是否存在一条侧棱 $SA$ 垂直于底面 $ABCD$?如果存在,请给出证明;

(2) 若 $E$ 为 $AB$ 中点,求证:平面 $SEC \perp$ 平面 $SCD$;

(3) 求二面角 $B-SC-D$ 的大小.

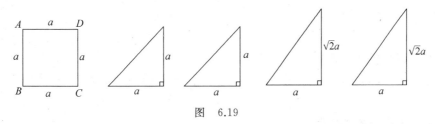

图 6.19

14. 甲、乙两队各 7 名队员,按事先安排好的顺序出场参加围棋擂台赛.双方先由 1 号队员比赛,负者被淘汰,胜者再与负者 2 号队员比赛,直到一方队员全部被淘汰为止,另一方获得胜利,形成一种比赛过程.那么所有可能出现的比赛过程的种数是多少?

15. 制作一个底面直径为 4cm 的圆柱形容器,要内装直径为 2cm 的钢珠 26 只,问这个容器至少要多高?

16. 由于过度采伐森林破坏了生态平衡,使地球上许多地区遭受沙尘暴的侵袭,近日 A 市气象局测得沙尘暴中心在 A 市正西 300km 的 B 处,以 107km/h 的速度向南偏东 60° 的方向移动,且距沙尘暴中心 200km 的范围为受沙尘暴严重影响的区域.问 A 市是否会受到沙尘暴影响? 若受到影响,影响时间有多长?

17. 图画挂在墙上,它的下边缘在观察者的眼睛上方 $a$ 处,而上边缘在 $b$ 处,问观察者在离墙多远的地方,才能使视角最大(从而看得最清楚)?

18. 求值:$\lim\limits_{n \to \infty} \sum\limits_{i=2}^{n} C_i^2 \left(\dfrac{3}{4}\right)^{i-2}$.

19. 如图 6.20 和图 6.21 所示是一款家用的垃圾桶,踏板 $AB$(与地面平行)可绕定点 $P$(固定在垃圾桶底部的某一位置)上下转动(转动过程中始终保持 $AP = A'P, BP = B'P$).通过向下踩踏点 $A$ 到 $A'$(与地面接触点),使点 $B$ 上升到点 $B'$,与此同时传动杆 $BH$ 运动到 $B'H'$ 的位置,点 $H$ 绕固定点 $D$ 旋转($DH$ 为旋转半径)至点 $H'$,从而使桶盖打开一个角 $\angle HDH'$.

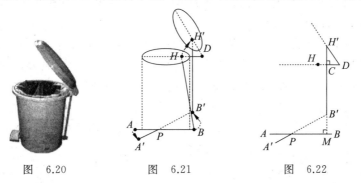

图 6.20          图 6.21          图 6.22

如图 6.22 所示,桶盖打开后,传动杆 $H'B'$ 所在的直线分别与水平直线 $AB$、$DH$ 垂直,垂足为点 $M$、$C$,设 $H'C = B'M$.测得 $AP = 6$cm,$PB = 12$cm,$DH' = 8$cm.要使桶盖张开的角度 $\angle HDH'$ 不小于 $60°$,那么踏板 $AB$ 离地面的高度至少是多少?(结果保留两位有效数字.)(参考数据:$\sqrt{2} \approx 1.41, \sqrt{3} \approx 1.73$.)

哪里有数学,哪里就有美.

——[希]普洛克拉斯(公元前 428— 前 347)

美,本质上终究是简洁性.

——[美]爱因斯坦(1879—1955)

# 第七章　审美:解题的意愿

数学美不但给人以赏心悦目的享受,更重要的是数学美的思想启迪人们去探索、去追求、去解决更多的数学问题,从而给人以智慧、给人以力量、给人以成功.因此,我们研究数学美,绝不是简单地欣赏它表面的美好形象,而是深层次地去挖掘数学美思想的潜在功能,发挥数学美思想在解决数学问题及实际问题中的独特作用.

## 第一节　审美解题的意蕴

审美观念,每个人都不缺乏.一般来说,审美观念指的是人们对客观事务的心理感触,主要包括对个体内外部的一系列刺激而激发的感触、思维、想象、动机和情感等各种心理反应,是一种综合性、多方面的心理反应.

旅美数学家、菲尔兹奖获得者丘成桐说:"数学家找寻美的境界,讲求简单的定律,解决实际问题,而这些因素都永远不会远离世界."数学美是数学科学本质力量的感性与理性的显现,是人的一种本质力量通过数学思维结构的呈现.它是一种真实的美,是反映客观世界并能动地改造客观世界的科学美.数学美不仅有表现的形式美,而且有内容美与严谨美;不仅有具体的公式美、定理美,而且有结构美与整体美;不仅有语言精巧美,而且有方法美与思路美;不仅有逻辑抽象美,而且有创造美与应用美.

**例 7.1** $\odot O$ 的弦 $PP_1$、$QQ_1$、$RR_1$ 两两相交于 $A$、$B$、$C$ 点,且 $AP = BQ = CR$,$AR_1 = BP_1 = CQ_1$.求证 $\triangle ABC$ 为正三角形.

**分析**　如图 7.1 所示,设 $\triangle ABC$ 三边的长分别为 $x$、$y$、$z$,$AP = a$,$AR_1 = b$.由相交弦定理,得

$$\begin{cases} a(x+b) = b(z+a), \\ a(z+b) = b(y+a), \\ a(y+b) = b(x+a), \end{cases}$$

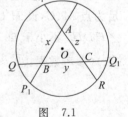

图　7.1

解得 $x=y=z$(仅在 $a=b$ 时有解),所以 $\triangle ABC$ 是正三角形.

此题的对称图形给我们以观赏美,而用对称性解题,可使我们在困惑中获得解题思路,真是一种美的享受!

**例 7.2**　一个圆柱被一个平面所截,截口的椭圆方程为 $25x^2+16y^2=100$,被截后的几何体的最短母线长为 2,求这个几何体的体积.

**分析**　出于对称性与和谐性的考虑,给已知不规则几何体补上一个相等的几何体,使之成为一个圆柱.

因椭圆方程可化为 $\dfrac{y^2}{\left(\dfrac{5}{2}\right)^2}+\dfrac{x^2}{2^2}=1$,

如图 7.2 所示,易得 $AB=5$,$AG=CD=EF=4$,所以 $BG=3$,$BC=5$,则 $V=\dfrac{1}{2}V_{圆柱}=$

$\dfrac{1}{2}\pi\times2^2(2+5)=14\pi$.

这是利用对称美及和谐美的启示解题的成功一例.

数学解题的本质,就是根据问题中所给的信息(包括文字信息、图形信息、数字信息、符号信息及其隐藏信息),进行分解、组合、变换、编码和加工处理,最终发现"条件"与"结论"之间必然联系的过程.在问题解决过程中,若能从应用数学美的角度出发,审视问题结构的和谐性,追求问题解决方案的简单性、奇异性、新颖性,挖掘命题结论的统一性,学习数学就会增添无穷的乐趣.

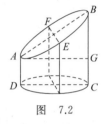

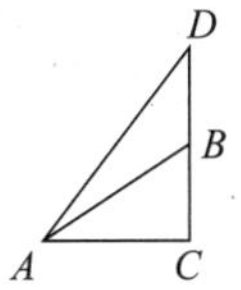

图　7.2

**例 7.3**　求 $\tan20°+4\sin20°$ 的值.

**分析**　本题可以从纯粹的三角知识领域进行化简.这里从审美的视角寻求另一种解法.考虑题中的角度为锐角,不妨构造直角三角形解题.如图 7.3 所示,作 $Rt\triangle ABC$,$\angle C=90°$,$\angle BAC=20°$,设 $AC=1$,则 $\tan20°=BC$.设 $BC=x$,则

图　7.3

$\sin20°=\dfrac{x}{\sqrt{x^2+1}}$,$\cos20°=\dfrac{1}{\sqrt{x^2+1}}$.

容易发现所得到的结论对解题无甚帮助,必须寻找其他关系.

因为 20° 的 3 倍是个特殊角,故在 $\triangle ABC$ 的基础上作含 60° 的三角形 $\triangle ACD$,使 $\angle DAC=60°$,则 $\angle DAB=40°$,$\angle BDA=30°$.设 $AC=1$,则 $CD=\sqrt{3}$.

在 $\triangle ADB$ 中,运用正弦定理得 $\dfrac{BD}{\sin40°}=\dfrac{AB}{\sin30°}$,$BD=2AB\cdot\sin40°=4\sin20°$.

因为,$BD+BC=CD=\sqrt{3}$,所以,$\tan20°+4\sin20°=\sqrt{3}$.

**例 7.4**　$\triangle ABC$ 中,求证:$\cos A\cdot\cos B\cdot\cos C\leqslant\dfrac{1}{8}$.

**分析**　考虑首先使用三角公式进行变形,结合三角形中有关的性质和定理,主要运用"三角形的内角和为 180°"这一结论.变形后再通过观察式子的特点,发现和选择最合适的方法解决.整个解题过程思维流畅,一气呵成,这其中隐含着基本的数学美感的引领.

设 $k = \cos A \cdot \cos B \cdot \cos C = \dfrac{1}{2}[\cos(A+B) + \cos(A-B)] \cdot \cos C = \dfrac{1}{2}[-\cos C + \cos(A-B)]\cos C$，整理得 $\cos^2 C - \cos(A-B) \cdot \cos C + 2k = 0$，即看作关于 $\cos C$ 的一元二次方程.

$\Delta = \cos^2(A-B) - 8k \geqslant 0$，即 $8k \leqslant \cos^2(A-B) \leqslant 1$，所以，$k \leqslant \dfrac{1}{8}$，即 $\cos A \cdot \cos B \cdot \cos C \leqslant \dfrac{1}{8}$.

本题原本是三角问题，引入参数后，通过三角变形，发现了其等式具有"二次"特点，于是联想到一元二次方程，将问题变成代数中的方程有实解的问题，这既是"方程思想"，也体现了"判别式法""参数法"等解题方法.

此题的另外一种思路是使用"放缩法"，在放缩过程中也体现了数学思维自然延伸的一种美感，具体解答过程是：

$$\cos A \cdot \cos B \cdot \cos C = \dfrac{1}{2}[\cos(A+B) + \cos(A-B)] \cdot \cos C$$
$$= -\dfrac{1}{2}\cos^2 C + \dfrac{1}{2}\cos(A-B) \cdot \cos C$$
$$= -\dfrac{1}{2}\left[\cos C - \dfrac{\cos(A-B)}{2}\right]^2 + \dfrac{1}{8}\cos^2(A-B)$$
$$\leqslant \dfrac{1}{8}\cos^2(A-B) \leqslant \dfrac{1}{8}.$$

一般数学问题的求解，审美往往会隐含其中.人们通过美的视角分析数学问题的条件与答案，从中体会其中的内在美，并由此引发对问题实质的探究，从而能够更加充分地理解题意，掌握解题的关键，觅得更加有效的解题方法.

# 第二节  基于对称美启迪解题思路

对称是能带给人以美感的形式之一，它是整体中各个部分之间的对等和匀称.数学形式和结构的对称性，数学命题关系中的对偶性都是对称美在数学中的反映.如圆形、球体、正多边形、旋转体和圆锥曲线等都给人以完美、对称的美感.数学解题可以从对称美的角度出发，或分析式子的对称，或变换调整对称元素关系，或补形构造对称等，这常能打开我们的解题思路、优化解题过程.

## 一、善于发现和利用问题中的对称元素

有些数学问题的对称性是问题中明确的.基于对称美的视角，在解题过程中，我们就是要充分利用这种对称性进行解题.

**例 7.5**  已知三个正数 $x$、$y$、$z$，满足 $x+y+z=1$.试求函数 $f(x,y,z) = \left(1+\dfrac{1}{x}\right)\left(1+\dfrac{1}{y}\right)\left(1+\dfrac{1}{z}\right)$ 的最小值.

**分析**  看到函数最值的问题，第一反应想到利用导数解决，可是这道问题却无从下手.

通过观察题目,凭审美的意识,根据 $x$、$y$、$z$ 的地位是平等的及函数 $f(x,y,z)$ 中各变量的轮换对称性,我们大胆进行猜想,当 $x=y=z$ 时,函数 $f(x,y,z)$ 取得最小值 64.有了这个猜想,再进一步验证,即证明不等式 $\left(1+\dfrac{1}{x}\right)\left(1+\dfrac{1}{y}\right)\left(1+\dfrac{1}{z}\right) \geqslant 64$ 即可.如此一来,就把这道本来是计算最值的问题转化成一道证明题,大大降低了原问题的难度.

事实上,$1+\dfrac{1}{x} = 2+\dfrac{y+z}{x} \geqslant 2+\dfrac{2\sqrt{yz}}{x} \geqslant 4\sqrt{\dfrac{\sqrt{yz}}{x}}$.

同理,$1+\dfrac{1}{z} \geqslant 4\sqrt{\dfrac{\sqrt{xy}}{z}}$,$1+\dfrac{1}{y} \geqslant 4\sqrt{\dfrac{\sqrt{xz}}{y}}$.

将上述三式两边分别相乘便得要证的不等式.

**例 7.6**　求方程组的实数解

$$\begin{cases} \dfrac{4x^2}{1+4x^2}=y, \\[2mm] \dfrac{4y^2}{1+4y^2}=z, \\[2mm] \dfrac{4z^2}{1+4z^2}=x. \end{cases}$$

**分析**　此题解法可以列出多种,其中基于对称美的视角延伸开来,利用顺序关系为突破口的解题方法,显得格外巧妙新颖.事实上,通过观察可以发现 $x$、$y$、$z$ 只能取非负值,而 $x=y=z=0$ 是一解.接下来考虑非零解的情形.

当 $z \neq 0$ 时(若 $z=0$,则解得 $x=y=z=0$),由于 $x$、$y$、$z$ 为实数,不妨设 $x \geqslant y \geqslant z$,则由第三式得 $\dfrac{4z^2}{1+4z^2} \geqslant z$,整理得 $4z \geqslant 1+4z^2$,即 $(1-2z)^2 \leqslant 0$.故 $z=\dfrac{1}{2}$,进而求出非零解为 $x=y=z=\dfrac{1}{2}$.

上述解法中,"不妨设 $x \geqslant y \geqslant z$"是关键性的一步,其根据源于条件中 $x$、$y$、$z$ 的地位是平等的.用美学眼光来看,题目本身所蕴含的对称美启发了解题者的审美意识,使其能在解题过程中,能动地从顺序出发,巧妙地求解 $x$、$y$、$z$.

**例 7.7**　已知正实数 $a_1,a_2,\cdots,a_n$ 满足条件 $a_1+a_2+\cdots+a_n=1$,求证恒有不等式
$$\dfrac{a_1^2}{a_1+a_2}+\dfrac{a_2^2}{a_2+a_3}+\cdots+\dfrac{a_{n-1}^2}{a_{n-1}+a_n}+\dfrac{a_n^2}{a_n+a_1} \geqslant \dfrac{1}{2}.$$

**分析**　不等式左边是一个轮换对称式.

如果记 $A=\dfrac{a_1^2}{a_1+a_2}+\dfrac{a_2^2}{a_2+a_3}+\cdots+\dfrac{a_{n-1}^2}{a_{n-1}+a_n}+\dfrac{a_n^2}{a_n+a_1}$,构造 $A$ 的对称式 $B=\dfrac{a_2^2}{a_1+a_2}+\dfrac{a_3^2}{a_2+a_3}+\cdots+\dfrac{a_n^2}{a_{n-1}+a_n}+\dfrac{a_1^2}{a_n+a_1}$,则

$$A-B=\dfrac{a_1^2-a_2^2}{a_1+a_2}+\dfrac{a_2^2-a_3^2}{a_2+a_3}+\cdots+\dfrac{a_{n-1}^2-a_n^2}{a_{n-1}+a_n}+\dfrac{a_n^2-a_1^2}{a_n+a_1}$$

$$= (a_1 - a_2) + (a_2 - a_3) + \cdots + (a_{n-1} - a_n) + (a_n - a_1) = 0.$$

故 $A = B$，于是 $A$ 可以表示成每一项关于 $a_i$、$a_j$ 对称的代数式

$$A = \frac{1}{2}(A + B) = \frac{1}{2}\left(\frac{a_1^2 + a_2^2}{a_1 + a_2} + \frac{a_2^2 + a_3^2}{a_2 + a_3} + \cdots + \frac{a_{n-1}^2 + a_n^2}{a_{n-1} + a_n} + \frac{a_n^2 + a_1^2}{a_n + a_1}\right).$$

因为，$\dfrac{a_i^2 + a_j^2}{a_i + a_j} \geqslant \dfrac{1}{2}(a_i + a_j)$，所以，$A = \dfrac{1}{2}(A + B) \geqslant \dfrac{1}{4}\big[(a_1 + a_2) + (a_2 + a_3) + \cdots +$

$(a_{n-1} + a_n) + (a_n + a_1)\big] = \dfrac{1}{2}.$

**例 7.8** 函数 $f(x)$ 对一切实数 $x$ 满足 $f(2 + x) = f(2 - x)$，若方程 $f(x) = 0$ 恰好有四个不同的实根，则这些实根之和是多少？

**分析** 由于函数 $f(x)$ 的表达式未给出，所以方程 $f(x) = 0$ 的四个根无法求出，但由 $f(2 + x) = f(2 - x)$ 知，$f(x)$ 的图象关于直线 $x = 2$ 对称，设 $f(x)$ 的四个根分别为 $x_1$、$x_2$、$x_3$、$x_4$，其中 $x_1$ 与 $x_2$，$x_3$ 与 $x_4$ 分别关于 $x = 2$ 对称，且 $x_1$、$x_3$ 与 $x_2$、$x_4$ 分别位于 $x = 2$ 的两侧，则

$$(x_1 - 2) + (x_2 - 2) = 0, (x_3 - 2) + (x_4 - 2) = 0,$$

从而 $x_1 + x_2 + x_3 + x_4 = 8$.

从该例可以看到，在数学解题过程中，巧妙地利用对称性，能使复杂的问题变得条理清楚、脉络分明，起到化难为易、化繁为简、事半功倍的作用.

**例 7.9** 设 $a$、$b$、$c$ 是互不相等且大于 0 的整数，又 $a$、$b$、$c$ 成等比数列，$\log_c a$、$\log_b c$、$\log_a b$ 成等差数列，求其公差 $d$.

**分析** 该题就是在条件 $b^2 = ac$，$2\log_b c = \log_c a + \log_a b$ 成立的情况下，求 $d = \log_b c - \log_c a$ 的值. 如果我们注意到问题的整体性对称，就会考虑用轮换对称的思想，使各项处于平等地位.

设公比为 $q$，则 $a$、$b$、$c$ 分别为 $a$、$aq$、$aq^2$，则 $c = bq = aq^2$，$2\log_b bq = \log_c q^{\frac{c}{2}} + \log_a aq$.

这样我们就可以整体同步协调地化简，效果相当于围棋中一下吃去敌方一大片，请看：

$$2 + 2\log_b q = 1 - 2\log_c q + 1 + \log_a q$$

$$\Rightarrow 2\left(\frac{1}{\lg b} + \frac{1}{\lg c}\right) = \frac{1}{\lg a} \Rightarrow \log_b a + \log_c a = \frac{1}{2};$$

又由 $d = \log_b c - \log_c a$，于是 $d = \log_b ac - \dfrac{1}{2} = \log_b b^2 - \dfrac{1}{2} = \dfrac{3}{2}$.

如此简洁地得出结果，计算中各部分配合地如此默契、和谐，其原因就在于初始布局中蕴含着轮换与对称这一整体思想，这种从宏观上把握总体规划的运算能力，极大地简化和优化了逻辑思维与演绎的结构，使解题过程及其结果臻善至美.

## 二、学会挖掘和构造问题中的对称关系

对于对称条件不明显的数学问题，如能利用共轭、有理化因式等方法构造完整对称式，或转换观察问题的角度挖掘隐含的对称性，也会收到意想不到的效果.

**例 7.10** 求 $y = \cos x (0 \leqslant x \leqslant 2\pi)$ 与 $y = 1$ 围成的图形的面积.

**分析** 乍看此题，不用积分知识会感到无从下手，但如果探究出图形关于 $x=\pi$ 对称，且图中左半部分以点 $\left(\dfrac{\pi}{2},0\right)$ 为中心对称，右半部分以点 $\left(\dfrac{3\pi}{2},0\right)$ 也是中心对称，这道题解决起来就轻松许多，即转化为求矩形面积.

有时题目条件并未反映出对称性，我们可以依据题意补充条件，使其具有对称性，从而为解题找到途径，对偶法（构造对称式）即是此种方法之一.

**例 7.11** 已知 $\alpha$、$\beta$ 是方程 $x^2-3x-9=0$ 的两个根，不解方程求 $\dfrac{3}{\alpha^2}+4\beta^3$ 的值.

**分析** 令 $A=\dfrac{3}{\alpha^2}+4\beta^3$，显然 $A$ 是非对称式，不易直接求值.根据 $A$ 的结构特点，令 $B=\dfrac{3}{\beta^2}+4\alpha^3$，这样一来 $A+B$ 和 $A-B$ 就成为对称式了.

由 $\alpha+\beta=3,\alpha\cdot\beta=-9$ 及 $\alpha-\beta=\pm3\sqrt{5}$ 易求得 $A+B=433,A-B=\pm\dfrac{649}{3}\sqrt{5}$.

由此可得 $A=\dfrac{1}{2}\left(433\pm\dfrac{649}{3}\sqrt{5}\right)$.

从例 7.11 可以看出，有些问题中的对称性是隐藏着的，需要我们在解题过程中用敏锐的眼光去发现它、利用它.

**例 7.12** 对于大于 1 的自然数 $n$，证明：

$$\left(1+\frac{1}{3}\right)\left(1+\frac{1}{5}\right)\cdots\left(1+\frac{1}{2n-1}\right)>\frac{\sqrt{2n+1}}{2}.$$

**分析** 本题与例 4.33 本质上相同，常规思路是数学归纳法，但若从数学审美的视角考虑，可以利用对偶法.

令

$$A_n=\frac{4}{3}\cdot\frac{6}{5}\cdot\frac{8}{7}\cdot\cdots\cdot\frac{2n}{2n-1},$$

$$B_n=\frac{5}{4}\cdot\frac{7}{6}\cdot\frac{9}{8}\cdot\cdots\cdot\frac{2n+1}{2n},$$

则 $A_n>B_n>0$，所以

$$A_n^2>A_n\cdot B_n=\frac{2n+1}{3}>\frac{2n+1}{4},$$

两边开平方即推得结论.

**例 7.13** 在球面上有 4 个点 $P$、$A$、$B$、$C$，如果 $PA$、$PB$、$PC$ 两两互相垂直，且 $PA=PB=PC=a$，那么这个球面的面积是 _____.

**分析** 欲求球面的面积，就要知道球的半径或直径.怎样将已知条件和直径联系起来呢？观察图形，我们会有一种"零碎""不完整"的感觉；另外，考虑"$PA$、$PB$、$PC$ 两两垂直且相等"，已能察觉到"作辅助线，将四面体 $PABC$ 补成正方体"也许有意义，如图 7.4 所示.事实的确如此，因为外接球的直径等于正方体的对角线，则有 $2R=\sqrt{3}a$，从而 $S_{球}=4\pi R^2=3\pi a^2$.

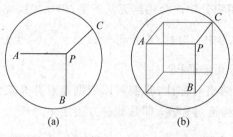

图　7.4

**例 7.14**　$A$、$B$、$C$、$D$、$E$ 五人并排站成一排,如果 $B$ 必须站在 $A$ 的右边($A$、$B$ 可以不相邻),那么不同的排法共有多少种?

**分析**　分类讨论较为繁琐,换一个角度考虑问题,注意到有一个 $B$ 在 $A$ 右边的排法,交换 $A$、$B$ 的位置,就得到一个 $B$ 在 $A$ 左边的排法.因此,在五人的全排列中,$B$ 在 $A$ 右边的排法数与 $B$ 在 $A$ 左边的排法数相等,依对称性原则,所求排列数为 $\dfrac{1}{2}P_5^5 = 60$.

**例 7.15**　求 $(2+\sqrt{x})^{2n+1}$ 展开式中 $x$ 的整数次幂项系数之和.

**分析**　展开计算显然不是最理想的方式,依据二项式定理的系数的性质及共轭根式的对称性,增设 $(2-\sqrt{x})^{2n+1}$,配成完整式 $f(x)=(2+\sqrt{x})^{2n+1}+(2-\sqrt{x})^{2n+1}$,易见 $f(x)$ 展开式中 $x$ 的非整数次幂项系数之和为 $0$.$x$ 的整数次幂项系数之和为所求 $(2+\sqrt{x})^{2n+1}$ 展开式中 $x$ 的整数次幂项系数之和的 2 倍.

故所求原展开式中指定项的系数之和为 $\dfrac{1}{2}f(1)=\dfrac{1}{2}(3^{2n+1}+1)$.

**例 7.16**　椭圆中心在坐标原点 $O$,焦点在 $x$ 轴上,直线 $y=x+1$ 与该椭圆相交于 $P$、$Q$,且 $PO \perp OQ$,$|PQ|=\dfrac{\sqrt{10}}{2}$,求椭圆的方程.

**分析**　依题意,存在着焦点在 $x$ 轴和 $y$ 轴上两种椭圆,而椭圆标准方程中 $a>b>0$,$a$ 与 $b$ 在大小关系上也不具有对称性,因此只设一种标准方程求解则不全面,分两种标准方程分别求解又过于繁琐、费时.我们可采用对称形式,设椭圆方程为 $px^2+qy^2=1(p、q>0)$ 求解,这里的 $p$、$q$ 之间不存在大小上的"不对称"问题.

不妨设椭圆方程为 $px^2+qy^2=1(p、q>0)$.将 $y=x+1$ 代入椭圆方程,消去 $y$,得 $(p+q)x^2+2qx+q-1=0$,设 $P(x_1,y_1)$,$Q(x_2,y_2)$,由 $OP \perp OQ$ 得 $x_1x_2+y_1y_2=0$,即 $2x_1x_2+(x_1+x_2)+1=0$,也即 $2\dfrac{q-1}{p+q}-\dfrac{2q}{p+q}+1=0$,化简得 $p+q=2$.

由 $|PQ|=\dfrac{\sqrt{10}}{2}$ 得 $(x_1-x_2)^2=\dfrac{5}{4}$,即 $\left(\dfrac{2q}{p+q}\right)^2-4\dfrac{q-1}{p+q}=\dfrac{5}{4}$,也即 $q^2-2(q-1)=\dfrac{5}{4}$.

解之得 $q=\dfrac{1}{2}$ 或 $q=\dfrac{3}{2}$.从而得 $p$、$q$ 的两组解为 $p=\dfrac{3}{2}$,$q=\dfrac{1}{2}$ 和 $p=\dfrac{1}{2}$,$q=\dfrac{3}{2}$.

故所求椭圆方程为 $\dfrac{3x^2}{2}+\dfrac{y^2}{2}=1$ 和 $\dfrac{x^2}{2}+\dfrac{3y^2}{2}=1$.

## 第三节　基于简洁美寻求解题捷径

德国数学家希尔伯特也曾指出:"把证明的简单性和严格性决然对立起来是错误的.严格的方法同时也是比较简单、比较容易理解的方法."简洁美在数学解题中的作用是不可替代的,是一种能够直接地反映客观世界并能改变人们所处世界的科学美.正如数学家解决实际问题、探求美的境界、讲求简易的定律一样,探索数学问题的求解,利用简洁美可以启迪我们很多解题策略与路径.

### 一、优化解法求简

**例 7.17**　解不等式 $\sqrt{3\log_a x - 2} < 2\log_a x - 1 (a > 0, a \neq 1)$.

**分析**　本题用代数法求解有一定的难度,如运用图象,则使问题变得简洁明了,具体直观,避免了代数法繁琐的计算过程.

不妨令 $t = \log_a x$,在同一坐标系中作函数 $y = \sqrt{3t-2}$ 及 $y = 2t-1$ 的图象(草图即可).解方程 $\sqrt{3t-2} = 2t-1$,得 $t_1 = \dfrac{3}{4}, t_2 = 1$.

由方程的解,结合图象(见图 7.5)可知,$\sqrt{3t-2} < 2t-1$ 的解为 $\dfrac{2}{3} \leqslant t < \dfrac{3}{4}$ 或 $t > 1$,即 $\dfrac{2}{3} \leqslant \log_a x < \dfrac{3}{4}$ 或 $\log_a x > 1$.

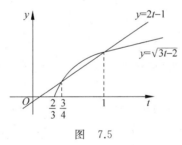

图　7.5

当 $0 < a < 1$ 时,$a^{\frac{3}{4}} < x \leqslant a^{\frac{2}{3}}$ 或 $0 < x < a$;当 $a > 1$ 时,$a^{\frac{2}{3}} \leqslant x < a^{\frac{3}{4}}$ 或 $x > a$.

所以,不等式的解集为当 $0 < a < 1$ 时,$x \in \left( a^{\frac{3}{4}}, a^{\frac{2}{3}} \right] \bigcup (0, a)$;当 $a > 1$ 时,$x \in \left[ a^{\frac{2}{3}}, a^{\frac{3}{4}} \right) \bigcup (a, +\infty)$.

**例 7.18**　是否存在常数 $a$、$b$、$c$,使得等式

$$1 \times 2^2 + 2 \times 3^2 + \cdots + n(n+1)^2 = \frac{n(n+1)}{12} \times (an^2 + bn + c)$$

对一切正自然数 $n$ 都成立? 并证明你的结论.

**分析**　本题可以着眼于通项,将通项拆成多个数列的通项和,利用现成的求和公式或累加方法再求和.事实上,$n(n+1)^2 = n(n+1)(n+2) - n(n+1)$,联想到组合数公式 $n(n+$

$1)(n+2)=6C_{n+2}^3, n(n+1)=2C_{n+1}^2$,则

$$\text{左边}=6(C_3^3+C_4^3+\cdots+C_{n+2}^3)-2(C_2^2+C_3^2+\cdots+C_{n+1}^2)$$
$$=6(C_4^4+C_4^3+\cdots+C_{n+2}^3)-2(C_3^3+C_3^2+\cdots+C_{n+1}^2)$$
$$=6C_{n+3}^4-2C_{n+2}^3$$
$$=\frac{1}{12}n(n+1)(3n^2+11n+10).$$

比较系数得 $a=3, b=11, c=10$,等式对一切 $n \in \mathbf{N}_+$ 成立.其中 $C_3^3$ 换成 $C_4^4$, $C_2^2$ 换成 $C_3^3$ 无不渗透着美的印记.

## 二、紧抓关键求简

**例 7.19** 求 $\left(x+\dfrac{1}{x}+y+\dfrac{1}{y}\right)^6$ 展开式中 $xy$ 项的系数.

**分析** 因为 $x$、$y$ 次数均为 1,所以原式可化为

$$\left(x+\frac{1}{x}+y+\frac{1}{y}\right)^6=\left[(x+y)\left(1+\frac{1}{xy}\right)\right]^6=(x+y)^6\left(1+\frac{1}{xy}\right)^6,$$

$(x+y)^6$ 的通项为 $T_{r_1+1}=C_6^{r_1}x^{6-r_1}y^{r_1}$,

$\left(1+\dfrac{1}{xy}\right)^6$ 的通项为 $T_{r_2+1}=C_6^{r_2}\left(\dfrac{1}{xy}\right)^{r_2}=C_6^{r_2}\dfrac{1}{x^{r_2}y^{r_2}}$,

$$T_{r_1+1} \cdot T_{r_2+1}=C_6^{r_1}C_6^{r_2}x^{6-r_1-r_2}y^{r_1-r_2}.$$

令 $6-r_1-r_2=1; r_1-r_2=1$,解得,$r_1=3, r_2=2$.

将 $r_1$、$r_2$ 代入上式可知 $xy$ 项的系数为 300.

简洁美在这道题目中的应用很巧妙,从要解决的问题中抓住关键,厘清关系,使问题很快获得解决.

**例 7.20** 如图 7.6 所示,在长方形 $ABCD$ 中,$AB=2, BC=1, E$ 为 $DC$ 边的中点,$F$ 为线段 $EC$(端点除外)上一动点.现将 $\triangle AFD$ 沿 $AF$ 折起,使平面 $ABD \perp$ 平面 $ABC$.在平面 $ABD$ 内过点 $D$ 作 $DK \perp AB, K$ 为垂足.设 $AK=t$,求 $t$ 的取值范围.

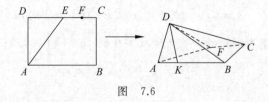

图 7.6

**分析** 本题是立体几何中的一道翻折问题,由于 $F$ 点在线段 $EC$ 上运动,导致 $K$ 点在线段 $AB$ 上运动.此题线面位置关系相对复杂,解答此题时往往感到无从下手.一旦方法不当,计算将会十分复杂.但本题若能从数学简洁美的特点去分析,把复杂的空间图形复原回简单的平面图形,就不难发现此题的简便解法.

在空间立体图即四棱锥 $D-ABCF$ 中,过点 $K$ 作 $KG \perp AF$,垂足为 $G$,连结 $DG$,则有

$DG \perp AF$.若再将此立体图即四棱锥 $D—ABCF$ 复原为矩形 $ABCF$,则有三点 $D$、$G$、$K$ 共线,从而在矩形 $ABCD$ 中,点 $K$ 是过点 $D$ 的 $AF$ 的垂线与 $AB$ 的交点,因此,由点 $F$ 的变化不难得点 $K$ 的变化范围,$t$ 的取值范围是 $\left(\dfrac{1}{2},1\right)$.

这种解法抓住了问题的本质,解题过程简洁、透彻,给人一种美的享受.

### 三、立足整体求简

**例 7.21**　已知边长为 $a$ 的正方形 $ABCD$ 内接于 $\odot O$,分别以正方形的各边为直径向正方形外作半圆,求四个半圆与 $\odot O$ 的四条弧围成的四个新月形的面积.

**分析**　题中图形很耀眼,视觉的"对比度"强烈,如图 7.7 所示,容易把学生的思路引向"阴影部分"是一个新月形面积的四倍,而新月形面积等于半圆面积减去弓形面积,弓形面积等于扇形面积减去三角形面积,计算十分繁琐.若把阴影部分视为一个整体,这个整体是四个半圆面积加上正方形面积减去圆形的面积,这样的解法充分体现了整体思想的深刻内涵.

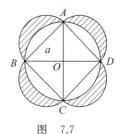

图　7.7

**例 7.22**　解不等式 $\dfrac{1}{2} < \dfrac{x^3+2x+3}{2x^3+x+1} < 3$.

**分析**　按常规思路应将连环不等式转化为不等式组求解,但较繁琐.而若把 $\dfrac{x^3+2x+3}{2x^3+x+1}$ 作为一个整体,把 $\dfrac{1}{2}$、$\dfrac{x^3+2x+3}{2x^3+x+1}$、$3$ 看作数轴上的三点 $A$、$P$、$B$,则由定比分点公式知 $P$ 分 $\overrightarrow{AB}$ 所成的比 $\lambda > 0$,即 $\lambda = \dfrac{\dfrac{x^3+2x+3}{2x^3+x+1} - \dfrac{1}{2}}{3 - \dfrac{x^3+2x+3}{2x^3+x+1}} > 0$,化简得 $(3x+5)x > 0$,故 $x \in \left(-\infty, -\dfrac{5}{3}\right) \cup (0, +\infty)$.

## 第四节　基于和谐美获取解题灵感

法国著名数学家亨利·庞加莱指出:"在解题中,在证明中,给我们以美感的东西是什么呢? 是各部分的和谐,是它们的对称,是它们的巧妙、平衡."数学中的和谐美又称统一美,是指部分与部分、部分与整体之间的统一与协调.数学推理的严谨性和无矛盾性也是和谐性的一种体现.任何的数学知识都是由内容和形式有机构成的,它们是一个相互融合的统一体,不可分割.具有和谐美的数学命题是一道在解题思路上具有指导意义的命题,它展现着数学美的魅力,让人们能够在清晰的解题思路和灵巧的解题技巧中感受与领略数学美的魅力.

### 一、等价变换中的和谐

对所给问题做必要的变换,努力让题设与结论靠得更近,是解题的一个基本主张.等价变换无疑是最简单、最容易操作的一种变换方式.

**例 7.23**　试证下列各式：

(1) $\sqrt[3]{2+\sqrt{5}}+\sqrt[3]{2-\sqrt{5}}=1$；

(2) $\sqrt[3]{5+2\sqrt{13}}+\sqrt[3]{5-2\sqrt{13}}=1$；

(3) $\sqrt[3]{1+\dfrac{2}{3}\sqrt{\dfrac{7}{3}}}+\sqrt[3]{1-\dfrac{2}{3}\sqrt{\dfrac{7}{3}}}=1$；

(4) $\sqrt[3]{5\sqrt{2}+7}+\sqrt[3]{5\sqrt{2}-7}=2$；

(5) $\sqrt[3]{\dfrac{27}{4}+\dfrac{15\sqrt{3}}{4}}+\sqrt[3]{\dfrac{27}{4}-\dfrac{15\sqrt{3}}{4}}=3$.

**分析**　仔细观察上述各式，它们似乎具有一种内在的规律（这从式子的左右结构和根号中的式子的结构可以看出），这促使我们放弃单个求证的作法，从寻求它们的统一规律入手.

**证法 1**　对(1)式左端根式中诸数设法进行配方，

$$左端=\sqrt[3]{\left(\dfrac{1}{2}+\dfrac{\sqrt{5}}{2}\right)^3}+\sqrt[3]{\left(\dfrac{1}{2}-\dfrac{\sqrt{5}}{2}\right)^3}=\left(\dfrac{1}{2}+\dfrac{\sqrt{5}}{2}\right)+\left(\dfrac{1}{2}-\dfrac{\sqrt{5}}{2}\right)=1.$$

这正是命题的实质所在，其余诸式采用此法也可证.

问题到这里还未完结，问题所显示的和谐美促使我们对其作更深入的探讨：抓住问题的本质，创造性地拟造更为广泛的命题.

注意到若 $\left(a+b\sqrt{c}\right)^3=A+B\sqrt{C}$，则 $\left(a-b\sqrt{c}\right)^3=A-B\sqrt{C}$，这里 $a$、$b$、$c$、$A$、$B$ 为有理数，$\sqrt{C}$ 为无理数，便有 $\sqrt[3]{A+B\sqrt{C}}+\sqrt[3]{A-B\sqrt{C}}=2a$.

更一般的结论是：若 $\left(a+b\sqrt{c}\right)^n=A+B\sqrt{C}$，则 $\left(a-b\sqrt{c}\right)^n=A-B\sqrt{C}$.

由此可制造如下命题：$\sqrt[n]{A+B\sqrt{C}}+\sqrt[n]{A-B\sqrt{C}}=2a$（当 $n$ 为偶数时，$A-B\sqrt{C}>0$）.

尽管我们通过对统一美的追求，超越了原来的题目，获得新的结论，是赏心悦目的，但对直接采用配方法解题的繁琐仍不令人满意，这又促使我们去寻求解题方法的简洁美.

**证法 2**　对(1)式，令 $x=\sqrt[3]{2+\sqrt{5}}+\sqrt[3]{2-\sqrt{5}}$，则 $x^3=-3\left(\sqrt[3]{2+\sqrt{5}}+\sqrt[3]{2-\sqrt{5}}\right)+4$，即 $x^3+3x-4=0$.

而 $x^3+3x-4=(x-1)(x^2+x+4)$，注意到 $x^2+x+4$ 的判别式 $\Delta<0$，无实根，则 $x^3+3x-4=0$ 仅有实根 1.又 $\sqrt[3]{2+\sqrt{5}}+\sqrt[3]{2-\sqrt{5}}$ 是实数，故它只能是 1.

其余各式采用这种方法，也都可以一样证出.

**例 7.24**　设 $x+y+z=0,xyz\neq0$，求 $x\left(\dfrac{1}{y}+\dfrac{1}{z}\right)+y\left(\dfrac{1}{z}+\dfrac{1}{x}\right)+z\left(\dfrac{1}{x}+\dfrac{1}{y}\right)$.

**分析**　为追求条件和结论的和谐统一，使原来轮换对称的结论趋于完美，我们可以在结论中构造出 $x+y+z$.具体地说，可以在结论的三项中分别加上 1，实现整体结构的高度统一，从而获得解题思路.

事实上,因为 $x+y+z=0,xyz\neq 0$,所以,

$$x\left(\frac{1}{y}+\frac{1}{z}\right)+y\left(\frac{1}{z}+\frac{1}{x}\right)+z\left(\frac{1}{x}+\frac{1}{y}\right)$$

$$=x\left(\frac{1}{x}+\frac{1}{y}+\frac{1}{z}\right)+y\left(\frac{1}{x}+\frac{1}{y}+\frac{1}{z}\right)+z\left(\frac{1}{x}+\frac{1}{y}+\frac{1}{z}\right)-\left(x\frac{1}{x}+y\frac{1}{y}+z\frac{1}{z}\right)$$

$$=(x+y+z)\left(\frac{1}{x}+\frac{1}{y}+\frac{1}{z}\right)-3=-3.$$

**例 7.25** 设 $a^2b^2\left(\dfrac{1}{b^2c^2}+\dfrac{1}{c^2d^2}+\dfrac{1}{d^2a^2}\right)-b^2c^2\left(\dfrac{1}{c^2d^2}+\dfrac{1}{d^2a^2}+\dfrac{1}{a^2b^2}\right)+c^2d^2\left(\dfrac{1}{d^2a^2}+\dfrac{1}{a^2b^2}+\right.$

$\left.\dfrac{1}{b^2c^2}\right)-d^2a^2\left(\dfrac{1}{a^2b^2}+\dfrac{1}{b^2c^2}+\dfrac{1}{c^2d^2}\right)=0$,求证:$ab+bc+cd+da$ 与 $ab+cd-bc-da$ 中至少有一个为 0.

**分析** 待证结论的实质是两式的积为 0,已知条件是一个复杂的分式,而这个复杂分式的四个部分有相似之处,若能将这个相似等价转化为相同,就能够实现解法的简洁.事实上,待证问题可转化为

$$(ab+bc+cd+da)(ab+cd-bc-da)=a^2b^2-b^2c^2+c^2d^2-d^2a^2=0.$$

不妨设 $\dfrac{1}{a^2b^2}+\dfrac{1}{b^2c^2}+\dfrac{1}{c^2d^2}+\dfrac{1}{d^2a^2}=k$,则 $k>0$.根据已知条件化简得

$$0=a^2b^2k-b^2c^2k+c^2d^2k-d^2a^2k=(a^2b^2-b^2c^2+c^2d^2-d^2a^2)k.$$

故 $a^2b^2-b^2c^2+c^2d^2-d^2a^2=0$,所以 $ab+bc+cd+da$ 与 $ab+cd-bc-da$ 中至少有一个为 0.

**例 7.26** 已知:$\sin A+\sin B+\sin C=0$,$\cos A+\cos B+\cos C=0$,求证:$\sin 3A+\sin 3B+\sin 3C=3\sin(A+B+C)$,$\cos 3A+\cos 3B+\cos 3C=3\cos(A+B+C)$.

**分析** 通过观察,已知和求证四个等式排列井然有序,显得极为和谐.凭直觉,如果贸然展开求证等式的任一边,都会破坏这种和谐的形式,引起极为复杂的运算.于是想到应另辟蹊径,通过联想,不难发现可构造复数.

不妨令 $z_1=\cos A+\mathrm{i}\sin A$,$z_2=\cos B+\mathrm{i}\sin B$,$z_3=\cos C+\mathrm{i}\sin C$,则由已知可以得到:

$$z_1+z_2+z_3=0,$$
$$z_1^3+z_2^3+z_3^3=(\cos 3A+\cos 3B+\cos 3C)+\mathrm{i}(\sin 3A+\sin 3B+\sin 3C),$$
$$z_1z_2z_3=\cos(A+B+C)+\mathrm{i}\sin(A+B+C).$$

故只需证明:$z_1^3+z_2^3+z_3^3=3z_1z_2z_3$.

事实上,由因式分解:

$$z_1^3+z_2^3+z_3^3-3z_1z_2z_3=(z_1+z_2+z_3)(z_1^2+z_2^2+z_3^2-z_1z_2-z_2z_3-z_3z_1)=0.$$

原式得证.

## 二、数形结合中的和谐

前面章节已多次提及数形结合.可以看出,数形结合在中学数学解题中常见常用,它使

得一些抽象的题目具体化、一些复杂的问题简单化,能够帮助我们较好地把握题目的本质.

**例 7.27**  方程 $|x^2-1|=k+1$,请讨论 $k$ 取不同范围的值时其不同解的个数.

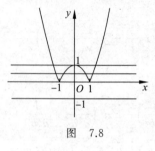

图  7.8

**分析**  通过观察,可把这个方程的根转化为函数 $y_1=|x^2-1|$ 与 $y_2=k+1$ 两个图象交点的个数.由于函数 $y=k+1$ 表示平行于 $x$ 轴的任意直线,函数 $y_1=|x^2-1|$ 可以先化成 $y_1=x^2-1$,根据二次函数画出 $y_1=x^2-1$ 的图象,进一步作出 $y_1=|x^2-1|$ 的图象,如图 7.8 所示.

(1) 当 $k<-1$ 时,$y_1$ 与 $y_2$ 没有交点,则原方程无解;

(2) 当 $k=-1$ 时,$y_1$ 与 $y_2$ 有两个交点,原方程有两个不同的解,分别是 $x=-1$ 与 $x=1$;

(3) 当 $-1<k<0$ 时,$y_1$ 与 $y_2$ 有四个交点,原方程不同解的个数有四个;

(4) 当 $k=0$ 时,$y_1$ 与 $y_2$ 有三个交点,原方程不同解的个数有三个;

(5) 当 $k>0$ 时,$y_1$ 与 $y_2$ 有两个交点,原方程不同解的个数有两个.

通过作图象,我们很容易看出 $k$ 在各种范围内取值时两个函数交点的个数,使解题的难度大大降低,提高了做题的速度.一般地,在方程当中出现字母,题目解决起来十分麻烦,如果尝试把它转化成二次函数,将二次函数和一次函数的图象同时在一个坐标系中画出,再通过 $k$ 的取值范围很快即可得出交点个数.所以在解类似题目时,可以尝试将复杂的问题转化成函数,再画出图象求解.

**例 7.28**  解不等式 $\dfrac{29-x-x^2}{5x+2}<1$.

**分析**  移项得 $\dfrac{29-x-x^2}{5x+2}-1<0$,通分得 $\dfrac{-x^2-6x+27}{5x+2}<0$,即 $\dfrac{(x-3)(x+9)}{5x+2}>0\Leftrightarrow(x+9)(5x+2)(x-3)>0$.

由数轴标根法可知(见图 7.9):原不等式的解为 $-9<x<-\dfrac{2}{5}$ 或 $x>3$.

**例 7.29**  解关于 $x$ 的不等式 $|\log_a(x+1)|>|\log_a(x-1)|(0<a<1)$.

**分析**  设 $f(x)=|\log_a(x+1)|$,$g(x)=|\log_a(x-1)|$.令 $f(x)=g(x)$,解得 $x=\sqrt{2}$.在同一坐标系中分别作出 $f(x)$ 和 $g(x)$ 在 $0<a<1$ 时的函数图象,如图 7.10 所示.

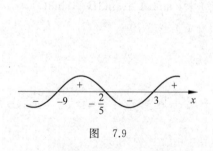

图  7.9

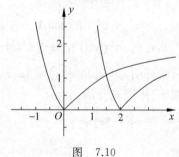

图  7.10

通过观察图象可知:当 $x=\sqrt{2}$ 时,$f(x)$ 和 $g(x)$ 的函数值相等;当 $x>\sqrt{2}$ 时,$f(x)>g(x)$;当 $x<\sqrt{2}$ 时,$f(x)<g(x)$.

从而可知,原不等式的解为 $x > \sqrt{2}$.

**例 7.30** 试从多个角度,用多种方法证明下列命题:若 $P$、$Q$ 分别是正方形 $ABCD$ 的边 $BC$ 及 $CD$ 上一点,且 $\angle BAP = \alpha$,$\angle PAQ = \beta$,又 $\tan\alpha + \tan\beta = 1$,则 $PA \perp PQ$.

**分析** 由数学的统一美出发,不妨从几何、解析几何、三角等不同角度加以考虑.

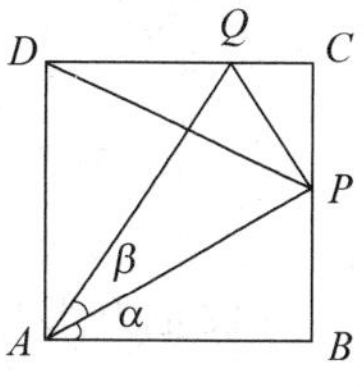

**几何方法** 如图 7.11 所示,$\tan\beta = 1 - \tan\alpha = 1 - \dfrac{PB}{AB} = \dfrac{PC}{AB} = \dfrac{PC}{CD} =$ $\tan\angle PDC$,所以 $\angle PDC = \beta$,从而 $P$、$Q$、$D$、$A$ 四点共圆,又 $\angle ADQ = 90°$ 知 $AQ$ 为直径,得 $PA \perp PQ$.

图 7.11

**解析几何方法** 在图 7.11 中,以 $A$ 为原点,以 $AB$、$AD$ 所在直线分别为 $x$、$y$ 轴,建立平面直角坐标系 $XAY$.不妨设正方形 $ABCD$ 的边长为 1,根据已知条件,结合两角和正切公式,可以求得点 $P$、$Q$ 的坐标分别为 $(1, \tan\alpha)$、$(1 - \tan\alpha\tan\beta, 1)$,于是 $k_{AP}k_{PQ} = \tan\alpha \cdot \dfrac{1 - \tan\alpha}{(1 - \tan\alpha\tan\beta) - 1} = \tan\alpha \cdot \dfrac{\tan\beta}{-\tan\alpha\tan\beta} = -1$,所以 $PA \perp PQ$.

**三角方法** 如图 7.11 所示,用三角式表示 $AP^2$、$AQ^2$ 和 $PQ^2$,可通过勾股定理的逆定理证明.仍设 $AB = 1$,于是有 $PB = \tan\alpha$,$AP^2 = 1 + \tan^2\alpha$,$DQ = \cot(\alpha + \beta) = 1 - \tan\alpha\tan\beta$,

$$1 = (\tan\alpha + \tan\beta)^2 = \tan^2\alpha + \tan^2\beta + 2\tan\alpha\tan\beta,$$

$$AQ^2 = AD^2 + DQ^2 = 1 + \tan^2\alpha + \tan^2\beta + \tan^2\alpha\tan^2\beta,$$

$$PQ^2 = CQ^2 + CP^2 = (\tan\alpha\tan\beta)^2 + (1 - \tan\alpha)^2 = \tan^2\beta + \tan^2\alpha\tan^2\beta,$$

所以 $AP^2 + PQ^2 = AQ^2$,所以 $PA \perp PQ$.

## 三、动静互易中的和谐

静止是相对的,运动才是绝对的.用运动变化、联系的观点解题是一种重要的解题策略.解题中,可运用矛盾转化的观点,视动态为静态,局部固定某些变量,以减少变元个数,达到解题的目的;也可视静态为动态,用运动的观点分析并解决问题,使已知与未知、条件与结论的联系变得更为明显,达到化难为易的目的.

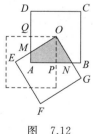

图 7.12

**例 7.31** 如图 7.12 所示,已知正方形 $OEFG$ 的一个顶点与正方形 $ABCD$ 的中心 $O$ 重合.如果两个正方形的边长都是 $a$,$OE$、$OG$ 分别交 $AD$、$AB$ 于点 $M$、$N$,求两个正方形重叠部分 $OMAN$(即阴影部分)的面积 $S$.

**分析** 整体上来看,图中是两个全等的正方形重叠部分,局部上来看是求四边形 $OMAN$ 的面积.可以把正方形 $OEFG$ 看成是运动状态的,形成的四边形 $OMAN$ 时刻在改变,要求四边形 $OMAN$ 的面积,则考虑到不受具体位置的影响,因而可以置于静态的情形加以考虑.

虚线正方形中,$OP \perp AB$ 交于 $P$,$OQ \perp AD$ 交于 $Q$,则 $S_{四边形APOQ} = \dfrac{a^2}{4}$.再回到局部,要求四边形 $OMAN$ 的面积,只需证 $\mathrm{Rt}\triangle OPN \cong \mathrm{Rt}\triangle OQM$,这样,解题思路和方向就清楚了.

**例 7.32** 若正方形 $ABCD$ 内一点 $P$ 到三顶点 $A$、$B$、$C$ 的距离之和的最小值为 $\sqrt{6} + \sqrt{2}$,

求正方形 $ABCD$ 的边长.

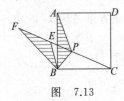

图 7.13

**分析** 本题若把图形看"死",用静止的观点审题则不好下手.若用运动的观点理解题意,则变得比较容易.事实上,将 $\triangle ABP$ 绕点 $B$ 旋转 $60°$ 到 $\triangle FBE$ 的位置,可知 $\triangle PEB$ 为正三角形,如图 7.13 所示.于是 $PA+PB+PC=EF+EP+PC$,当 $PA+PB+PC$ 最小时,必有 $F$、$E$、$P$、$C$ 四点共线,故在 $\triangle BFC$ 中,$FC=\sqrt{6}+\sqrt{2}$,$\angle FBC=150°$.

设正方形边长为 $a$,则由余弦定理得 $\left(\sqrt{6}+\sqrt{2}\right)^2=a^2+a^2-2a^2\cos150°$,解得正方形边长 $a=2$.

**例 7.33** 如图 7.14 所示,边长为 $2a$ 的正 $\triangle ABC$(顶点按顺时针方向排列)的顶点 $A$、$B$ 分别在 $x$ 轴和 $y$ 轴上移动.求顶点 $C$ 到原点 $O$ 的距离 $d$ 的最大值和最小值.

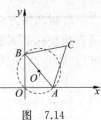

图 7.14

**分析** 可把动 $\triangle ABC$ 看作相对定点 $O$ 不动,而点 $O$ 相对 $\triangle ABC$ 运动,此时,点 $O$ 运动的轨迹为以 $AB$ 为直径的圆.问题就转化为求点 $C$ 到该圆上的点的距离的最大值和最小值.

事实上,将 $\triangle ABC$ 固定,原点 $O$ 相对 $\triangle ABC$ 运动,其轨迹是以 $AB$ 为直径的圆.设其圆心为 $O'$,半径为 $a$,则 $|CO'|=\sqrt{3}a$,由平面几何知识得 $d_{\max}=\left(\sqrt{3}+1\right)a$,$d_{\min}=\left(\sqrt{3}-1\right)a$.

**例 7.34** 直线 $m:y=kx+2k+1$ 与直线 $l:2x+y-4=0$ 的交点在第一象限内,求 $k$ 的值.

**分析** 本题拿到手,一般人的思维方式是将所给两直线方程联立,求得交点 $\left(\dfrac{3-2k}{k+2},\dfrac{8k+2}{k+2}\right)$,再解不等式 $\dfrac{3-2k}{k+2}>0$ 及 $\dfrac{8k+2}{k+2}>0$,这个运算量比较大.如果我们从动态的角度看待题意,把直线 $m$ 看作围绕点 $Q(-2,1)$ 旋转的一束直线(即动直线),直线 $l$ 是过 $A(0,4)$、$B(2,0)$ 的定直线,现要求两直线交点在第一象限,如图 7.15 所示,即交点 $P$ 只能在开线段 $AB$ 上运动,动直线 $QP$ 的斜率 $k$ 满足 $k_{QA}<k<k_{QB}$,易求 $k_{QA}=-\dfrac{1}{4}$,$k_{QB}=\dfrac{3}{2}$,所以 $-\dfrac{1}{4}<k<\dfrac{3}{2}$.

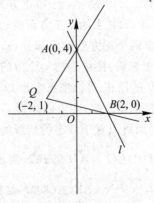

图 7.15

**例 7.35** 已知椭圆 $\dfrac{x^2}{a^2}+\dfrac{y^2}{b^2}=1(a>b>0)$，$A$、$B$ 是椭圆上的两点，线段 $AB$ 的垂直平分线与 $x$ 轴相交于点 $P(x_0,0)$. 求证: $-\dfrac{a^2-b^2}{a}<x_0<\dfrac{a^2-b^2}{a}$.

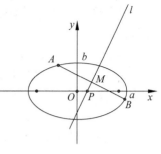

图 7.16

**分析** 如图 7.16 所示，$A$、$B$ 是椭圆上两动点，设弦 $AB$ 的中点为 $M$，其横坐标属于椭圆方程中 $x$ 的取值集 $(-a,a)$. "动"中窥"定"，联想 $k_{AB}\cdot k_{OM}=-\dfrac{b^2}{a^2}$ 为定值，于是设法找出 $x_0$ 与点 $M$ 横坐标的联系. 对解题目标有了明确、具体的认识，新颖、简洁的证法便油然而生了.

设 $AB$ 的中点为 $M$，$AB$ 的垂直平分线为 $l:y=k(x-x_0)$.

因为 $l$ 与 $x$ 轴相交，$k\neq0$，$k_{AB}=-\dfrac{1}{k}$. 所以，$k_{OM}\cdot k_{AB}=-\dfrac{b^2}{a^2}$，$k_{OM}=-\dfrac{b^2}{a^2}\cdot\dfrac{1}{k_{AB}}=\dfrac{kb^2}{a^2}$.

$OM$ 的方程为 $y=\dfrac{kb^2}{a^2}x$，代入 $l$ 直线方程，得 $\dfrac{kb^2}{a^2}x=k(x-x_0)\Rightarrow x=\dfrac{a^2}{a^2-b^2}x_0$，为点 $M$ 的横坐标. 因为点 $M$ 在椭圆 $\dfrac{x^2}{a^2}+\dfrac{y^2}{b^2}=1$ 内，所以 $-a<\dfrac{a^2}{a^2-b^2}x_0<a$，即 $-\dfrac{a^2-b^2}{a}<x_0<\dfrac{a^2-b^2}{a}$.

## 四、机理技巧中的和谐

通俗地说，机理指的是事物作为一个整体，其内在运行或工作的规律性. 技巧，则是指某一基本方法在实际运行或工作过程中的灵巧运用. 正如庖丁解牛一般，掌握解题，意味着通透其内在规律性. 在许多数学问题的解题过程中，我们要从整体上把握题设与结论，既要注意条件限制，又要联系结论的要求. 当我们掌握其中的规律，就能做到技术纯熟神妙，解题得心应手.

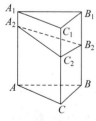

图 7.17

**例 7.36** 已知直三棱柱 $ABC-A_1B_1C_1$，用一平面截此三棱柱，得截面 $\triangle A_2B_2C_2$，且 $AA_2=h_1$，$BB_2=h_2$，$CC_2=h_3$，如图 7.17 所示. 若三棱柱底面 $\triangle ABC$ 的面积为 $S$，求证:介于截面与下底面之间的几何体体积为 $V=\dfrac{1}{3}S(h_1+h_2+h_3)$.

**分析** 本题的常规解法是割补法，解题较繁. 我们从整体入手，考虑直接证法. $C_1$、$C_2$ 到平面 $AA_1B_1B$ 的距离均相等，设为 $h$，显然 $h$ 又是 $\triangle ABC$ 中 $AB$ 上的高. 故 $V=V_{C_2-ABC}+V_{C_2-ABB_2A_2}=\dfrac{1}{3}Sh_3+\dfrac{1}{3}S_{ABB_2A_2}\cdot h=\dfrac{1}{3}Sh_3+\dfrac{1}{3}\cdot\dfrac{h_1+h_2}{2}\cdot AB\cdot h$.

将 $\dfrac{1}{2}AB\cdot h=S$ 代入上式，得 $V=\dfrac{1}{3}S(h_1+h_2+h_3)$.

**例 7.37** 已知一双曲线过原点,实轴长为 2,它的一个焦点为 $F_1(4,0)$,求该双曲线中心的轨迹方程.

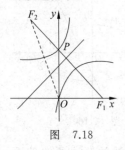

图 7.18

**分析** 题设给定双曲线的一个焦点和一支上的一个特殊点,如果仅用这些条件,按常规方法很难求得中心的轨迹方程.但若整体考虑所给双曲线及两焦点与中心的位置关系,再利用原点在曲线上,则解题思路豁然开朗.

事实上,由 $|OF_2| - |OF_1| = \pm 2a = \pm 2$,如图 7.18 所示,设双曲线中心为 $P(x,y)$,则另一焦点为 $F_2(2x-4,2y)$. $\sqrt{(2x-4)^2+(2y)^2} - 4 = \pm 2$,化简得 $(x-2)^2+y^2 = 9$,或 $(x-2)^2+y^2 = 1$.

**例 7.38** 如图 7.19 所示,给出表甲和表乙两个数组,若将表甲中相邻的两个小方格(指有公共边的两个小方格)中的数都加上或减去同一个数,称作一次操作,问经过若干次操作之后,能否将表甲变成表乙? 若能,请写出一种操作过程;若不能,请说明理由.

  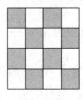

表甲 　　　 表乙

图 7.19 　　　　 图 7.20

**分析** 如图 7.20 所示,首先将 $4 \times 4$ 方格表黑白染色.按题设的操作规则,每次操作都使一个黑格与相邻的白格中的数同时增加或减少一个数,它们的差不变,因此,每次操作后 8 个黑格所填数之和与 8 个白格所填数之和的差值是不变的.

表甲黑格数之和为 $0+5+2+7+8+5+0+6=33$,白格数之和为 $1+4+3+6+4+5+2+4=29$,它们的差为 $33-29=4$,这个值在操作过程中不会发生变化,而表乙中黑格填数总和与白格填数总和的差为 $2-2=0(\neq 4)$.

由于每次操作使黑格与相邻的白格中的数同时增加或减少一个数,它们的差不变,故可推知无论经过多少次操作,都不能将表甲变为表乙.

## 第五节　基于奇异美突破解题常规

著名数学家徐利治教授说:"奇异是一种美,奇异到极处更是一种美."由于现实生活中的客观实体为数学创造了良好的模型,因此数学的结构在一定的领域内具有相对的稳定性.奇异性是指对这种稳定性的破坏,当然这种"破坏"是美学中的新思想、新理论、新方法对原有习惯的一种美的突破.奇异性包含着新颖和出乎意料的含义,也就是说,那些被称为奇异的事物所引起的不仅是赞叹,而且是惊愕和诧异.

在解决数学问题中的奇思妙想,有时让人拍案叫绝,这也构成了数学解题的奇异美,也同样是数学解题的魅力所在.某些数学问题若能抓住其"个性",往往能获得出人意料的解法.

**例 7.39**　解方程:

(1) $\sqrt{x-1}+y^2=4-\dfrac{1}{\sqrt{1-x}}-\dfrac{1}{y^2}$;

(2) $\sqrt{2+\sqrt{x}}=x-2$.

**分析**　在(1)中移项,则有 $\left(\sqrt{x-1}+\dfrac{1}{\sqrt{x-1}}\right)+\left(y^2+\dfrac{1}{y^2}\right)=4.$

因为,$\sqrt{x-1}+\dfrac{1}{\sqrt{x-1}}\geqslant 2$,仅当 $\sqrt{x-1}=1$ 时取等号;$y^2+\dfrac{1}{y^2}\geqslant 2$,仅当 $y^2=1$ 时取等号.所以,原方程 $\sqrt{x-1}+\dfrac{1}{\sqrt{x-1}}+y^2+\dfrac{1}{y^2}\geqslant 4$,等价于 $\sqrt{x-1}=1$ 且 $y^2=1$,从而原方程的解为 $x=2,y=\pm 1$.

在(2)中,令 $2=y$,解关于 $y$ 的无理方程 $\sqrt{y+\sqrt{x}}=x-y$,得 $(y-x+\sqrt{x})(y-x-\sqrt{x}-1)$,即 $y=x-\sqrt{x}$ 及 $y=x+\sqrt{x}+1$.

由 $x-\sqrt{x}=2$ 得,$x=4$;由 $x+\sqrt{x}+1=2$ 得,$x=\left(\dfrac{\sqrt{5}-1}{2}\right)^2$.

但 $x-2\geqslant 0$.所以,所求的解为 $x=4$.

对于方程(1)、(2),用常规解法比较繁难,但解方程(1)时运用了重要不等式的性质,解方程(2)时却构造了一个关于 $y$ 的方程,两种方法都可谓"出奇制胜".这种新颖独特的方法富于创造性,往往让人惊叹不已.

**例 7.40**　求证:$\dfrac{a^2(x-b)(x-c)}{(a-b)(a-c)}+\dfrac{b^2(x-a)(x-c)}{(b-a)(b-c)}+\dfrac{c^2(x-a)(x-b)}{(c-a)(c-b)}=x^2$(其中 $a$、$b$、$c$ 互不相等).

**分析**　用常规方法证明需要通分,做多项式的乘法,过程比较复杂.倘若我们用审美的眼光观察,会发现 $a$、$b$、$c$ 是轮换对称的,这种对称美的发现会诱发创造性思维.

不难发现 $x$ 取值 $a$、$b$、$c$ 都满足等式,将等式视为一元二次方程,它只能有两个不相等的根,因此原等式一定是一个恒等式.

本题是例 1.26 的变式,这个证明不循常规,你能有一种美的享受.

**例 7.41**　已知 $\dfrac{\cos^4\alpha}{\cos^2\beta}+\dfrac{\sin^4\alpha}{\sin^2\beta}=1$,求证 $\dfrac{\cos^4\beta}{\cos^2\alpha}+\dfrac{\sin^4\beta}{\sin^2\alpha}=1$.

**分析**　本题的解答方法比较多,大多采用三角函数恒等变形的方法,做起来比较繁琐.本题若是能跳出三角函数恒等变形的圈子,而改用代数变换,证明则显得非常简捷.

事实上,设 $\sin^2\alpha=x$,$\sin^2\beta=y(x,y\in(0,1))$,则原式变为

$$\dfrac{x^2}{y}+\dfrac{(1-x)^2}{1-y}=1 \qquad\qquad ①$$

则 $x^2(1-y)+y(1-x)^2=y(1-y)$.所以,$(x-y)^2=0$,$x=y$.

由此可见,①式可改写为 $\dfrac{y^2}{x}+\dfrac{(1-y)^2}{1-x}=1$,然后再把它代入所设即得 $\dfrac{\cos^4\beta}{\cos^2\alpha}+\dfrac{\sin^4\beta}{\sin^2\alpha}=1.$

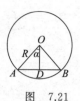

图　7.21

**例 7.42**　证明二倍角的正弦公式：$\sin2\alpha = 2\sin\alpha\cos\alpha$.

**分析**　证明二倍角的正弦公式有多种方法，这里给出一种"无字证明"，即构造图形，赋予图形适当的背景进行证明，如图 7.21 所示.

由 $S_{\triangle AOB} = \dfrac{1}{2} \times R^2 \times \sin2\alpha = \dfrac{1}{2} \times AB \times OD = \dfrac{1}{2} \times 2R\sin\alpha \times R\cos\alpha$，可得 $\sin2\alpha = 2\sin\alpha\cos\alpha$.

**例 7.43**　求证：$2(a^2 + b^2) \geqslant (a+b)^2$.

**分析**　同样采用"无字证明"的方法构造图形加以证明.如图 7.22 所示，显然有 $2(a^2 + b^2) \geqslant (a+b)^2$，可变形为 $\sqrt{\dfrac{a^2+b^2}{2}} \geqslant \dfrac{a+b}{2}$，$a^2 + b^2 \geqslant 2ab$，$a + b \geqslant 2\sqrt{ab}$.类似地，可以用图 7.23 证明不等式.作正方形 $ABCD$ 和 $BEFG$，连结 $AC$，连结 $EG$ 并延长与 $AC$ 交于 $H$，设 $AB = a$，$BE = b$，由 $S_{\triangle ABC} + S_{\triangle BEG} \geqslant S_{\triangle AEH}$ 得 $\dfrac{1}{2}(a^2 + b^2) \geqslant \left(\dfrac{a+b}{2}\right)^2$.图 7.23 可看作是图 7.22 转化而来，本质上是一样的.

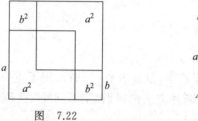

图　7.22

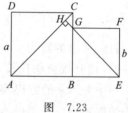

图　7.23

**例 7.44**　某轮船公司每天中午有一艘轮船从哈佛开往纽约，并且在每天的同一时间也有一艘轮船从纽约开往哈佛.船在途中所花的时间，来去都是 7 昼夜.问今天中午从哈佛开出的轮船，在整个航运途中会遇到几艘同一公司的轮船从对面开来？

**分析**　采用特别的图示法，会收到意想不到的解题效果.在平面上，$x$ 轴表示时间，$y$ 轴表示地点，以原点代表哈佛，$y$ 轴上任取一点代表纽约，如图 7.24 所示.那么，轮船的时间 — 位置曲线就是两组平行线，粗黑线表示从哈佛开往纽约的一艘轮船的时间 — 位置曲线，因为它与另一组平行线相交 15 次.所以，这艘轮船将遇到 15 艘同一公司的轮船，其中两艘是开出哈佛与到达纽约遇到的，其余 13 艘是在海上遇到的.

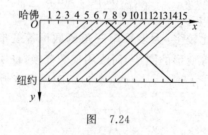

图　7.24

**例 7.45**　已知 $a$、$b$、$c$、$d$、$e$ 是满足 $a + b + c + d + e = 8$ 且 $a^2 + b^2 + c^2 + d^2 + e^2 = 16$ 的实数，试求 $e$ 的取值范围.

**分析**　这是一道美国中学生数学竞赛试题.由已知条件可知，$e$ 值的大小决定于 $a$、$b$、$c$、$d$

的取值.考虑到题目条件的对称性,我们没有充足的理由说明当 $e$ 取最大值时,$a$、$b$、$c$、$d$ 的取值有什么不同.一般我们采用两种方法,一是把诸元平等看待而用平均值转换元求解;二是可以采用突出某元的方法逐步消元求解.这里略去这两种方法的解题过程,介绍另一种使用方差求解的特别方法,非常巧妙地很快获得问题的答案.不妨设 $X$ 的分布列为 $\begin{bmatrix} a & b & c & d \\ \frac{1}{4} & \frac{1}{4} & \frac{1}{4} & \frac{1}{4} \end{bmatrix}$,

则 $E(X) = \dfrac{8-e}{4}$,$E(X^2) = \dfrac{16-e^2}{4}$.又 $E(X) - E(X^2) \geqslant 0$,

故有 $\dfrac{16-e^2}{4} \geqslant \dfrac{(8-e)^2}{16}$,解不等式可得 $e$ 的取值范围为 $\left[0, \dfrac{16}{5}\right]$.

**例 7.46**　已知 $x \in \left[0, \dfrac{\pi}{2}\right]$,求证:$\dfrac{4 + \sin 2x}{1 + \sqrt{2}\sin\left(x + \dfrac{\pi}{4}\right)} \geqslant 2$.

**分析**　对于一类涉及 0 至 1 的不等式,常可考虑利用概率性质 $0 \leqslant P(A) \leqslant 1$ 及加法公式 $P(A+B) = P(A) + P(B) - P(AB)$ 来证,关键是求证式要符合概率加法公式的基本形式.整理原式得 $\dfrac{4 + 2\sin x\cos x}{1 + \sin x + \cos x} \geqslant 2$.由条件知 $0 \leqslant \sin x \leqslant 1, 0 \leqslant \cos x \leqslant 1$,所以只需证 $2 + \sin x\cos x \geqslant 1 + \sin x + \cos x$,即只需证 $\sin x + \cos x - \sin x\cos x \leqslant 1$,故可利用概率模型来证(当然可以用 $(\sin x - 1)(\cos x - 1) \geqslant 0$ 证明.这里重在介绍构造概率模型解题的奇异与独特).

不妨设两独立事件 $A$ 和 $B$,且 $P(A) = \sin x$,$P(B) = \cos x$,则 $P(A+B) = P(A) + P(B) - P(AB) = \sin x + \cos x - \sin x\cos x \leqslant 1$,

所以 $2 + \sin x\cos x \geqslant 1 + \sin x + \cos x$.

因为 $x \in \left[0, \dfrac{\pi}{2}\right]$,$\sin x \geqslant 0, \cos x \geqslant 0$,所以 $\dfrac{4 + 2\sin x\cos x}{1 + \sin x + \cos x} \geqslant 2$,故 $\dfrac{4 + \sin 2x}{1 + \sqrt{2}\sin\left(x + \dfrac{\pi}{4}\right)} \geqslant 2$.

## 第六节　基于数学文化激发解题活力

通俗地说,数学文化是指数学的思想、精神、方法、观点,以及它们的形成和发展;广泛地说,除上述内涵外,还包含数学家、数学史、数学美、数学教育、数学发展中的人文成分、数学与社会的联系、数学与各种文化的关系,等等.近年来,与数学文化相关的数学问题经常出现在高考题、中考题中.在解题中关注数学文化的渗透具有一定的现实意义.

### 一、与数学名著相关联

古今中外,数学名著中都蕴含着大量深刻的数学思想,解决这类问题时我们能够感受到千百年前古人对数学的探究方法,以及其中的数学精神.

**例 7.47**　我国古代数学名著《数书九章》中有"天池盆测雨"题:在下雨时,用一个圆台形的天池盆接雨水.天池盆盆口直径为二尺八寸,盆底直径为一尺二寸,盆深一尺八寸.若盆中积水深九寸,则平地降雨量是_____寸(注:①平地降雨量等于盆中积水体积除以盆口面积;②一尺等于十寸).

**分析**    本题主要考查空间线面关系、几何体的体积等知识,考查数形结合、化归与转化的数学思想,以及空间想象能力、推理论证能力和运算求解能力.由题意得到盆中水面的半径,利用圆台的体积公式求出水的体积,用水的体积除以盆的上底面面积即可得到答案.

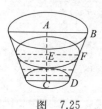
图    7.25

如图 7.25 所示,由题意可知,天池盆上底面半径为 14 寸,下底面半径为 6 寸,高为 18 寸.因为积水深 9 寸,所以水面半径为 $\frac{1}{2} \times (14+6) = 10$(寸),则盆中水的体积为 $\frac{1}{3} \pi \times 9 \times (6^2 + 10^2 + 6 \times 10) = 588\pi$(立方寸).所以平地降雨量等于 $\frac{588\pi}{\pi \times 14^2} = 3$(寸).

**例7.48**    公元前 3 世纪,古希腊欧几里得在《几何原本》里提出:"球的体积($V$)与它的直径($D$)的立方成正比",此即 $V = kD^3$,欧几里得未给出 $k$ 的值.17 世纪,日本数学家们对求球的体积的方法还不了解,他们将体积公式 $V = kD^3$ 中的常数 $k$ 称为"立圆率"或"玉积率".类似地,对于等边圆柱(轴截面是正方形的圆柱)、正方体也可利用公式 $V = kD^3$ 求体积(在等边圆柱中,$D$ 表示底面圆的直径;在正方体中,$D$ 表示棱长).假设运用此体积公式求得球(直径为 $a$)、等边圆柱(底面圆的直径为 $a$)、正方体(棱长为 $a$)的"玉积率"分别为 $k_1$、$k_2$、$k_3$,求 $k_1 : k_2 : k_3$.

**分析**    本题考查了球、圆柱、正方体的体积计算公式、类比推理等,难度不大.事实上,因为 $V_1 = \frac{4}{3}\pi R^3 = \frac{4}{3}\pi \left(\frac{a}{2}\right)^3 = \frac{\pi}{6}a^3 \Rightarrow k_1 = \frac{\pi}{6}$,$V_2 = \pi R^2 a = \pi \left(\frac{a}{2}\right)^2 a = \frac{\pi}{4}a^3 \Rightarrow k_2 = \frac{\pi}{4}$,$V_3 = a^3 \Rightarrow k_3 = 1$,故 $k_1 : k_2 : k_3 = \frac{\pi}{6} : \frac{\pi}{4} : 1$.

## 二、与数学名题相关联

以数学史中的著名问题为背景的考题,是对数学文化的一种延续,同时也能让我们更加深刻地体会数学知识的本质.

**例7.49**    《歌词古体算题》记载了中国古代的一道在数学史上名扬中外的"勾股容圆"名题,其歌词为:"十五为股八步勾,内容圆径怎生求? 有人算得如斯妙,算学方为第一筹."其中提出的数学问题是这样的:今有股长 15 步、勾长 8 步的直角三角形,试求其内切圆的直径.

**分析**    根据题意画出图形,如图 7.26 所示,观察发现直角三角形的内切圆半径恰好是直角三角形内三个三角形的高,因而可以通过面积 $S_{\triangle ABC} = S_{\triangle AOB} + S_{\triangle BOC} + S_{\triangle AOC}$ 求得内切圆的半径.事实上,$\frac{1}{2}AB \cdot BC = \frac{1}{2}(AB + BC + AC)r$,所以 $r = \frac{AB \cdot BC}{AB + BC + AC} = 3$.

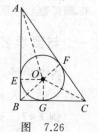
图    7.26

**例 7.50**　"三等分角"是古希腊几何尺规作图当中的名题，和化圆为方、倍立方问题并列为古代数学的三大难题，而如今数学上已证实这个问题无解，数学家普斯借助函数给出一种"三等分角"的方法．

（1）探究——如图 7.27 所示，已知矩形 $PQRM$ 的顶点 $P$、$R$ 都在函数 $y=\dfrac{1}{x}(x>0)$ 的图象上，试证明：点 $Q$ 必在直线 $OM$ 上；

（2）应用——如图 7.28 所示，将给定的锐角 $\angle AOB$ 置于直角坐标系中，边 $OB$ 在 $x$ 轴上，边 $OA$ 与函数 $y=\dfrac{1}{x}(x>0)$ 的图象交于点 $P$，以 $P$ 为圆心，以 $2OP$ 为半径作弧交图象于点 $R$，分别过点 $P$ 和 $R$ 作 $x$ 轴、$y$ 轴的平行线，两直线交于点 $M$、点 $Q$，连结 $OM$，则 $\angle MOB=\dfrac{1}{3}\angle AOB$，请用所学的知识证明：$\angle MOB=\dfrac{1}{3}\angle AOB$．

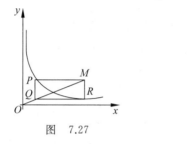　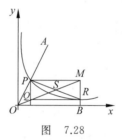

图　7.27　　　　　　图　7.28

**分析**　本题借助于"三等分角"数学名题出题，立意新颖．试题考查的是反比例函数综合题，熟知反比例函数图象上点的坐标特点及矩形的性质是解答此题的关键．

（1）延长 $PQ$ 交 $x$ 轴于点 $H$，设点 $P\left(a,\dfrac{1}{a}\right)$、$R\left(b,\dfrac{1}{b}\right)$，则 $Q\left(a,\dfrac{1}{b}\right)$、$M\left(b,\dfrac{1}{a}\right)$，又 $\tan\angle QOH=\dfrac{QH}{OH}=\dfrac{1}{ab}$，$\tan\angle MOB=\dfrac{MB}{OB}=\dfrac{1}{ab}$，由 $\tan\angle QOH=\tan\angle MOB$ 即可得出结论；

（2）根据 $PR=2OP$，$PR=2PS$，得出 $OP=PS$，$\angle PSO=\angle POS$．再由 $\angle PSO=2\angle PMO$，$\angle PMO=\angle MOB$ 可得出结论．

## 三、与数学名人相关联

在世界数学的发展史中，有许多著名的数学家，他们给人类留下了非常丰富的精神财富，引入他们发现的数学名题，感受他们追求真理的伟大创举，可以激发我们对数学的热情．

**例 7.51**　我国齐梁时代的数学家祖暅（公元前 6—前 5 世纪）提出了一条原理："幂势既同，则买家不容异．"这句话的意思是：夹在两个平行平面间的两个几何体，被平行于平面的任何平面所截，如果截得的两个截面的面积总是相等，那么这两个几何体的体积相等．设由椭圆 $x^2+\dfrac{y^2}{4}=1$ 所围成的平面图形绕 $y$ 轴旋转一周得到的几何体（成为椭球体）体积为 $V_1$：由直线 $y=\pm 2x$，$x=\pm 1$ 所围成的平面图形（如图 7.29 阴影部分所示）绕 $y$

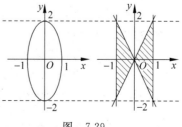

图　7.29

轴旋转一周所得到的几何体体积为 $V_2$.请根据祖暅原理等知识,通过观察 $V_2$,求 $V_1$.

**分析** 此题考查了圆柱的体积公式圆锥的体积公式及空间的想象能力等.可以先求出 $V_2$,$V_2 = \pi \times 1 \times 4 - 2 \times \dfrac{1}{3} \pi \times 1^2 \times 2 = \dfrac{8}{3} \pi$.根据祖暅原理,每个平行水平面的截面积相等,故它们的体积相等,所以 $V_1 = \dfrac{8}{3} \pi$.

**例 7.52** 柯西不等式是由数学家柯西在研究数学分析中的"流数"问题时得到的.具体表述如下:对任意实数 $a_1, a_2, \cdots, a_n$ 和 $b_1, b_2, \cdots, b_n (n \in \mathbf{N}_+, n \geqslant 2)$,都有 $(a_1^2 + a_2^2 + \cdots + a_n^2)(b_1^2 + b_2^2 + \cdots + b_n^2) \geqslant (a_1 b_1 + a_2 b_2 + \cdots + a_n b_n)^2$.

(1) 证明 $n = 2$ 时柯西不等式成立,并指出等号成立的条件;

(2) 若对任意 $x \in [2, 6]$,不等式 $3\sqrt{x-2} + 2\sqrt{6-x} \leqslant m$ 恒成立,求实数 $m$ 的取值范围.

**分析** 本题主要考查不等式的证明与应用,以及不等式求函数的最值等.

第(1)题只要构造出一个恰当的函数,利用判别式证明即可.事实上,构造函数 $f(x) = (a_1 x + b_1)^2 + (a_2 x + b_2)^2 = (a_1^2 + a_2^2)x^2 + 2(a_1 b_1 + a_2 b_2)x + (b_1^2 + b_2^2)$.

注意到 $f(x) \geqslant 0$,所以 $\Delta = [2(a_1 b_1 + a_2 b_2)]^2 - 4(a_1^2 + a_2^2)(b_1^2 + b_2^2) \leqslant 0$,即 $(a_1 b_1 + a_2 b_2)^2 \leqslant (a_1^2 + a_2^2)(b_1^2 + b_2^2)$,其中等号成立当且仅当 $a_1 x + b_1 = a_2 x + b_2 = 0$,即 $a_1 b_2 = a_2 b_1$.

第(2)题可以利用柯西不等式求出 $\left(3\sqrt{x-2} + 2\sqrt{6-x}\right)_{\max}$,即可求实数 $m$ 的取值范围.

$$\left(3\sqrt{x-2} + 2\sqrt{6-x}\right)^2 \leqslant (3^2 + 2^2)\left[\left(\sqrt{x-2}\right)^2 + \left(\sqrt{6-x}\right)^2\right] = 52,$$ 所以 $\left(3\sqrt{x-2} + 2\sqrt{6-x}\right)_{\max} = 2\sqrt{13}$.

因为对任意 $x \in [2, 6]$,不等式 $3\sqrt{x-2} + 2\sqrt{6-x} \leqslant m$ 恒成立,所以 $m \geqslant 2\sqrt{13}$.

## 四、与数学发现相关联

一些与数学文化相关的试题,既体现数学史的背景,又能让我们在解题过程中体验历史上数学的发现过程.

**例 7.53** 关于圆周率 $\pi$,数学发展史上出现过许多很有创意的求法,如著名的蒲丰实验和查理斯实验.受其启发,我们也可以通过设计下面的实验估计 $\pi$ 的值:先请 200 名同学,每人随机写下一个都小于 1 的正实数对 $(x, y)$;再统计两数能与 1 构成钝角三角形三边的数对 $(x, y)$ 的个数 $m$;最后再根据统计数 $m$ 估计 $\pi$ 的值.假如统计结果是 $m = 56$,那么可以估计 $\pi$ 是多少(用分数表示)?

**分析** 本题考查了随机模拟法求圆周率的问题,也考查了几何概率的应用问题,是一道综合题.由实验结果知 200 对 $0 \sim 1$ 之间的均匀随机数 $x$、$y$,对应区域的面积为 1,两个数能与 1 构成钝角三角形三边的数对 $(x, y)$,满足 $x^2 + y^2 < 1$ 且 $x$、$y$ 都小于 1,$x + y > 1$,面积为 $\left(\dfrac{\pi}{4} - \dfrac{1}{2}\right)$.由几何概型概率计算公式,得出所取的点在圆内的概率是圆的面积比正方形的面积,二者相等即可估计 π 的值.因为统计两数能与 $l$ 构成钝角三角形三边的数对 $(x,y)$ 的个数 $m=56$,所以 $\frac{56}{200} \approx \frac{\pi}{4} - \frac{1}{2}$,所以 $\pi \approx \frac{78}{25}$.

## 五、与艺术相关联

数学对艺术的影响由来已久,文艺复兴时期艺术家们利用透视原理创作出许多不朽名作.数学家们则经常利用艺术作品开展研究.

**例 7.54**　榫卯(sǔn mǎo)是古代中国建筑、家具及其他器械的主要结构方式,是在两个构件上采用凹凸部位相结合的一种连接方式,凸出部分叫作"榫头".某"榫头"的三视图及其部分尺寸如图 7.30 所示,求该"榫头"的体积.

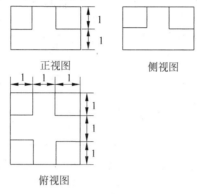

图　7.30

**分析**　榫卯结构是一个凝结了中国几千年传统文化精粹的技术,是中国古代劳动人民的智慧结晶,也是最烧脑的艺术.本题有效地考查了三视图、空间几何体的体积等知识,同时也培养了民族自豪感.本题考查的知识技能主要包括长方体与正方体的三视图、体积计算公式,以及推理能力与计算能力等.如图 7.31 所示,该几何体为一个 $3 \times 2 \times 3$ 的长方体,去掉四个角(棱长为 1 的正方体)余下的几何体.所以,该"榫头"的体积 $=3 \times 2 \times 3 - 4 \times 1^3 = 14$.

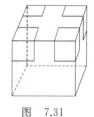

图　7.31

## 六、与游戏相关联

以游戏为背景设置试题,不仅背景自然、实际,同时也让枯燥的数学问题充满乐趣.

**例 7.55**　"石头、剪刀、布"是一种广泛流传于我国民间的古老游戏,其规则是:用三种不同的手势分别表示石头、剪刀、布;两个玩家同时出示各自手势 1 次记为 1 次游戏,"石头"胜"剪刀","剪刀"胜"布","布"胜"石头";双方出示的手势相同时,不分胜负.现假设玩家甲、乙双方在游戏时出示三种手势是等可能的.

(1)求出在 1 次游戏中玩家甲胜玩家乙的概率;

(2)若玩家甲、乙双方共进行了 3 次游戏,其中玩家甲胜玩家乙的次数记作随机变量 $X$,求 $X$ 的分布列及其期望.

**分析**　本题着重考查了古典概型随机事件的概率公式、组合数,以及离散型随机变量的定义、分布列,并利用分布列求其期望.

（1）利用列举法得玩家甲、玩家乙双方在 1 次游戏中出示手势的所有可能结果共有 9 个：（石头，石头），（石头，剪刀），（石头，布），（剪刀，石头），（剪刀，剪刀），（剪刀，布），（布，石头），（布，剪刀），（布，布）.而玩家甲胜玩家乙的基本事件共有 3 个：（石头，剪刀），（剪刀，布），（布，石头）.所以，在 1 次游戏中玩家甲胜玩家乙的概率 $P = \dfrac{3}{9} = \dfrac{1}{3}$.

（2）玩家甲、玩家乙双方共进行了 3 次游戏，其中玩家甲胜玩家乙的次数用 $X$ 表示，由题意取值为 $0,1,2,3$.利用随机变量分布列定义及期望公式即可.

$$P(X=0) = C_3^0 \cdot \left(\frac{2}{3}\right)^3 = \frac{8}{27},$$

$$P(X=1) = C_3^1 \cdot \left(\frac{1}{3}\right)^1 \cdot \left(\frac{2}{3}\right)^2 = \frac{12}{27},$$

$$P(X=2) = C_3^2 \cdot \left(\frac{1}{3}\right)^2 \cdot \left(\frac{2}{3}\right)^1 = \frac{6}{27},$$

$$P(X=3) = C_3^3 \cdot \left(\frac{1}{3}\right)^3 = \frac{1}{27}.$$

$X$ 的分布列如表 7.1 所示.

表　7.1

| $X$ | 0 | 1 | 2 | 3 |
|---|---|---|---|---|
| $P$ | $\dfrac{8}{27}$ | $\dfrac{12}{27}$ | $\dfrac{6}{27}$ | $\dfrac{1}{27}$ |

$$E(X) = 0 \times \frac{8}{27} + 1 \times \frac{12}{27} + 2 \times \frac{6}{27} + 3 \times \frac{1}{27} = 1.$$

"石头、剪刀、布"游戏的背景，让记忆仿佛又回到童年.本题中熟悉的游戏场景，不仅体现了试题的趣味性，在考查古典概率的同时，也有效检测了数学阅读能力和分析问题、解决问题的能力.

# 习　题　七

1. 求证：$\dfrac{x^2 - yz}{(x+y)(x+z)} + \dfrac{y^2 - xz}{(x+y)(y+z)} = \dfrac{xy - z^2}{(x+z)(y+z)}$.

2. 已知 $\dfrac{x^2}{2^2 - 1^2} + \dfrac{y^2}{2^2 - 3^2} + \dfrac{z^2}{2^2 - 5^2} + \dfrac{w^2}{2^2 - 7^2} = 1$,

$$\frac{x^2}{4^2 - 1^2} + \frac{y^2}{4^2 - 3^2} + \frac{z^2}{4^2 - 5^2} + \frac{w^2}{4^2 - 7^2} = 1,$$

$$\frac{x^2}{6^2 - 1^2} + \frac{y^2}{6^2 - 3^2} + \frac{z^2}{6^2 - 5^2} + \frac{w^2}{6^2 - 7^2} = 1,$$

$$\frac{x^2}{8^2 - 1^2} + \frac{y^2}{8^2 - 3^2} + \frac{z^2}{8^2 - 5^2} + \frac{w^2}{8^2 - 7^2} = 1,$$

求 $x^2 + y^2 + z^2 + w^2$ 的值.

3. 解不等式 $1 < \dfrac{x^2 - 2x - 1}{x^2 - 2x - 2} < 2$.

4. 已知 $a$ 为实数,试解关于 $x$ 的四次不等式: $x^4 - 2ax^2 + 2a^2 - 3 > 0$.

5. 在 $\triangle ABC$ 中,已知 $2b = a + c$,求证:

(1) $\tan \dfrac{A}{2} \tan \dfrac{C}{2} = \dfrac{1}{3}$;

(2) $\cos A + \cos C - \cos A \cos C + \dfrac{1}{3} \sin A \sin C$ 为定值.

6. 已知正数 $x$、$y$、$z$ 满足 $x + y + z = 1$,求证: $\dfrac{x^2}{y + 2z} + \dfrac{y^2}{z + 2x} + \dfrac{z^2}{x + 2y} \geqslant \dfrac{1}{3}$.

7. 求证:对任意实数 $a > 1, b > 1$ 都有不等式 $\dfrac{a^2}{b - 1} + \dfrac{b^2}{a - 1} \geqslant 8$ 成立.

8. 设 $f^{-1}(x)$ 是函数 $f(x) = \dfrac{1}{2}(a^x - a^{-x})(a > 1)$ 的反函数,求使 $f^{-1}(x) > 1$ 成立的 $x$ 的取值范围.

9. 若不等式 $\sqrt{4x - x^2} > ax$ 的解集为 $\{x \mid 0 < x \leqslant 4\}$,求实数 $a$ 的取值范围.

10. 设双曲线 $C: \dfrac{x^2}{a^2} - y^2 = 1 (a > 0)$ 与直线 $l: x + y = 1$ 相交于两个不同的点 $A$、$B$,设直线 $l$ 与 $y$ 轴的交点为 $P$,且 $\overrightarrow{PA} = \dfrac{5}{12}\overrightarrow{PB}$,求 $a$ 的值.

11. 正数 $x$、$y$、$z$ 满足 $\begin{cases} x^2 + y^2 + xy = 1, \\ y^2 + z^2 + yz = 3, \\ z^2 + x^2 + xz = 4, \end{cases}$ 求 $x + y + z$ 的值.

12. 已知 $0 < a < 1, 0 < b < 1, 0 < c < 1$,求证 $abc(1 - a)(1 - b)(1 - c) \leqslant \left(\dfrac{1}{4}\right)^3$.

13. "筝形"$ABCD$ 中,$AB = AD$,$BC = CD$.如图 7.32 所示,经 $AC$、$BD$ 交点 $O$ 任作两条直线,分别交 $AD$ 于 $E$,交 $BC$ 于 $F$,交 $AB$ 于 $G$,交 $CD$ 于 $H$,$GF$、$EH$ 分别交 $BD$ 于 $I$、$J$,求证:$IO = OJ$.

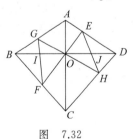

14. 如果 $x > 0$ 时,$f(x) = x^2 + 2mx + m^2 - \dfrac{1}{2}m - \dfrac{3}{2}$ 恒大于 $0$,求 $m$ 的取值范围.

图 7.32

15. 当 $s$ 和 $t$ 取遍全体实数时,$f(s, t) = (s + 5 - 3|\cos t|)^2 + (s - 2|\sin t|)^2$ 的最小值是多少?

16. 中国古代数学著作《算法统宗》中有这样一个问题:"三百七十八里关,初步健步不为难,次日脚痛减一半,六朝才得到其关,要见次日行里数,请公仔细算相还." 其大意为:有一个人走 378 里路,第一天健步行走,从第二天起脚痛每天走的路程为前一天的一半,走了 6 天后到达目的地.求该人最后一天走的路程.

17.《九章算术》中的"两鼠穿墙题"是我国数学的古典名题:"今有垣厚若干尺,两鼠对

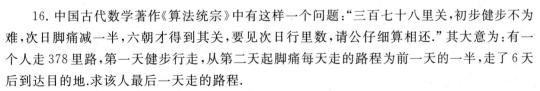

穿,大鼠日一尺,小鼠也日一尺.大鼠日自倍,小鼠日自半.问何日相逢,各穿几何?"题意是:有两只老鼠从墙的两边打洞穿墙,大老鼠第一天进一尺,以后每天加倍;小老鼠第一天也进一尺,以后每天减半,如果墙足够厚,$S_n$ 为前 $n$ 天两只老鼠打洞长度之和,求 $S_5$.

18. 南北朝时期的数学古籍《张邱建算经》有如下一道题:"今有十等人,每等一人,宫赐金以等次差(即等差)降之,上三人,得金四斤,持出;下四人后人得三斤,持出;中间三人未到者,亦依等次更给,问:每等人比下一等人多得几斤?"

19. 数学是一门艺术与美妙结合的学科,现在做一次探究:观察如图 7.33 所示的图形,这是通过等边三角形绘制的一幅自相似图形.

图    7.33

若第 1 个图形中的阴影部分的面积为 1.经过 $n$ 次变换,求第 $n$ 个图形的阴影部分的面积.

20. 给 $n$ 个自上而下相连的正方形着黑色或白色.当 $n \leqslant 4$ 时,在所有不同的着色方案中,黑色正方形互不相连的着色方案如图 7.34 所示.由此推断,当 $n = 6$ 时,黑色正方形互不相邻的着色方案共有_____种,至少有两个黑色正方形相邻的着色方案共有_____种(结果用数值表示).

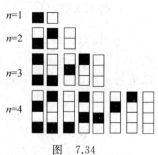

图    7.34

21. 一套三色卡片共有 32 张,红、黄、蓝各 10 张,编号为 $k(k = 1, 2, \cdots, 10)$,另有大、小王各一张,编号均为0.从这些卡片中任取若干张,按如下规则计算分值:每张卡片计为 $2^k$ 分,若它们的分值之和为 1921,则称这些卡片为一个"好牌组".

(1) 若任取 3 张卡片,试判断是否存在"好牌组".

(2) 若存在"好牌组",应至少取几张卡片,并求卡片取法数.

穷则变,变则通,通则久.

——《周易·系辞下传》(西周时期)

数学的本质在于它的自由.

——[德]康托尔(1845—1918)

# 第八章　变通:解题的调适

　　战国时期,魏王问大臣们说:"你们有什么办法让我从座位上下来吗?"庞涓出谋说:"可在大王座位下边生起火来."魏王说:"不可取."孙膑捻捻胡须道:"大王坐在上边嘛,我是没有办法让大王下来的."魏王问:"那你怎么办?"孙膑说:"如果大王在下边,我却有办法让大王坐上去."魏王得意扬扬地说:"那好,"就从座位上走了下来,"我倒要看看你有什么办法让我上去."周围的群臣一时没有反应过来,也哄笑孙膑无能.忽然,孙膑哈哈大笑起来,说:"我虽然无法让大王坐上去,却已经让大王从座位上下来了."

　　孙膑与魏王的故事充分体现了孙膑的思维不拘一格,善于变通.遇到问题时,人们较多按照常规去思考,而孙膑则能从另一个角度、另一个侧面去思考,这需要的是发散思维、变通思维.在数学解题中,遇到不会的问题,就需要变通,需要对问题中的条件或者结论进行变化才能通达.

## 第一节　变通的思维

　　变通的思维不同于转化、化归等具体的数学思想方法,它是通过对问题的条件或结论进行变化(如扩大、缩小、等价替换、恰当分解等)来解决问题的,每一种变通策略包含特定的一个或几个数学思想方法.许多问题的解决都不是一眼能看出解法的,都需要几经调整思维方向才能获得突破.因此,变通思维直接影响着解题的进程.

### 一、变通法解题的内涵

　　"变通"一词在现代汉语词典里这样解释:依情况变化而做出改变,从而解决问题;不拘一格,遇到难题、特殊情况作特殊处理.

　　许多人熟知波利亚的怎样解题表,却对他的解题思维图解并不十分清楚.在《数学的发现》一书中,波利亚分析了解题思维的作用,提出了面对数学问题的思维路径,勾画了"我们该怎样思考"一图,如图 8.1 所示.

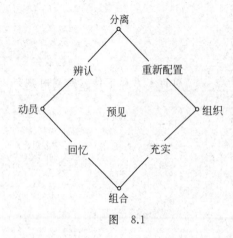

图　8.1

这是一张正方形图解,位于四个顶点的分别是"动员""组织""分离"和"组合",四条边上分别嵌有"辨认""回忆""充实"以及"重新配置",位于正方形中心的是"预见",这些都是这张图解的关键词.这里的"重新配置",简单地说,就是改变问题理解与探索的思维"结构"."穷则变,变则通",根据问题求解的需要对问题的条件和结论做出必要的变动,把相关因素进行合理的再调配、再组合,这种依情况变化而做出解题改变的思维策略,就是人们常说的变通.

一般来说,数学解题中的变通指的是在遇到问题且难以直接用所学到的公式、定理去解决时,对原问题的一些要素进行变化,来得到一个或多个相对容易、简单、易于分析解答的新问题.通过对变化后的新问题进行观察、探索、整理解题思路,从而达到解决问题的目的.换个方式说,变通法解题的关键就是对原问题的条件或结论作适当变化以期获得解决问题的路径.

**例 8.1**　设非负实数 $x$、$y$ 满足 $x^2+2xy-1=0$,求 $x+y$ 的取值范围.

**分析**　该题直接运用公式 $\dfrac{a+b}{2} \geqslant \sqrt{ab}(a \geqslant 0, b \geqslant 0)$ 思维上有一定的难度,若做如下变化,则非常巧妙.可以替换其中的一个字母 $y$,即因为 $x>0$ 所以 $y=\dfrac{1}{2}\left(\dfrac{1}{x}-x\right)$,所以 $x+y=\dfrac{1}{2}\left(x+\dfrac{1}{x}\right) \geqslant 1$.

本题也可以由 $x^2+2xy-1=0$ 恒等变换,得 $x^2+2xy+y^2=1+y^2 \geqslant 1$,所以 $(x+y)^2 \geqslant 1$,$x+y \geqslant 1$.

在本例中,消元与转化为"勾函数"、等式两边补个 $y^2$,都是变通思维.通过变通策略的实施,使得原来复杂的问题变得容易解决了.

**例 8.2**　已知 $x$、$y$ 为实数,且 $x^2-2xy+2y^2=2$,求 $x+y$ 的取值范围.

**分析**　观察所给等式的结构特征,最容易发现一个完全平方式 $(x-y)^2+y^2=2$.于是换元,$(x-y)^2=2\cos^2\theta$,$y^2=2\sin^2\theta$.所以

$$x+y=(x-y)+2y=\sqrt{2}\cos\theta+2\sqrt{2}\sin\theta=\sqrt{10}\sin(\theta+\alpha), \alpha=\arctan\frac{1}{2}.$$

由三角函数的有界性得 $x+y$ 的取值范围是 $\left[-\sqrt{10}, \sqrt{10}\right]$.

在本例中,换元也是一种变通思维.通过换元,打通了解题的阻隔,形成了解题的有效通道.

## 二、变通法解题的本质

变通法解题,本质上是一种命题的等价转换.例如,$a$、$b$ 是非负实数,则 $a^2+b^2=0$,$\sqrt{a}+\sqrt{b}=0$,$|a|+|b|=0$,$a^{2n}+b^{2m}=0(m, n$ 为整数$)$,$a=b=0$ 等价,甚至和 $a+bi=0(a、b \in \mathbf{R})$ 也是等价的.

"变"是解题策略,"通"是解题目标."直线 $y=kx+3$ 过点 $A(1,2)$"时,可以转换成"点 $A(1,2)$ 在直线 $y=kx+3$ 上",进一步转换成"点 $A(1,2)$ 的坐标 $x=1,y=2$ 适合方程 $y=kx+3$",这三种说法也是等价的,组成一个等价命题系统.按照最后的说法,把 $x=1,y=2$ 代入方程 $y=kx+3$ 就可以求出 $k$,从而确定直线方程.前两种叙述"直线 $y=kx+3$ 过点 $A(1,2)$"和"点 $A(1,2)$ 在直线 $y=kx+3$ 上",涉及的对象没有变化,仍是直线 $y=kx+3$ 和点 $A(1,2)$,只是叙述的主体从直线转为点了.第二种说法是叙述的对象发生了变化,这时,"问题系统"发生了变化.因为"$x=1,y=2$ 适合方程 $y=kx+3$"已经不是几何问题了,而是代数问题了.

又如,"$A$、$B$、$C$ 三点不在同一直线上",就是"没有这样的直线,使 $A$、$B$、$C$ 三点都在这条直线上";"$A$、$B$、$C$、$D$ 四人排成一行,要求 $A$ 不能排在首位",$A$ 不能排在首位,是否定说法,换成正面的说法,就是:或者 $B$ 排在首位($A_3$ 种),或者 $C$ 排在首位($A_3$ 种),或者 $D$ 排在首位($A_3$ 种),于是答案是 $3A_3$ 种.

**例 8.3** 当 $a$ 为何值时,由不等式 $1<x\leqslant 2$ 可以得到 $x^2-2ax+a<0$?

**分析** 转化问题的表述,上面的问题即 $f(x)=x^2-2ax+a$ 在区间 $(1,2]$ 上是负的,求 $a$ 的取值范围.再变通已知条件,即 $(1,2]$ 位于 $f(x)$ 的两根之间.即区间 $(1,2]$ 的两个端点在 $f(x)$ 的两根之间.于是得 $f(1)\leqslant 0,f(2)<0$,于是 $1-a\leqslant 0,4-3a<0$.从而 $a>\dfrac{4}{3}$.

**例 8.4** 如果三个实数的倒数和与这三个实数和的倒数相等,那么这三个实数必有两个互为相反数.

**分析** 能否解出这道题很大程度上取决于把自然语言表述为符号语言.分析题意,把已知条件转化为 $x$、$y$、$z\in\mathbf{R}$,$x$、$y$、$z$ 都不为 $0$,且

$$x+y+z\neq 0,\quad \frac{1}{x}+\frac{1}{y}+\frac{1}{z}=\frac{1}{x+y+z} \tag{①}$$

其实该结论可以理解为"$x$、$y$ 互为相反数,或 $x$、$z$ 互为相反数,或 $y$、$z$ 互为相反数".还可以是"$x+y=0$,或 $y+z=0$,或 $z+x=0$".如果理解成

$$(x+y)(y+z)(x+z)=0 \tag{②}$$

解题就显得很简单了.

欲证 ② 式,只要证明 $2xyz+xy^2+x^2y+xz^2+x^2z+yz^2+y^2z=0$,两边同时除以 $xyz$,即证 $\dfrac{y}{z}+\dfrac{x}{z}+\dfrac{z}{y}+\dfrac{x}{y}+\dfrac{z}{x}+\dfrac{y}{x}+2=0$.由已知条件 $\dfrac{1}{x}+\dfrac{1}{y}+\dfrac{1}{z}=\dfrac{1}{x+y+z}$,两边同乘以 $x+y+z$,整理即可证得.

可以看出,从"三个实数必有两个互为相反数",联想到与它等价的式子 $(x+y)(y+z)(x+z)=0$,正是解决本题的关键所在.这里,由以下 4 个命题组成等价命题系统:

(1) 三个实数必有两个互为相反数.

(2) $x$、$y$ 互为相反数,或 $x$、$z$ 互为相反数,或 $y$、$z$ 互为相反数.

(3) $x+y=0$,或 $y+z=0$,或 $z+x=0$.

(4) $(x+y)(y+z)(x+z)=0$.

如果我们熟悉这些等价形式,并善于从中选择合适的形式,我们的解题速度就会大大提高.

## 三、变通法解题的基本原则

数学解题中的变通是对问题条件和结论的等价变更,既可以只改变其中一个,也可以同时改变,以达到解决问题的目的.在变更的时候,不能随意变更,要注意分析题目,遵从一定的原则.

### 1.熟悉化原则

熟悉化原则是指我们在变更问题的条件或者结论时,要注意把不熟悉的问题转变为比较熟悉的问题,以便充分利用已有的知识经验.

**例 8.5**  已知 $a+b+c=\dfrac{1}{a}+\dfrac{1}{b}+\dfrac{1}{c}=1$,求证:$a$、$b$、$c$ 中至少有一个等于 1.

**分析**  题目所要求的结论是生活化的语言,并没有翻译为数学语言,或者用一个数学表达式来表示,这就对我们分析题目造成了障碍.所以第一步我们就要把所求的结论翻译成我们熟悉的数学表达式."$a$、$b$、$c$ 中至少有一个为 1",也就是说"$a-1$、$b-1$、$c-1$ 中至少有一个为零",这样,问题就容易解决了.

事实上,$\dfrac{1}{a}+\dfrac{1}{b}+\dfrac{1}{c}=1$,所以 $bc+ac+ab=abc$.于是

$$(a-1)(b-1)(c-1)=abc-(ab+ac+bc)-1+(a+b+c)=-1+1=0$$

所以,$a-1$、$b-1$、$c-1$ 中至少有一个为零,即 $a$、$b$、$c$ 中至少有一个为 1.

遇到此类问题,如果直接分析条件,忽略对结论的分析,没有对陌生的结论进行适当的变化,没有把结论转变为我们熟悉的数学表达式,我们的解题就很难切入进去.

### 2.简单化原则

简单化原则,顾名思义就是把复杂变为简单,指在变更问题的条件或者结论时,通过把复杂的问题变更为相对比较简单的问题,以便快速求解原题.

**例 8.6**  已知适合不等式 $|x^2-4x+p|+|x-3|\leqslant 5$ 的 $x$ 的最大值是 3,求 $p$ 的值.

**分析**  若从不等式的表象考虑,直接讨论去绝对值符号,找出对应方程的根,再对根进行大小讨论来解决问题,显然不简单.如果对题设仔细观察分析,从不等式解的最大值含义去理解,问题立刻得到简化.

因为适合不等式 $|x^2-4x+p|+|x-3|\leqslant 5$ 的 $x$ 的最大值为 3,所以 $x-3\leqslant 0$,故 $|x-3|=3-x$.若 $|x^2-4x+p|=-x^2+4x-p$,则原不等式为 $x^2-3x+p+2\geqslant 0$,其解集不可能为 $\{x\mid x\leqslant 3\}$ 的子集,所以必有 $|x^2-4x+p|=x^2-4x+p$.

原不等式化为 $x^2-4x+p+3-x\leqslant 0$,即 $x^2-5x+p-2\leqslant 0$.

令 $x^2-5x+p-2=(x-3)(x-m)$,可得 $m=2,p=8$.

### 3.和谐化原则

和谐化原则是指在变更问题的条件和结论时,注意数学中和谐表达的特点,把问题的本质特点呈现出来,突出问题条件和结论之间的联系.

**例 8.7**  若关于 $x$ 的不等式 $(2x-1)^2<ax^2$ 的解集中整数恰有 3 个,求实数 $a$ 的取值范围.

**分析**  审读本题后,并不能立即发现切入口.于是,首先要做的工作是把原不等式进行

变化.

因为原不等式等价于$(-a+4)x^2-4x+1<0$,其中$(-a+4)x^2-4x+1=0$中的$\Delta=4a>0$,且有$4-a>0$,故$0<a<4$.

至此,原题还没有解出来,考虑到原不等式的解集中整数恰好有 3 个,于是再次在原来演变的基础上向前推进.

不等式的解为$\dfrac{1}{2+\sqrt{a}}<x<\dfrac{1}{2-\sqrt{a}}$.

而$\dfrac{1}{4}<\dfrac{1}{2+\sqrt{a}}<\dfrac{1}{2}$,则一定有 1,2,3 为所求的整数集.

所以$3<\dfrac{1}{2-\sqrt{a}}<4$,解得 $a$ 的范围为$\left(\dfrac{25}{9},\dfrac{49}{16}\right)$.

**4. 直观化原则**

直观化原则是指在变更问题的条件和结论时,将抽象的问题直观化,以便直观地把握问题的各个因素之间的关系.

**例 8.8** 如图 8.2 所示,双曲线$\dfrac{x^2}{3}-y^2=1$,$F$ 是右焦点,$A(3,1)$,$P$ 是该双曲线右支上任意一点,求$|PF|+|PA|$的最小值.

**分析** 本题是一道典型的数形结合问题.$PF'$是问题所考查的关键,仿佛"于无声处听惊雷",具有四两拨千斤的效果.如果不能将点 $P$ 与双曲线的左焦点 $F'$ 相连,则问题就不容易解决.事实上,由双曲线的定义可得,对双曲线上任意一点 $P$,有$|PF'|-|PF|=2a$,所以$|PF|=|PF'|-2a$,故$|PF|+|PA|=|PF'|+|PA|-2a\geqslant|F'A|-2a=\sqrt{26}-2\sqrt{3}$.

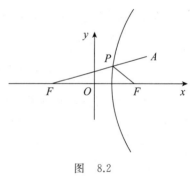

图 8.2

上述变更问题的一些常用原则,互相渗透、互相联系、互相补充,它们是相辅相成的一个整体.在解决实际问题的过程中,可以结合起来使用,以达到更好的效果.

# 第二节 追 本 溯 源

在第四章第三节和第五章第二节我们都曾提及许多问题的编拟都有一些特定的背景,要么是某个概念或数学公式,要么是某个已经解决了的实际问题,要么是一个基本思想的应用等.对于一些较难解决的问题,倘若我们能把深藏其中的这些概念、定理、公式,或者应用背景及思考方法挖掘出来,无疑对于破解题意、突破思维瓶颈大有裨益.

## 一、回归定义

任何一个数学问题的编拟与解决,数学概念不可或缺.一些特定的问题中,概念既是推导公式、定理的依据,也是解题常用的一把钥匙.所以对于一些特定的数学问题,如能回到数学概念所定义的形式中去,往往能获得题设一些具有本质特征的属性,达到合理运算、准确判断、灵活解题的目的.

有些问题的解决,表面上看对定义的依赖性不强,但是如能透过题意,挖掘其中的基本元素间的关系,也能帮助我们把握问题的实质,厘清变量间错综复杂的关系.因此,回到定义中去考虑,借助定义所反映的数学表达式进行调节转化,是把问题化难为易、化繁为简的又一个行之有效的解题策略.

**例 8.9**　若方程 $\sqrt{k(x^2+y^2+6x-2y+10)}-|x-y+3|=0$ 表示双曲线,求实数 $k$ 的取值范围.

**分析**　本题若是按常规方法移项后两边平方,则会发现出现了 $xy$ 项,给求 $k$ 造成比较大的麻烦.然而,我们可以从观察所给方程左右两边的结构入手,发现它们酷似两种距离:两点间的距离与点到直线的距离,而且该等式变形为

$$\frac{\sqrt{x^2+y^2+6x-2y+10}}{\dfrac{|x-y+3|}{\sqrt{1^2+1^2}}}=\sqrt{\frac{2}{k}},即\frac{\sqrt{(x+3)^2+(y-1)^2}}{\dfrac{|x-y+3|}{\sqrt{1^2+1^2}}}=\sqrt{\frac{2}{k}}.$$

由双曲线的定义可知,该双曲线的离心率为 $e=\sqrt{\dfrac{2}{k}}$,所以 $\sqrt{\dfrac{2}{k}}>1$,解得 $0<k<2$.

在本例解题过程中,非常巧妙地把原本一个方程问题,通过等价变换改编为到定点 $(-3,1)$ 和到定直线 $x-y+3=0$ 距离之比的问题,再依据双曲线这个已知条件,直接判断出 $\sqrt{\dfrac{2}{k}}>1$,从而求出 $k$ 的取值范围.

**例 8.10**　若点 $A$ 的坐标为 $(3,2)$,$F$ 为抛物线 $y^2=2x$ 的焦点,点 $P$ 在抛物线上移动,为使 $|PA|+|PF|$ 取最小值,求点 $P$ 的坐标.

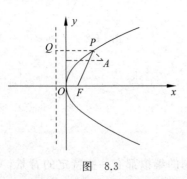

**分析**　容易作出草图如图8.3所示,显然 $A$ 在抛物线开口方向内.能否作出准线,能否想到抛物线的定义,是解决本题的关键.

过点 $P$ 作到准线 $x=-\dfrac{1}{2}$ 的垂线段 $PQ$,则显然 $|PF|=|PQ|$,即 $|PA|+|PF|=|PA|+|PQ|$,所以从 $A$ 点出发到准线距离最短的是 $PA$ 与 $PQ$ 在同一条直线上,于是有点 $A$ 到准线的距离为 $3+\dfrac{1}{2}=\dfrac{7}{2}$,点 $P$ 是 $AQ$ 与抛物

图　8.3

线的交点,此时点 $P$ 的坐标为 $(2,2)$.

**例 8.11**　将7个同样的白球全部放入4个不同的盒子内(可以有盒子不放),问共有多少种不同的放法.

**分析**　在第五章例5.27研究构造法求解多元一次方程整数解时曾提及过这一题型.这里我们着重厘清如何回归定义探索解题思路.本题题意清晰明了,但求解起来似乎并不容易.有些学生看到题目,就考虑分情况讨论,这一过程将会十分繁琐.可以考虑改变原问题情境,把原问题"放到不同的盒子内"等价地改编为"排列组合中的插板"问题,从而直接利用组合

的定义进行解答.

　　事实上,把 7 个白球排成一排,并插入 3 个黑球,如图 8.4 所示.在左边的第一个黑球前面只有 1 个白球,表示第一个盒子放 1 个白球;第二个黑球与第一个黑球之间有 3 个白球,表示第二个盒子放 3 个白球;依次类推,第三和第四两个盒子分别放 2 个和 1 个白球.同样,图 8.5 表示 4 个盒子放入的白球数依次为 0,4,0,3.

图　8.4　　　　　　　　　　　　　　　图　8.5

　　显然,白球放入盒子的方法与黑球所在位置之间有一一对应关系.而黑球所在的位置就相当于 $7+3=10$(个)无色的球中选出了 3 个涂上黑色(余下的 7 个涂上白色).因此,依据组合的定义,黑球不同位置的总数为 $C_{10}^3=120$,也就是说 7 个白球放入 4 个不同盒子内(可以有盒子不放)共有 120 种放法.

## 二、追溯定理

　　**例 8.12**　　试证:不存在整数 $a$、$b$、$c$ 满足

$$a^2+b^2-8c^2=6. \qquad ①$$

　　**分析**　　这道题目乍一看好像无从下手,但是我们如果对所求证的问题稍加变化,将 ① 式变形为 $a^2+b^2=8c^2+6$,则原题可变更为

　　　　　　"证明不存在整数 $a$ 和 $b$,使它们的平方和被 8 除余 6."

　　变更后的问题成为一个整除问题,回归到具体的整除性质(定理)中去,则有利于我们寻找切入口了.我们可以通过对整数的适当分类,利用整数性质完成证明.

　　事实上,任何整数用 4 去整除可以而且仅可以表现成下列形式之一:$4n,4n+1,4n+2,$ $4n+3(n\in \mathbf{Z})$.其平方数为

$$(4n)^2=16n^2,$$
$$(4n+1)^2=16n^2+8n+1,$$
$$(4n+2)^2=16n^2+16n+4,$$
$$(4n+3)^2=16n^2+8(3n+1)+1.$$

　　由此可得,这四种形式的数的平方,被 8 除的余数只能是 0,1,4.显然,这三个余数的任意两数(可以相同)之和都不可能等于 6.因此,$a^2+b^2\neq 8k+6(a、b、k\in \mathbf{Z})$,即不存在整数 $a$、$b$、$c$ 满足 $a^2+b^2-8c^2=6$.

　　**例 8.13**　　在 $\triangle ABC$ 中证明:

$$\cos^2 A+\cos^2 B+\cos^2 C+2\cos A\cos B\cos C=1.$$

　　**分析**　　本题证法很多.但如果我们把题意归结到满足一般三角形的射影定理上去,结合齐次方程有非零解的条件,问题解决就变得非常容易了.

　　三角形的射影定理:

$$\begin{cases} a = b\cos C + c\cos B, \\ b = a\cos C + c\cos A, \\ c = a\cos B + b\cos A. \end{cases}$$

进一步地,将射影定理写成

$$\begin{cases} a - b\cos C - c\cos B = 0, \\ -a\cos C + b - c\cos A = 0, \\ -a\cos B - b\cos A + C = 0. \end{cases}$$

由此可知,$a$、$b$、$c$(非零的)是齐次线性方程组

$$\begin{cases} x - y\cos C - z\cos B = 0, \\ -x\cos C + y - z\cos A = 0, \\ -x\cos B - y\cos A + z = 0. \end{cases}$$

的一组非零解.

根据齐次线性方程有非零解的充要条件是其系数行列式等于零.即

$$\begin{vmatrix} 1 & -\cos C & -\cos B \\ -\cos C & 1 & -\cos A \\ -\cos B & -\cos A & 1 \end{vmatrix} = 0.$$

所以,$\cos^2 A + \cos^2 B + \cos^2 C + 2\cos A\cos B\cos C = 1$.

**例 8.14**    设正七边形的边长为 $a$,对角线中长的为 $x$,短的为 $y$,求证:

$$\frac{1}{x} + \frac{1}{y} = \frac{1}{a}.$$

**分析**    首先化简求证式,把倒数关系变更为 $ax + ay = xy$.为了厘清楚 $a$、$x$、$y$ 三者关系,依据题意,我们可以从两个方面寻找突破.

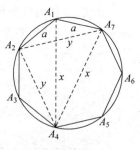

图  8.6

一是利用托勒密定理.注意到正七边形 $A_1A_2A_3A_4A_5A_6A_7$ 内接于圆(见图 8.6),$A_1A_2A_4A_7$ 是圆内接四边形,于是可把原题变更为"设 $A_1A_2A_4A_7$ 为圆内接四边形,$A_1A_2 = A_1A_7 = a$,$A_1A_4 = A_4A_7 = x$,$A_2A_4 = A_2A_7 = y$,求证:$ax + ay = xy$."这样,利用托勒密定理容易得证.

事实上,边长为 $a$ 的正七边形 $A_1A_2A_3A_4A_5A_6A_7$ 必内接于圆,连结 $A_2A_4$、$A_4A_7$、$A_1A_4$、$A_2A_7$(见图 8.6),则 $A_1A_2 = A_1A_7 = a$,$A_1A_4 = A_4A_7 = x$,$A_2A_4 = A_2A_7 = y$.

依据托勒密定理,有 $A_1A_2 \cdot A_4A_7 + A_1A_7 \cdot A_2A_4 = A_1A_4 \cdot A_2A_7$,即 $ax + ay = xy$.

二是利用正弦定理.设正七边形的外接圆半径为 $R$,则由正弦定理可知,$a = 2R\sin\dfrac{\pi}{7}$,$x = 2R\sin\dfrac{4\pi}{7}$,$y = 2R\sin\dfrac{2\pi}{7}$.于是原题可变更为:"求证:$\sin\dfrac{\pi}{7}\sin\dfrac{4\pi}{7} + \sin\dfrac{\pi}{7}\sin\dfrac{2\pi}{7} = \sin\dfrac{2\pi}{7}\sin\dfrac{4\pi}{7}$."

具体地说,设边长为 $a$ 的正七边形的外接圆半径为 $R$,则 $a=2R\sin\dfrac{\pi}{7}$, $x=2R\sin\dfrac{4\pi}{7}$, $y=2R\sin\dfrac{2\pi}{7}$,有 $ax+ay=4R^2\sin\dfrac{\pi}{7}\left(\sin\dfrac{4\pi}{7}+\sin\dfrac{2\pi}{7}\right)=8R^2\sin\dfrac{\pi}{7}\sin\dfrac{3\pi}{7}\cos\dfrac{\pi}{7}=\left(2R\sin\dfrac{4\pi}{7}\right)\left(2R\sin\dfrac{2\pi}{7}\right)=xy$.

### 三、挖掘题眼

棋有棋眼,文有文眼,题有题眼.棋眼,下棋的突破口,一旦占领棋眼,即可取得绝对性的优势;文眼,则指文章中最能揭示主旨、升华意境、涵盖内容的关键性词句,文眼往往奠定文章的感情基调,确定文章的中心;而数学问题中的"题眼"泛指试题主要落点或解题的关键点.从哲学的角度来看,就是抓住主要矛盾,问题便迎刃而解.数学解题和下棋、写文章一样,如果善于挖掘题眼,理解题眼,破解题眼,则会起到四两拨千斤的作用.

**例8.15**　已知圆 $(x-1)^2+\left(y-\sqrt{2}\right)^2=25$,过点 $A\left(2,3\sqrt{2}\right)$ 的所有的弦中,长为正整数的弦共有多少条?

**分析**　观察发现点 $A\left(2,3\sqrt{2}\right)$ 在圆内,则由圆的性质可知,过 $A$ 点有一条最长的弦和一条最短的弦,这正是"题眼",抓住这一线索,就迅速找到了解题的突破口.易求得过 $A$ 点的最长弦和最短弦的长度分别为 10 和 8,从而由对称性可知弦长为 9 的有两条,因此弦长为正整数的共有 4 条.

**例8.16**　已知函数 $f(x)=-2x^2+4x-1$,又 $0<m<n$,并且 $x\in[m,n]$ 时,$f(x)$ 的取值范围是 $\left[\dfrac{1}{n},\dfrac{1}{m}\right]$,求实数 $m$ 和 $n$ 的值.

**分析**　易得 $f(x)=-2(x-1)^2+1$.对条件" $x\in[m,n]$ 时,$f(x)$ 的取值范围是 $\left[\dfrac{1}{n},\dfrac{1}{m}\right]$ "的理解程度,直接影响本题的解题效率.由函数 $f(x)$ 的图象可知,其最大值为 1,不难发现 $\dfrac{1}{m}\leqslant 1$." $m\geqslant 1$ "就是"题眼".

事实上,当 $x\in[m,n]$ 时,$f(x)$ 单调递减,从而得到 $\begin{cases}f(m)=\dfrac{1}{m},\\ f(n)=\dfrac{1}{n}.\end{cases}$

解方程 $-2(x-1)^2+1=\dfrac{1}{x}$,即可求得 $m=1$, $n=\dfrac{1+\sqrt{3}}{2}$.

有些数学题所给的条件往往不能直接为解题服务,而能够直接为解题服务的一些有效因素却隐蔽在题目所蕴含的图形的几何性质中,此时,若能以数思形,借助图形直观分析,就可以迅速挖掘"题眼",使问题获得解决.

**例8.17**　已知函数 $f(x)=\dfrac{4^x+k\cdot 2^x+1}{4^x+2^x+1}$,若对任意的实数 $x_1$、$x_2$、$x_3$,不等式 $f(x_1)+$

$f(x_2) > f(x_3)$ 恒成立,求实数 $k$ 的取值范围.

**分析** 解决本题的关键是对已知条件"对任意的实数 $x_1$、$x_2$、$x_3$,不等式 $f(x_1) + f(x_2) > f(x_3)$ 恒成立"的理解,也就是对不等式恒成立的"恒"字的理解.生活常识告诉我们,上述题目条件等价于 $[2f(x)]_{\min} \geqslant [f(x)]_{\max}$(若 $f(x)$ 的最小值或最大值不存在,则取"确界"——最接近 $f(x)$ 取值区间的最小实数或最大实数),因此本题的"题眼"信息就是求 $f(x)$ 的最大值和最小值.

事实上,为了计算方便,令 $2^x + 2^{-x} = t$,则 $t \geqslant 2$,所以原问题等价于以下命题.

$f(t) = \dfrac{t+k}{t+1} = 1 + \dfrac{k-1}{t+1}(t \geqslant 2)$,对于 $t \geqslant 2$,且 $[2f(t)]_{\min} \geqslant [f(t)]_{\max}$ 恒成立,求实数 $k$ 的取值范围.

易得当 $k=1$ 时,显然成立.

当 $k < 1$ 时,$\dfrac{k+2}{3} \leqslant f(t) < 1$,由 $2\left(\dfrac{k+2}{3}\right) \geqslant 1$,得 $-\dfrac{1}{2} \leqslant k < 1$.

当 $k > 1$ 时,$1 < f(t) \leqslant \dfrac{k+2}{3}$,由 $2 \times 1 \geqslant \dfrac{k+2}{3}$ 得 $1 < k \leqslant 4$.

综上所述,实数 $k$ 的取值范围为 $\left[-\dfrac{1}{2}, 4\right]$.

**例 8.18** 已知椭圆 $C_1: \dfrac{x^2}{2} + y^2 = 1$ 和圆 $C_2: x^2 + y^2 = 1$,如图 8.7 所示,椭圆的上、下顶点分别为 $B_1$、$B$,点 $M$ 和 $N$ 分别是椭圆 $C_1$ 和圆 $C_2$ 上位于 $y$ 轴右侧的动点,且直线 $BN$ 的斜率是直线 $BM$ 斜率的 2 倍,证明:直线 $MN$ 恒过定点.

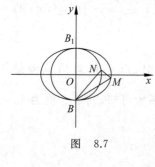

图 8.7

**分析** 我们可以猜想直线 $MN$ 可能恒过椭圆的上顶点.事实上,如果 $MN$ 过椭圆的上顶点 $B_1$,由椭圆的性质得 $k_{MB} \cdot k_{MB_1} = -\dfrac{b^2}{a^2} = -\dfrac{1}{2}$,由圆的性质得 $k_{NB} \cdot k_{NB_1} = -1$,而 $M$、$N$、$B_1$ 共线,则 $k_{MB_1} = k_{NB_1} = k_{MN}$.设直线 $BM$ 的斜率为 $k$,则直线 $BN$ 的斜率为 $2k$,所以直线 $MN$ 的斜率为 $-\dfrac{1}{2k}$.其中椭圆的性质" $k_{MB} \cdot k_{MB_1} = -\dfrac{b^2}{a^2}$ "就是本题的"题眼".

事实上,设直线 $BM$ 的斜率为 $k$,则直线 $BN$ 的斜率为 $2k$,又两直线都过点 $B(0, -1)$,则直线 $BM$ 的方程为 $y = kx - 1$,直线 $BN$ 的方程为 $y = 2kx - 1$.

由 $\begin{cases} y = kx - 1, \\ x^2 + 2y^2 = 2, \end{cases}$ 解得 $x_M = \dfrac{4k}{2k^2+1}$,$y_M = \dfrac{2k^2-1}{2k^2+1}$,即 $M\left(\dfrac{4k}{2k^2+1}, \dfrac{2k^2-1}{2k^2+1}\right)$.

由 $\begin{cases} y = 2kx - 1, \\ x^2 + y^2 = 1, \end{cases}$ 解得 $x_N = \dfrac{4k}{4k^2+1}$,$y_N = \dfrac{4k^2-1}{4k^2+1}$,即 $N\left(\dfrac{4k}{4k^2+1}, \dfrac{4k^2-1}{4k^2+1}\right)$.

于是,求得直线 $MN$ 的斜率为 $k_{MN} = -\dfrac{1}{2k}$,

所以直线 $MN$ 的方程为 $y - \dfrac{2k^2-1}{2k^2+1} = -\dfrac{1}{2k}\left(x - \dfrac{4k}{2k^2+1}\right)$,

整理得 $y=-\dfrac{1}{2k}x+1$,所以直线 $MN$ 恒过定点 $(0,1)$.

猜想常常是解决问题的钥匙,它能为解题挖掘出最本质的条件,获得题目的"题眼",发现对解决该问题具有启发意义的隐含条件.通常当孤立地审视已知条件却已是"山重水复疑无路"时,将几个已知条件联系起来审视,就可以出现"柳暗花明又一村"的新境界.本题中,正是利用条件中斜率之间的关系,追溯到"题眼": $k_{MB}\cdot k_{MB_1}=-\dfrac{b^2}{a^2}$.

高中数学中常见、常用的"题眼"如下.

(1) 函数或方程或不等式的题目,遇有困难要思考建立三者的联系.

(2) 方程或不等式问题中出现超越式,优先选用数形结合的思想方法.

(3) 含参初等函数注意研究不变性(不受参数影响的性质).

(4) 求参数的取值范围,应该建立关于参数的等式或是不等式.

(5) 恒成立问题或是它的反面,可以转化为最值问题.

(6) 圆锥曲线的题目优先选择它们的定义完成.直线与圆锥曲线相交问题,若与弦的中点有关,选择设而不求点差法;与弦的中点无关,选择韦达定理公式法.

(7) 求曲线方程的题目,如果知道曲线的形状,则可选择待定系数法;如果不知道曲线的形状,则所用的步骤为建系、设点、列式、化简.

(8) 三角函数求周期、单调区间或是最值,优先考虑化为一次同角弦函数,然后使用辅助角公式解答.解答三角形的题目,重视内角和定理的使用.

(9) 立体几何第一问如果是为建系服务的,则尽量用传统做法完成;如果不是,可以从第一问开始就建系完成;与球有关的题目可以考虑连结"心心距"创造直角三角形解题.

(10) 有关概率的解答题,应该先设事件,然后写出使用公式的理由,当然要注意步骤的多少决定解答的详略;如果有分布列,则概率和为 1 是检验正确与否的重要途径.

(11) 遇到复杂的式子可以用换元法.使用换元法必须注意新元的取值范围,有勾股定理型的已知条件,可使用三角换元来完成.

(12) 关于中心对称问题,只需使用中点坐标公式即可;关于轴对称问题,注意两个关系的运用:一是垂直,一是中点在对称轴上.

# 第三节 变 换 主 元

绝大多数数学问题中的变量都不唯一,通常情况下,会有一些变量处于题柱角色,它们是解决矛盾的主要方面,称为主元;其他的元素则处于问题解决的次要和服从地位,称为次元.在一些问题所给条件或结论中,往往掩盖主元与次元之间的关系,把相关变量搅在一起,增加解题难度.因此,在解题中如果能迅速准确地确定并突出主要元素,则可使解题目标指向更清晰,更有利于抓住问题的要害,将复杂问题简单化.

## 一、在若干变元中挑选主元

在众多变元中,选择其中一个变元为主元,视其他变元为辅助参量,突出主要矛盾,淡化次要矛盾,促成问题转化.

**例 8.19** 已知 $x$、$y$、$z \in \mathbf{R}$ 且 $x + y + z = \pi$,$x^2 + y^2 + z^2 = \dfrac{\pi^2}{2}$. 求证:$0 \leqslant x$、$y$、$z \leqslant \dfrac{2\pi}{3}$.

**分析** 已知条件中有 3 个变量,却只有两个等式,证明似乎无从下手. 考虑到本题是一个多变量问题,可先减少变量的个数,将 $z = \pi - (x + y)$ 代入 $x^2 + y^2 + z^2 = \dfrac{\pi^2}{2}$,可得 $x^2 + y^2 + (\pi - x - y)^2 = \dfrac{\pi^2}{2}$,选择变量 $x$ 为主元,视 $y$ 为参数,则上式可化为关于 $x$ 的二次三项式,即

$$2x^2 - 2(\pi - y)x + 2y^2 - 2\pi y + \frac{\pi^2}{2} = 0 \qquad\qquad ①$$

在上述方程 ① 中,因为 $\Delta \geqslant 0$,即

$$\Delta = 4(\pi - y)^2 - 8\left(2y^2 - 2\pi y + \frac{\pi^2}{2}\right) = 8\pi y - 12y^2 \geqslant 0$$

所以 $y\left(\dfrac{2\pi}{3} - y\right) \geqslant 0$,$0 \leqslant y \leqslant \dfrac{2\pi}{3}$,同理可得 $0 \leqslant x \leqslant \dfrac{2\pi}{3}$,$0 \leqslant z \leqslant \dfrac{2\pi}{3}$.

所以 $0 \leqslant x$、$y$、$z \leqslant \dfrac{2\pi}{3}$.

## 二、多个变元轮流担当主元

在处理多个变元问题时,可在不同的解题阶段确立不同的主元,视其他变元为参数,从而突破参数之间的互相制约,化多元问题为一元问题.

**例 8.20** 对任意 $x$、$y$、$z \in \mathbf{R}$,$ax + by + cz + d = r$($r$ 为常数)恒成立的充要条件是什么?

**分析** 易知当 $x \in \mathbf{R}$ 时,$Ax + B = 0$ 成立的充要条件是 $A = 0$ 且 $B = 0$,由此可用主元法采取轮流做主、各个击破的策略求解. 不妨先以 $x$ 为主元,整理得

$$ax + (by + cz + d - r) = 0 \qquad\qquad ①$$

当 $x \in \mathbf{R}$ 时 ① 恒成立的充要条件是 $a = 0$,且

$$by + cx + d - r = 0 \qquad\qquad ②$$

再以 $y$ 为主元,整理 ② 得 $by + (cz + d - r) = 0$($y \in \mathbf{R}$),同理可得 $b = 0$ 且

$$cz + d - r = 0 \qquad\qquad ③$$

又以 $z$ 为主元整理 ③ 得 $cz + (d - r) = 0$($r$ 为常数),
同样可得 $c = 0$ 且 $d - r = 0$.

综上所述,可得 $ax + by + cz + d = r$($r$ 为常数)对任意 $x$、$y$、$z \in \mathbf{R}$ 恒成立的充要条件是:$a = b = c = 0$ 且 $d = r$.

## 三、反客为主调换主辅元位置

在处理含有参数与主变量的有关问题时,突破思维定式,选取辅助变量为主元,而视

原来的"主元"为参量,反客为主,化难为易,化繁为简.

**例 8.21**　设方程 $x^2+ax+b-2=0(a\,,b\in\mathbf{R})$ 在 $(-\infty,-2]\cup[2,+\infty)$ 上有实根,求 $a^2+b^2$ 的取值范围.

**分析**　本题若直接由条件出发,利用实根分布条件求出 $a,b$ 满足的条件,即在 $aOb$ 坐标平面内表示的区域,再视 $a^2+b^2$ 的区域内点与原点距离的平方,以此数形结合的方法,也可获解,但过程很繁琐,故我们反客为主,视方程 $x^2+ax+b-2=0(a\,,b\in\mathbf{R})$ 为 $aOb$ 坐标平面上的一条直线: $xa+b+x^2-2=0$,$P(a,b)$ 为直线上的点,则 $a^2+b^2$ 即为 $|PO|^2$.设 $d$ 为点 $O$ 到直线 $l$ 的距离,由几何条件可知:

$$|PO|^2\geqslant d^2=\left(\frac{|x^2-2|}{\sqrt{x^2+1}}\right)^2=\frac{(x^2+1-3)^2}{x^2+1}=(x^2+1)+\frac{9}{x^2+1}-6.$$

因为 $x\in(-\infty,-2]\cup[2,+\infty)$,令 $t=x^2+1$,所以 $t\in[5,+\infty)$.

且易知函数 $t+\dfrac{9}{t}$ 在 $[5,+\infty)$ 上为增函数,所以,

$$|PO|^2\geqslant(x^2+1)+\frac{9}{x^2+1}-6=t+\frac{9}{t}-6\geqslant5+\frac{9}{5}-6=\frac{4}{5},$$

等号成立的条件是 $\begin{cases}|PO|=d\\x^2+1=5\end{cases}$,即 $x=\pm2$.

当 $\begin{cases}x=2\\PO\perp l\end{cases}$ 时,$\begin{cases}2a+b+2=0,\\b=\dfrac{a}{2},\end{cases}\Rightarrow\begin{cases}a=-\dfrac{4}{5},\\b=-\dfrac{2}{5}.\end{cases}$

当 $\begin{cases}x=-2\\PO\perp l\end{cases}$ 时,$\begin{cases}a=\dfrac{4}{5},\\b=-\dfrac{2}{5}.\end{cases}$

所以当 $x=2,a=-\dfrac{4}{5},b=-\dfrac{2}{5}$ 或 $x=-2,a=\dfrac{4}{5},b=-\dfrac{2}{5}$ 时,$(a^2+b^2)_{\min}=\dfrac{4}{5}$.

同样是数形结合,但显然变换主元后的数形结合更简洁,所以在一个含有多个变量的问题中,"主"和"客"是相对而言的,"客随主便"理所当然,但"喧宾夺主"也未尝不可.

## 第四节　有 效 增 设

增设性的构作是解题中的一种创造性劳动.最常见的有平面几何、立体几何中的辅助线的添作和数式问题中辅助参数的设立等.但不限于此,许多有效的增设性构作给问题的求解带来柳暗花明和变繁为易的生机.

### 一、增设参数,铺设解题通道

有些问题,初看上去似乎缺少条件,一时难以入手,或是已知条件较多,无从下手,这时,

我们可以增加一些辅助参数,来拓宽思路寻求解题良策.辅助参数从更广泛的意义上说,包括增设的未知数,也包括一些辅助图形.所谓的"设而不求"未知数,就是一种特别的辅助参数.所有这些辅助参数的加入,为解题增添了活力,使得问题中各变量之间的关系,特别是未知量与已知量之间的关系进一步明朗化,为最终实现问题的解决奠定基础.

**例 8.22**　求方程 $x^3 - y^3 = xy + 61$ 的自然数解 $x$、$y$.

**分析**　由方程结构知,$x > y$,又由 $x^3 - y^3 = (x-y)xy + (x-y)(x^2+y^2)$ 知,$x$ 不能比 $y$ 大太多,考虑用线性代换 $x = y + d$ 降低方程次数.代入原方程并整理得 $(3d-1)y^2 + (3d^2-d)y + d^3 = 61$.

由 $x > y$ 得 $d \geqslant 1$,从而 $3d - 1 > 0$.又因为 $y > 0$,所以,$d^3 < 61$,$d \leqslant 3$.因此,$d$ 只有三种可能的取值,即 $d - 1, 2, 3$.

不难验证,只有当 $d = 1$ 时,$y$ 才有自然数解,此时 $y = 5$,$x = y + d = 6$.因此,原方程的自然数解为 $x = 6$,$y = 5$.

**例 8.23**　设 $x$、$y$ 均不为零,且 $x\sin\theta - y\cos\theta = \sqrt{x^2+y^2}$,$\dfrac{\sin^2\theta}{a^2} + \dfrac{\cos^2\theta}{b^2} = \dfrac{1}{x^2+y^2}$.求证:$\dfrac{x^2}{a^2} + \dfrac{y^2}{b^2} = 1$.

**分析**　本题实质上就是要从已知条件中消去参数 $\theta$.这类命题变化较大,解题方法具有较大的灵活性.如果用平方消去法和比较消去法推证,解题过程较为曲折.注意到已知条件中的前一个等式在结构上的特征,引入辅助角 $\varphi = \arctan \dfrac{y}{x}$,则容易把条件和结论联系起来.

事实上,由已知条件易得 $\dfrac{x}{\sqrt{x^2+y^2}}\sin\theta - \dfrac{y}{\sqrt{x^2+y^2}}\cos\theta = 1$.

令 $\varphi = \arctan \dfrac{y}{x}$,则 $\sin(\theta - \varphi) = 1$.所以,$\theta = \varphi + \dfrac{\pi}{2} + 2k\pi (k \in \mathbf{Z})$.

于是,$\sin^2\theta = \sin^2\left(\varphi + \dfrac{\pi}{2} + 2k\pi\right) = \cos^2\varphi = \dfrac{x^2}{x^2+y^2}$,

$$\cos^2\theta = \cos^2\left(\varphi + \dfrac{\pi}{2} + 2k\pi\right) = \sin^2\varphi = \dfrac{y^2}{x^2+y^2}.$$

所以,$\dfrac{x^2}{a^2} + \dfrac{y^2}{b^2} = 1$.

**例 8.24**　已知 $x$、$y > 0$,求 $\dfrac{4x}{4x+y} + \dfrac{y}{x+y}$ 的最大值.

**分析**　考虑到分母比较复杂,分子简单,故对分母进行双换元,再利用基本不等式求最值即可.设 $4x + y = t > 0$,$x + y = s > 0$,得 $x = \dfrac{t-s}{3}$,$y = \dfrac{4s-t}{3}$.于是

$$\frac{4x}{4x+y} + \frac{y}{x+y} = \frac{\frac{4}{3}(t-s)}{t} + \frac{\frac{4s-t}{3}}{s} = \frac{8}{3} - \left(\frac{4s}{3t} + \frac{t}{3s}\right) \leqslant \frac{8}{3} - 2\sqrt{\frac{4}{3} \cdot \frac{1}{3}} = \frac{4}{3}.$$

当且仅当 $\dfrac{4s}{3t} = \dfrac{t}{3s}$,即 $y = 2x$ 时等号成立.

这类问题的求解策略很多,如变为齐次式,通分后利用基本不等式,等等.但是从上面的解答可以看出,进行双换元后化简,变为关于 $s$、$t$ 的式子,再利用基本不等式求解,显得顺理成章,减少了运算量.

## 二、增设条件,扩充解题资源

许多有待证明的问题都可利用增设的条件,扩充可供利用的资源和解题的视野,使求证显得更为轻松、方便.

**例 8.25**　已知 $x+y+z=0$,求证:$6(x^3+y^3+z^3)^2 \leqslant (x^2+y^2+z^2)^3$.

**分析**　由已知得 $z=-(x+y)$,因此 $x^3+y^3+z^3=x^3+y^3-(x+y)^3=3xyz$,$6(x^3+y^3+z^3)^2=54x^2y^2z^2$.但要证 $54x^2y^2z^2 \leqslant (x^2+y^2+z^2)^3$ 仍不易,注意到 $x$、$y$、$z$ 的全对称及 $x+y+z=0$,为不失一般性可增设 $x \geqslant 0,y \leqslant 0$ 再证之.

在我们增设了"$x \geqslant 0,y \leqslant 0$"并没有改变题意,相反能够帮助我们更好地分析题意,赢得证明的空间.

事实上,当 $x \geqslant 0,y \leqslant 0$ 时,有 $|xy|=-xy$,

$$54x^2y^2z^2 = 216 \cdot \frac{|xy|}{2} \cdot \frac{|xy|}{2} \cdot z^2 \leqslant 216 \cdot \left[\frac{\dfrac{|xy|}{2}+\dfrac{|xy|}{2}+z^2}{3}\right]^3$$

$$= 8\left(|xy|+z^2\right)^3 = \left(2|xy|+2z^2\right)^3 = \left[z^2+2|xy|+(-x-y)^2\right]^3$$

$$= (x^2+y^2+z^2)^3.$$ 命题获证.

**例 8.26**　已知 $p$,$p+10$,$p+14$ 都是质数,求出所有的 $p$ 值.

**分析**　本例曾在例 1.4 中讨论过,在这里我们探讨条件的增设,以帮助解题.为便于叙述,将 $p$ 按被 3 除所得余数来分类,于是对各类情况的讨论、求解便充实了限定的条件.

若 $p=3n(n \in \mathbf{N}_+)$,因 $p$ 为质数,唯 $n=1$,这时 $p+10=13$,$p+14=17$ 都是质数,即 $p=3$ 为所求;

若 $p=3n+1(n \in \mathbf{N}_+)$,则 $p+14=3(n+5)$ 为合数;

若 $p=3n+2(n \in \mathbf{N}_+)$,则 $p+10=3(n+4)$ 为合数.

故符合题设的质数 $p$ 唯有 3.

我们知道,用分析法证代数或几何题在找到思路后,其推理顺序需逆向写一遍.但若增设与原结论相反的对立面的结论,则不但增加了已知条件,而且经改换成反证法,把原先倒置的逻辑顺序也调整好了.这就是说,一般能用分析法求证的不等式之类的问题(前提是对立面的结论较简单),都可以通过增设相反的结论,转而用反证法证之.

**例 8.27**　已知 $x_1$、$x_2$ 均为正数.求证:

$$\frac{\sqrt{1+x_1^2}+\sqrt{1+x_2^2}}{2} \geqslant \sqrt{1+\left(\frac{x_1+x_2}{2}\right)^2}.$$

**分析**　假设结论不真,即

$$\frac{\sqrt{1+x_1^2}+\sqrt{1+x_2^2}}{2} < \sqrt{1+\left(\frac{x_1+x_2}{2}\right)^2},$$

因不等号两端均为正数,两边平方,展开得

$$\sqrt{(1+x_1^2)(1+x_2^2)} < 1 + x_1 x_2,$$

再平方,展开得

$$x_1^2 + x_2^2 < 2x_1 x_2,$$

即

$$(x_1 - x_2)^2 < 0.$$

但因 $x_1$、$x_2$ 为正数,上式不可能成立,因此原不等式获证.

## 三、增设结论,降低解题难度

通常情况下,增设结论会提高解题的难度,但正如"以屈求伸"和"以退为进"的道理一样,有时恰当地增设结论反而会创造解题的转机.

**例 8.28**  设 $0 < a < 1$,定义 $a_1 = 1 + a$,$a_{n+1} = \dfrac{1}{a_n} + a$(当 $n \geqslant 1$ 时),证明对一切非零自然数 $n$,有 $a_n > 1$.

**分析**  命题带有自然数特征,启发我们用数学归纳法证之.其中第二步从设 $a_k > 1$ 到证 $a_{k+1} = \dfrac{1}{a_k} + a > 1$,须证 $a_k < \dfrac{1}{1-a}$,但这是条件或结论所没有的.故增设结论:"证明对一切自然数,有 $1 < a_n < \dfrac{1}{1-a}$."

**证明**  当 $n = 1$ 时,显然有 $a_1 = 1 + a > 1$,及 $a_1 = \dfrac{1-a^2}{1-a} < \dfrac{1}{1-a}$.

所以,当 $n = 1$ 时,命题成立.

假设 $n = k$ 时,有 $1 < a_k < \dfrac{1}{1-a}$,则当 $n = k+1$ 时,据递推关系,有

$$a_{k+1} = \frac{1}{a_k} + a > \frac{1}{\dfrac{1}{1-a}} + a = 1 - a + a = 1,$$

及

$$a_{k+1} = \frac{1}{a_k} + a < 1 + a = \frac{1-a^2}{1-a} < \frac{1}{1-a},$$

即知 $n = k+1$ 时,命题也成立.

所以,对一切非零自然数 $n$,都有 $1 < a_n < \dfrac{1}{1-a}$,当然更有 $a_n > 1$.

## 四、增设阶梯,减缓解题坡度

对有一定难度的数学题,有时可增设阶梯,即插入中间过渡的系列小题来简化求解过程.

**例 8.29** 已知数列 $\{a_n\}$、$\{b_n\}$ 满足 $a_1 = \alpha$，$b_1 = \beta(\alpha > 0, \beta > 0)$，$\alpha + \beta = 1$，且 $a_n = \dfrac{a_{n-1}b_{n-1}}{1 - a_{n-1}^2}$，$b_n = \dfrac{a_{n-1}b_{n-1} + b_{n-1}^2}{1 - a_{n-1}^2}$. 求和 $S_n = a_1^2 b_2 + a_2^2 b_3 + a_3^2 b_4 + \cdots + a_n^2 b_{n+1}$.

**分析** 要求 $S_n$，须先知 $\{a_n\}$、$\{b_n\}$ 的通项，为此宜先加一求通项的阶梯小题.

注意到 $\dfrac{b_n}{a_n} = \dfrac{a_{n-1}b_{n-1} + b_{n-1}^2}{a_{n-1}b_{n-1}} = 1 + \dfrac{b_{n-1}}{a_{n-1}}$，即 $\dfrac{b_n}{a_n} - \dfrac{b_{n-1}}{a_{n-1}} = 1$，

即 $\left\{\dfrac{b_n}{a_n}\right\}$ 是首项为 $\dfrac{\beta}{\alpha}$，公差为 1 的等差数列，所以，

$$\frac{b_n}{a_n} = \frac{\beta}{\alpha} + (n-1) = \frac{1-\alpha}{\alpha} + (n-1) = \frac{1}{\alpha} + (n-2). \qquad ①$$

若能再找到一个 $a_n$ 与 $b_n$ 的关系式，就可和①联立，求出两通项，这是进一步设立阶梯小题的目标. 观察 $a_1 + b_1 = \alpha + \beta = 1$，

$$a_2 + b_2 = \frac{a_1 b_1}{1 - a_1^2} + \frac{a_1 b_1 + b_1^2}{1 - a_1^2} = \frac{2\alpha\beta + \beta^2}{1 - \alpha^2} = \frac{\beta(2\alpha + \beta)}{1 - \alpha^2} = \frac{\beta(1 + \alpha)}{(1 - \alpha)(1 + \alpha)} = 1,$$

可猜想

$$a_n + b_n = 1. \qquad ②$$

并用数学归纳法加以验证. 增设了上述两个层次的阶梯小题，我们已逐渐接近求解的目标了.

如果用化归的观点来看待求解问题的变形和转化，常常会获得比原先更简单的命题，而它的解决又成了解决原先问题的关键. 因此视该简单题为增设的阶梯小题，先行解决，则原题的解决也显得思路清晰、简单易行了.

# 第五节 正难则反

数学问题的解决，有许多可以从条件出发，进行正面、顺向的思考而获得结论，即用综合法解决问题. 这种思考在思维方向上具有定向性、聚合性，强化这种思维定式，在数学解题中有着决定性的作用. 然而，综合法由题设条件出发可用的定理很多，推出的结论往往也很多，要从众多的结论中找到我们需要的结论，有时是很困难的. 千古传诵的"草船借箭"与"司马光砸缸"的历史故事都充分说明了逆向思维的巨大威力，正难则反易，数学问题的解决也是这样，"第五公设"的试证与罗巴切夫斯基几何的诞生就是最辉煌也是最悲壮的例证.

正难则反原则是解题学中一个重要的思维方式，本质上来说，就是当从问题的正面思考遇到阻力难以下手时，可以通过逆向思维，从问题的结论出发，从问题的反面出发，逆向地应用有关知识达到解决问题的目的.

## 一、逆推分析法

逆推分析法是解题学中求解证明问题的重要思想方法，它是从问题的结论入手进行推理尝试. 当一个数学问题设定的条件和结论之间的联系不是十分明显时，如果我们直接根据给定的条件不能找到解题方法，可以尝试使用逆推分析法. 它的思路是不断地探究要证结论

成立的充分条件或者充要条件,直到探求出一个可以直接证明的条件为止.

**例 8.30**　某圆形池塘中央,有一块浮萍,若这块浮萍的面积以每天增加一倍的速度向外蔓延,且 10 天刚好长满池塘.问第几天长满池塘的一半.

**分析**　这道题,若用常规方法,从已知出发求结果,较为复杂.但若从结果考虑,10 天刚好长满池塘,那么前一天长满池塘的多少呢? 结果自然就清楚了:第 9 天刚好长满池塘的一半.

**例 8.31**　证明:如果 $|x| < 1$,$|y| < 1$,则 $\left|\dfrac{x-y}{1-xy}\right| < 1$.

**分析**　要从条件推导出相应结论,很难找到问题的切入点,不妨从结论出发,等价变形,逆推到便于对比已知条件得出结论的形式.

事实上,
$$\left|\frac{x-y}{1-xy}\right| < 1 \Leftrightarrow \left(\frac{x-y}{1-xy}\right)^2 < 1$$
$$\Leftrightarrow (x-y)^2 < (1-xy)^2 \text{ 且 } xy \neq 1$$
$$\Leftrightarrow 1 - x^2 - y^2 + x^2 y^2 > 0 \text{ 且 } xy \neq 1$$
$$\Leftrightarrow (1-x^2)(1-y^2) > 0 \text{ 且 } xy \neq 1$$

由题设,$|x| < 1$,$|y| < 1$,上式成立,从而原不等式得证.

**例 8.32**　设 $a$、$b$、$c \in \mathbf{R}$,证明:$\dfrac{a}{1+a+ab} + \dfrac{b}{1+b+bc} + \dfrac{c}{1+c+ca} \leqslant 1$.

**分析**　这是一个与分式有关的不等式,直接将分式左边变形进行证明,较为复杂,不妨对分式进行等价变形,找出不等式成立的条件.

要使得原不等式成立,只需有
$$\frac{b}{1+b+bc} + \frac{c}{1+c+ca} \leqslant \frac{1+ab}{1+a+ab}.$$

只需证明
$$\frac{b+c+2bc+abc+bc^2}{(1+b+bc)(1+c+ca)} \leqslant \frac{1+ab}{1+a+ab},$$

通过去分母变形可得,只需证明
$$(b+c+2bc+abc+bc^2)(1+a+ab) \leqslant (1+b+bc)(1+c+ca)(1+ab).$$

去括号化简,只需证明 $2abc \leqslant 1 + a^2 b^2 c^2$.即证 $(abc-1)^2 \geqslant 0$.

此式恒成立,所以原不等式得证.

**例 8.33**　求证:对 $x$、$y \in \mathbf{R}$,总有 $x^2 + xy + y^2 \geqslant 3(x+y-1)$.

**分析**　要证明的不等式直接从右边部分变形很难找到与左边部分的关系,但可对上述不等式进行等价分析来解决:
$$x^2 + xy + y^2 \geqslant 3(x+y-1) \Leftrightarrow x^2 + (y-3)x + y^2 - 3y + 3 \geqslant 0.$$

上式可以看成是一个关于 $x$ 的一元二次函数.对于任意的实数 $x$,函数值总是大于等于 0.可以通过判别式来解决,

上式成立 $\Leftrightarrow \Delta = (y-3)^2 - 4(y^2 - 3y + 3) = -3y^2 + 6y - 3 = -(y-1)^2 \leqslant 0$,

显然,上式恒成立,所以恒有 $x^2 + xy + y^2 \geqslant 3(x + y - 1)$.

## 二、反证法

牛顿曾经说过"反证法是数学家最重要的武器之一",这句话充分肯定了反证法在数学中的重要性.

反证法与其他证明方法有较大的区别,首先就体现在它的逻辑依据上.反证法的逻辑依据就是:一个命题的结论与它结论的反面有且只有一个是成立的,或者说原命题与命题的否定之间有且只有一个是真的,所以有些时候我们不能直接证明一个命题的真假,可以假设它结论的反面是成立的,并且以此为一个新的条件,结合其他已知条件,通过正确的逻辑推理,得出与公理、客观事实或已知条件相矛盾的结论,如此就可以说明假设是不成立的,则原命题的结论一定是成立的.

根据命题结论反面的不同情形,反证法大致可以分为两种类型:归谬法和穷举法.当结论的反面只有一种情形时,我们只需否定这一种情形就能证明原命题,这种反证法称为归谬法;当结论的反面有多种情形时,我们必须将每一种情形都否定才能证明原命题,这种反证法称为穷举法.

反证法的基本步骤,主要分为以下三步.

第一步:假设原命题是假命题,即假设命题结论的反面成立.表 8.1 列出的是几种常见的命题反设方法.

表 8.1 几种常见的命题反设方法

| 原 结 论 | 反 设 | 原 结 论 | 反 设 |
|---|---|---|---|
| 至少有一个 | 一个也没有 | 至多有一个 | 最少有两个 |
| 至少有 $n$ 个 | 最多有 $n-1$ | 最多有 $n$ 个 | 至少有 $n+1$ |
| $p$ 或 $q$ | 非 $p$ 且非 $q$ | $p$ 且 $q$ | 非 $p$ 或非 $q$ |
| 对任意的 $p$ 不成立 | 存在某个 $p$ 成立 | 对所有的 $p$ 都成立 | 存在某个 $p$ 不成立 |

第二步:以假设的结论为条件进行推理,得出矛盾.这里的矛盾可以多种多样,既可以与题目的条件矛盾,也可以与公理相矛盾,还可以与客观事实相矛盾.得出矛盾的推理过程是反证法的核心部分.

第三步:得出结论.对于"若 $p$ 则 $q$"型的问题,理论上都是可以用反证法来解决的,但根据具体问题,难易程度会不一样,并不是所有的题都适合反证法,要根据题型的特点采用合适的方法

**例 8.34** 证明:在平面中通过点 $(\sqrt{3}, 2)$ 的所有直线中,至少通过两个有理点的直线有且只有一条(有理点指的是横坐标和纵坐标都是有理数的点,如 $(2, 3)$).

**分析** 此题若直接证明存在性很容易说清楚,但是唯一性的证明却很困难.唯一性的证明常用的方法有反证法和同一法.

用反证法说明:很显然直线 $y = 2$ 符合题意,假设存在另外一条直线 $y = kx + b$(显然 $k$ 存在且 $k \neq 0$)经过有理点 $A(x_1, y_1)$、$B(x_2, y_2)$.因为直线经过点 $(\sqrt{3}, 2)$,所以有 $b = 2 -$

$\sqrt{3}k$,于是有 $y_1=kx_1-\sqrt{3}k+2$,$y_2=kx_2-\sqrt{3}k+2$.两式相减,可得 $k=\dfrac{y_1-y_2}{x_1-x_2}$,又 $x_1$、$y_1$、$x_2$、$y_2$ 均为有理数,由此可知 $k$ 也为有理数.

又由 $y_1=kx_1-\sqrt{3}k+2$,可得 $\sqrt{3}=\dfrac{kx_1+2-y_1}{k}$ 是有理数,矛盾,所以符合题意的直线只有一条 $y=2$.

这道题的唯一性还可以用同一法说明:假设除直线 $y=2$ 之外还存在一条满足题意的直线 $y=kx+b$,并且经过有理点 $A(x_1,y_1)$、$B(x_2,y_2)$,有 $b=2-\sqrt{3}k$,直线可化为:$y=kx-\sqrt{3}k+2=k(x-\sqrt{3})+2$.因为直线经过有理点 $A(x_1,y_1)$ 和 $B(x_2,y_2)$,所以 $k=\dfrac{y_1-y_2}{x_1-x_2}$,$k$ 为有理数.又 $y_1=k(x_1-\sqrt{3})+2$,$y_2=k(x_2-\sqrt{3})+2$ 且 $x_1$、$y_1$、$x_2$、$y_2$ 均为有理数,所以 $k=0$,直线为 $y=2$,即只存在唯一一条符合题意的直线.

同一法也体现了正难则反思想,它主要用于包含唯一性的命题的证明.它跟反证法的逻辑有一点差别,它是假设结论不唯一,即存在另外一个结论也满足题意,再通过逻辑证明这两个结论是同一个,这样也从反面说明了结论的唯一性.

## 三、构造反例

反例是纠正错误的有效方法.在数学学习和研究过程中,要证明一个数学命题是正确的,则必须能够根据命题所给的条件推导出命题的结论,但是如果要证明一个命题是错误的,简单而有效的方法就是举反例.

反例一般情况下是指用来否定命题的特例.在数学的发展过程中,举反例起到了不可忽视的作用.经常会出现这样的现象,某些数学猜想,经过很长一段时间都没有人能够证明它,但是却有人转换了一下思考的方向,举出了反例.于是,便直接说明了这个猜想是错误的,从而解决了这个数学问题.

无理数的发现过程便是一个典型的案例,毕达哥拉斯学派认为世界上任意的数都可以表示成整数与整数之比,这个结论影响了几个世纪.一直到希伯索斯在研究正方形时发现,当正方形的边长为 1 时,它的对角线长度是不可测量的,即此时对角线的长度不是一个有理数.这一反例的发现,彻底推翻了毕达哥拉斯学派关于"数"的理论,希伯索斯通过进一步的研究,确定了有理数不能表示数轴上所有的点,于是才有了无理数.希伯索斯的这一发现,无疑对数学的发展起到了极大的推动作用,让人们对数学的研究从依靠直觉、经验转向为严格的证明.

**例 8.35**　证明对于任意的 $\theta$,曲线 $x^2+y^2-2ax\sin\theta-2ay\cos\theta=0$ 都经过定点,并求出定点.

**分析**　求曲线过定点,可以通过取特殊值先来求出定点,分别取 $\theta=0,\dfrac{\pi}{2}$,代入得:$\begin{cases} x^2+y^2-2ay=0, \\ x^2+y^2-2ax=0. \end{cases}$

解上述方程可得 $\begin{cases} x_1=0, \\ y_1=0; \end{cases} \begin{cases} x_2=a, \\ y_2=a. \end{cases}$

那么,大多数的学生在这个位置就会得出结论:所以曲线过定点$(0,0)$、$(a,a)$.这时,再进一步分析,因为定点是对任意的$\theta$都成立,我们可以举出这样一个反例.

$x_2=y_2=a=1$时,原曲线的函数式的左边就可以化为

$$1^2+1^2-2\sin\theta-2\cos\theta=2\left[1-\sqrt{2}\sin\left(\theta+\frac{\pi}{4}\right)\right].$$

由上式可以看出,当且仅当$\theta=k\pi+\left[(-1)^k-1\right]\cdot\dfrac{\pi}{4}$时才等于零,所以当$a\neq 0$时曲线不一定过点$(a,a)$,所以点$(a,a)$不是曲线的定点作为一个反例,它提醒我们,对于某些解法是利用必要性解题而不是充要性,这时需要验证它的充要性.

**例 8.36** 判断命题,若$P$、$Q$是直线$l$同侧的两个不相同的点,则必存在两个不同的圆通过$P$、$Q$,且和直线$l$相切.

**分析** $P$、$Q$两点所在的直线与直线$l$存在两种关系,相交或者平行,那么我们就可以分两种情况讨论,若两种情况都成立,则命题是正确的,若在一种情况中可以找到一个反例,那么说明命题是错误的.

当$P$、$Q$所在的直线与直线$l$相交时,命题是正确的(见图8.8).

当$P$、$Q$所在的直线与直线$l$平行时,过$P$、$Q$且与$l$相切的圆只有一个(见图8.9),即构成反例,命题不正确.

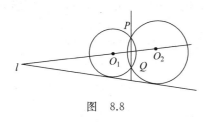

图 8.8

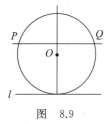

图 8.9

## 四、从反面思考

从问题的反面思考也是包含多个方面的,可以采用补集的方法从问题结论的补集入手,也可以从转换的角度分析问题,例如在解不等式或方程时,可以将主元与客元进行转换,也可以将等式转换成不等式来解决.

**例 8.37** 已知三个方程$x^2-mx+4=0$,$x^2-2(m-1)x+16=0$,$x^2+2mx+3m+10=0$中至少有一个方程有实根,求实数$m$的取值范围.

**分析** 若正面求解,三个方程至少有一个方程有实根,将出现7种可能,情况复杂,但其反面则只有一种情况:三个方程都没有实根,问题变得极为简单.有

$$\begin{cases}\Delta_1=m^2-4\times 4=(m-4)(m+4)<0,\\\Delta_2=4(m-1)^2-4\times 16=4(m-5)(m+3)<0,\\\Delta_3=4m^2-4(3m+10)=4(m-5)(m+2)<0,\end{cases}$$

即　$\begin{cases} -4 < m < 4, \\ -3 < m < 5, \\ -2 < m < 5, \end{cases}$ 得 $-2 < m < 4.$

再求补集,得三个方程至少有一个方程有实根时,实数 $m$ 的取值范围为 $(-\infty, -2] \cup [4, +\infty)$.

**例 8.38**　对满足不等式 $|\log_2 p| < 2$ 的一切实数 $p$,求使不等式 $x^2 + px + 1 > 3x + p$ 都成立的 $x$ 的取值范围.

**分析**　由条件,$-2 < \log_2 p < 2$,得 $\dfrac{1}{4} < p < 4$.如果正面处理,$f(x) = x^2 + (p-3)x + (1-p)$,则问题等价于在约束条件 $\dfrac{1}{4} < p < 4$ 下,求 $f(x) > 0$ 的解集,处理起来比较麻烦.此时,如果反客为主,以 $p$ 为主元,则有

$$g(p) = (x-1)p + (x^2 - 3x + 1) \quad \left(p \in \left(\frac{1}{4}, 4\right)\right).$$

显然 $x \neq 1$,$g(p)$ 是 $p$ 的一次函数,问题转化为关于 $p$ 的一次函数在 $\left(\dfrac{1}{4}, 4\right)$ 上恒正时系数的讨论,问题就容易多了.

事实上,由 $|\log_2 p| < 2$,得 $\dfrac{1}{4} < p < 4$,显然 $g(p) > 0$ 时 $x \neq 1$,由一次函数的单调性,得 $g(p) > 0\left(\dfrac{1}{4} < p < 4\right)$ 的充要条件是 $g\left(\dfrac{1}{4}\right) \geqslant 0$ 且 $g(4) \geqslant 0$,即

$$4x^2 - 11x + 3 \geqslant 0 \text{ 且 } x^2 + x - 3 \geqslant 0,$$

解之得 $x \geqslant \dfrac{11 + \sqrt{73}}{8}$ 或 $x \leqslant \dfrac{-1 - \sqrt{13}}{2}$.

# 习　题　八

1. 已知 $x \geqslant 0, y \geqslant 0$,且 $x + \dfrac{1}{2}y = 1$,求 $x^2 + y^2$ 的最值.

2. 已知二次函数 $f(x) = ax^2 + bx + c = 0(a > 0)$,满足关系 $f(2+x) = f(2-x)$,试比较 $f(0.5)$ 与 $f(\pi)$ 的大小.

3. 已知长方体的全面积为 11,其 12 条棱的长度之和为 24,求这个长方体的一条对角线长.

4. 已知复数 $z$ 的模为 2,求 $|z - i|$ 的最大值.

5. 已知点 $A(1,3)$、$B(3,1)$,点 $C$ 在坐标轴上,且 $\angle ACB = 90°$,求满足条件的点 $C$ 的个数.

6. 解方程 $(x^2 + 3x - 4)^2 + (2x^2 - 7x + 6)^2 = (3x^2 - 4x + 2)^2$.

7. 点 $P_1(2,3)$、$P_2(-4,5)$ 和 $A(-1,2)$,求过点 $A$ 且与点 $P_1$、$P_2$ 距离相等的直线方程.

8. 已知 $\sin^4\alpha + \cos^4\alpha = 1$，求 $\sin\alpha + \cos\alpha$ 的值.

9. 求函数 $y = \dfrac{\sqrt{x+2}}{x+3}$ 的值域.

10. 已知函数 $f(x) = 2x^2 + mx + n$，求证：$|f(1)|$、$|f(2)|$、$|f(3)|$ 中至少有一个不小于 1.

11. 已知实数 $a$、$b$ 满足 $a+b=1$，求证：$(a+2)^2 + (b+2)^2 \geqslant \dfrac{25}{2}$.

12. 已知直线 $l$ 经过点 $P(3,1)$，且被两平行直线 $l_1: x+y+1=0$ 和 $l_2: x+y+6=0$ 截得的线段长为 5，求直线 $l$ 的方程.

13. 设方程 $x^2 + kx + 2 = 0$ 的两实根为 $p$、$q$，若 $\left(\dfrac{p}{q}\right)^2 + \left(\dfrac{q}{p}\right)^2 \leqslant 7$ 成立，求实数 $k$ 的取值范围.

14. 已知三个方程 $x^2 + 4ax - 4a + 3 = 0$，$x^2 + (a-1)x + a^2 = 0$，$x^2 + 2ax - 2a = 0$ 中至少一个方程有实数解，求实数 $a$ 的取值范围.

15. 有一个半径是 1 的圆，圆心在 $x$ 轴上运动，抛物线方程是 $y^2 = 2x$，试问当这个圆运动到什么位置时，圆与抛物线在同一个交点处的两条切线相互垂直.

16. 求证：若 $2^p - 1$ 是质数，则 $p$ 是质数.

17. 求证：面积等于 1 的三角形不能被面积小于 2 的平行四边形所覆盖.

18. $\triangle ABC$ 中，$BC = a$，$AC = b$，$AB = c$，$c$ 为最大边，若 $ac\cos A + bc\cos B < 4S$（$S$ 为 $\triangle ABC$ 的面积），求证：$\triangle ABC$ 为锐角三角形.

19. 设 $AB$ 为过抛物线 $y^2 = 2px$（$p>0$）焦点的弦，试证抛物线上不存在关于直线 $AB$ 对称的两点（不考虑 $A$、$B$ 的自身对称）.

20. 已知 $a$、$b$、$c$、$d$ 均为正实数，且 $a+b+c+d=1$，$p = \sqrt[3]{7a+1} + \sqrt[3]{7b+1} + \sqrt[3]{7c+1} + \sqrt[3]{7d+1}$，求证：$p < 6$.

21. 已知函数 $f(x) = \dfrac{1}{(1-x)^n} + \ln(x-1)$，其中 $n \in \mathbf{N}_+$. 求证：对任意正整数 $n$，当 $x \geqslant 2$ 时，有 $f(x) \leqslant x - 1$.

22. 已知 $a > b$，两个三角形的三边分别为 $a$、$a$、$b$，$b$、$b$、$a$，并且这两个三角形的最小内角都等于 $\alpha$，求 $\alpha$ 和 $\dfrac{a}{b}$ 的值.

23. 在正项数列 $\{a_n\}$ 中，令 $S_n = \sum\limits_{i=1}^{n} \dfrac{1}{\sqrt{a_i} + \sqrt{a_{i+1}}}$. 若 $S_n = \dfrac{np}{\sqrt{a_1} + \sqrt{a_{n+1}}}$（$p$ 为正常数）对正整数 $n$ 恒成立，求证 $\{a_n\}$ 为等差数列.

24. 已知 $n \in \mathbf{N}_+$，求证：$\dfrac{n+1 - \sqrt{(n+1)^2 + 2}}{n - \sqrt{n^2 + 2}} < 1$.

25. 已知 $m_i \in \mathbf{R}_+$（$i = 1, 2, \cdots, n$），$p \geqslant 2$，$p \in \mathbf{N}_+$，且 $\dfrac{1}{1+m_1^p} + \dfrac{1}{1+m_2^p} + \cdots + \dfrac{1}{1+m_n^p} = 1$，求证：$m_1 m_2 \cdots m_n \geqslant (n-1)^{\frac{n}{p}}$.

26. 已知函数 $f(x)=e^x-x$（e 为自然对数的底数）.

（1）求 $f(x)$ 的最小值.

（2）设 $n\in\mathbf{N}_+$，探究 $\displaystyle\sum_{k=1}^{n}\left(\dfrac{k}{n}\right)^n$ 的整数部分的值，并证明你的结论.

27. 各项均为正数的数列 $\{a_n\}$，$a_1=a$，$a_2=b$，且对满足 $m+n=p+q$ 的正整数 $m$、$n$、$p$、$q$ 都有 $\dfrac{a_m+a_n}{(1+a_m)(1+a_n)}=\dfrac{a_p+a_q}{(1+a_p)(1+a_q)}$．证明：对任意 $a$，存在与 $a$ 有关的常数 $\lambda$，使得对于每个正整数 $n$，都有 $\dfrac{1}{\lambda}\leqslant a_n\leqslant\lambda$.

28. 如图 8.10 所示，$\triangle ABC$ 中，$|AB|=|AC|=1$，$\overrightarrow{AB}\cdot\overrightarrow{AC}=\dfrac{1}{2}$，

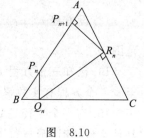

图　8.10

$P_1$ 为 $AB$ 边上的一点，$BP_1\neq\dfrac{2}{3}AB$，从 $P_1$ 向 $BC$ 作垂线，垂足是 $Q_1$；从 $Q_1$ 向 $CA$ 作垂线，垂足是 $R_1$；从 $R_1$ 向 $AB$ 作垂线，垂足是 $P_2$，再由 $P_2$ 开始重复上述作法，依次得 $Q_2$，$R_2$，$P_3$；$Q_3$，$R_3$，$P_4$；….

（1）令 $BP_n$ 为 $x_n$，寻求 $BP_n$ 与 $BP_{n+1}$（即 $x_n$ 与 $x_{n+1}$）之间的关系.

（2）点列 $P_1$，$P_2$，$P_3$，$P_4$，…，$P_n$ 是否一定趋向于某一个定点 $P_0$？说明理由.

（3）若 $|AB|=1$，$|BP_1|=\dfrac{1}{3}$，则是否存在正整数 $m$，使点 $P_0$ 与 $P_m$ 之间的距离小于 0.001？若存在，求 $m$ 的最小值.

简洁是智慧的灵魂,冗长是肤浅的藻饰.

——[英]莎士比亚(1564—1616)

数学中每一步真正的进展都与更有力的工具和更简单的方法的发现紧密联系着.

——[德]希尔伯特(1862—1943)

# 第九章　反思:解题的延伸

《现代汉语词典》里"反刍"的语义是:偶蹄类的某些动物把粗粗咀嚼后咽下去的食物再返回到嘴里细细咀嚼,然后再咽下去,通称倒嚼,以此比喻对过去的事物反复地追忆、回味.著名数学教育家波利亚在《怎样解题》中将数学解题划分为四个阶段:弄清问题 —— 拟订计划 —— 实现计划 —— 回顾,这个过程就包括解题反思.一个人对解决问题的体验是有时效的,如果不及时进行总结,这种经验就会消退,就会丧失反思提高的机会,造成学习上的一种最大浪费.基于这一认识,我们要从题海中走出来,要着力从解决问题的方法、规律、思维策略等方面进行多角度、多侧面的反思,总结解题的经验教训.

## 第一节　解题反思的意义

所谓解题反思,是指在解决了数学问题后,通过对问题特征、解题思路、解题途径、解题过程、题目结论等的反思,进一步暴露数学解题的思维过程.波利亚曾经说过:"如果没有了反思,他们就遗漏了解题中一个重要而且有效的阶段,通过回顾完整的解答,重新斟酌、审查结果及导致结果的途径,他们能够巩固知识,并培养他们的解题能力."

解题反思可以不断地完善我们的数学学科的认知结构,更充分地提升数学综合能力和全面理解能力,拓宽知识面,增强知识的系统性;解题反思也有助于培养和提升创造性思维能力.通过对解题过程的反思,能够有效地提高从一个问题的解法联想到其他类型问题的解法的能力,以及将数学思想与数学方法联系起来,增强创造性思维的能力.与此同时,解题反思也有利于提高学习效率.解题反思能够通过单一的问题拓展到一类问题的深入思考,寻找出若干问题的共同解法,做到兼收并蓄,举一反三,从而提高学习效率.

一般来说,解题反思的路径有很多,常见常用的有以下三种.

### 一、反思解题思路是否找准了方向

解题不是一蹴而就的,一些解题方法的使用可达到事半功倍的效果.

**例 9.1**　双曲线 $C$ 与椭圆 $\dfrac{x^2}{8}+\dfrac{y^2}{4}=1$ 有相同的焦点,直线 $y=\sqrt{3}\,x$ 为 $C$ 的一条渐近线.

(1) 求双曲线 $C$ 的方程;

(2) 过点 $P(0,4)$ 的直线 $l$,交双曲线 $C$ 于 $A$、$B$ 两点,交 $x$ 轴于 $Q$ 点($Q$ 点与 $C$ 的顶点不重合).当 $PQ=\lambda_1 QA=\lambda_2 QB$,且 $\lambda_1+\lambda_2=-\dfrac{8}{3}$ 时,求 $Q$ 点的坐标.

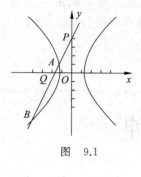

图　9.1

**分析**　问题(2)属常见直线与圆锥曲线的位置关系问题,解题方向应该是直线方程与双曲线方程联立,消元转化为二元一次方程,利用韦达定理和判别式来解答.

根据该题的条件,解决问题的切入点也有不同,如图 9.1 所示,题设中条件 $PQ=\lambda_1 QA=\lambda_2 QB$ 的切入方法可以是利用坐标方法,也可以是利用定比分点的有关知识,但二者都揭示了 $P(0,4)$、$Q\left(-\dfrac{4}{k},0\right)$、$A(x_1,y_1)$、$B(x_2,y_2)$ 四点之间的坐标关系:

$$x_1=-\dfrac{4}{k\lambda_1}-\dfrac{4}{k},\ y_1=-\dfrac{4}{\lambda_1}\ \text{及}\ x_2=-\dfrac{4}{k\lambda_2}-\dfrac{4}{k},\ y_2=-\dfrac{4}{\lambda_2}.$$

对于条件 $\lambda_1+\lambda_2=-\dfrac{8}{3}$ 的切入方法,可以利用 $A$、$B$ 两点的坐标适合双曲线方程,得到

$$(16-k^2)\lambda_1^2+32\lambda_1+16-\dfrac{16}{3}k^2=0,$$

$$(16-k^2)\lambda_2^2+32\lambda_2+16-\dfrac{16}{3}k^2=0,$$

利用 $\lambda_1$、$\lambda_2$ 是方程 $(16-k^2)x^2+32x+16-\dfrac{16}{3}k^2=0$ 的两个根,得到 $\lambda_1+\lambda_2=\dfrac{32}{k^2-16}=-\dfrac{8}{3}$,进而求直线的方程,得到 $Q$ 点的坐标.

也可以将 $\lambda_1$、$\lambda_2$ 用 $A$、$B$ 两点的横坐标表示出来,即 $\lambda_1=-\dfrac{4}{kx_1+4}$,$\lambda_2=-\dfrac{4}{kx_2+4}$,由 $y=kx+4$,$x^2-\dfrac{y^2}{3}=1$,消去 $y$,利用韦达定理求出 $k=\pm2$,因而可得 $Q(\pm2,0)$.

同样也可以将 $\lambda_1$、$\lambda_2$ 用 $A$、$B$ 两点的纵坐标表示出来,即 $\lambda_1=-\dfrac{4}{y_1}$,$\lambda_2=-\dfrac{4}{y_2}$,由方程组消去 $x$,求得 $k$.

根据以上分析,可以确定解题的方向,探索最佳的解题方案.显然,用 $A$、$B$ 两点的纵坐标表示 $\lambda_1$、$\lambda_2$ 可以简化运算.

反思上述解题方向的确定,可以归结为以下过程.

(1) 从题目的条件中提取信息,从题目的求解中确定所需的信息.

(2) 从记忆系统储存的数学信息中提取有关的信息,作为解决本题的依据,推动(1)中信息的延伸.

（3）将前两步获得的信息联系起来，进行加工、组合，主要通过分析和综合，一方面从已知到未知；另一方面从未知到已知寻找正反两个方面的知识衔接点——一个固有的或确定的数量关系.

（4）整理（3）的思维过程，形成一个从条件到结论的解题方向及解题决策.

## 二、反思学科知识掌握是否存在漏洞

不能成功解题的原因，有可能是某个知识点认识有误，或者理解得不够深刻，相关知识的应用还不够熟练等.

**例 9.2**　已知 $f(x)$ 是二次函数，不等式 $f(x) < 0$ 的解集是 $(0,5)$，且 $f(x)$ 在区间 $[-1,4]$ 上的最大值是 12.

（1）求 $f(x)$ 的解析式.

（2）是否存在自然数 $m$，使得方程 $f(x) + \dfrac{37}{x} = 0$ 在区间 $(m, m+1)$ 内有且只有两个不等的实根？若存在，求出 $m$ 的取值范围；若不存在，说明理由.

**分析**

（1）是求二次函数的解析式，因为二次函数与二次方程有着密切的关系，由题设条件可知 $f(x) = 0$ 的两个根是 0 和 5，且根据不等式解的情况得到二次函数开口向上，因而可设 $f(x) = ax(x-5)(a > 0)$，再根据二次函数对称轴为 $x = \dfrac{5}{2}$，可知 $f(-1) = 12$，所以 $a = 2$.

（2）是一个探索性问题，需要将方程 $f(x) + \dfrac{37}{x} = 0$ 在区间 $(m, m+1)$ 内有且只有两个不等的实根的问题转化为函数 $h(x) = 2x^3 - 10x^2 + 37$ 的零点的判断，这样就可以借助导数研究函数的单调性及零点所在的区间.计算得到 $h(x) = 0$ 在区间 $\left(3, \dfrac{10}{3}\right)$、$\left(\dfrac{10}{3}, 4\right)$ 内分别有唯一实数根，而在区间 $(0,3)$、$(4, +\infty)$ 内没有实数根，故存在 $m = 3$ 满足条件.

该题主要考查函数的单调性、极值等基本知识，考查运用导数研究函数性质的方法，考查函数与方程、数形结合等数学思想方法.在解题后对涉及的知识点、数学思想和方法适当提炼可以构建知识网络，深化理性认识，提高思维水平.

## 三、反思解题过程是否经得起推敲

解完一道题后，应作进一步的思考：题目中所有的条件都用过了吗？用全了吗？（含括号内的条件）题目所要求的问题解决了吗？解题中所引用的知识是否是书中已经证明过的结论？还有没有需要增加说明和剔除的部分等.

解题有时也会受到题目中某些信息的主导和干扰，不能够周密地考虑问题，使解题过程偏离方向，造成误解.

**例 9.3**　已知 $\tan(\alpha - \beta) = \dfrac{1}{2}$，$\tan\beta = -\dfrac{1}{7}$，且 $\alpha$、$\beta \in (0, \pi)$，求 $2\alpha - \beta$ 的值.

**错解**    $\tan 2(\alpha - \beta) = \dfrac{2\tan(\alpha - \beta)}{1 - \tan^2(\alpha - \beta)} = \dfrac{2 \times \dfrac{1}{2}}{1 - \left(\dfrac{1}{2}\right)^2} = \dfrac{4}{3}.$

$$\tan(2\alpha - \beta) = \tan[2(\alpha - \beta) + \beta]$$

$$= \frac{\tan 2(\alpha - \beta) + \tan\beta}{1 - \tan 2(\alpha - \beta)\tan\beta} = \frac{\dfrac{4}{3} - \dfrac{1}{7}}{1 + \dfrac{4}{3} \cdot \dfrac{1}{7}} = 1.$$

由 $\alpha$、$\beta \in (0, \pi)$，得 $2\alpha - \beta \in (-\pi, 2\pi)$，

所以 $2\alpha - \beta = -\dfrac{3\pi}{4}, \dfrac{\pi}{4}, \dfrac{3\pi}{4}.$

**分析**    这是一类典型的错误，主要原因是忽视了范围条件的挖掘与使用.事实上，由 $\tan\beta = -\dfrac{1}{7} > -\dfrac{\sqrt{3}}{3}$，知 $\dfrac{5\pi}{6} < \beta < \pi$；由 $\tan\alpha = \tan[(\alpha - \beta) + \beta] = \dfrac{1}{3} < \dfrac{\sqrt{3}}{3}$，知 $0 < \alpha < \dfrac{\pi}{6}$，故 $2\alpha - \beta \in \left(-\pi, -\dfrac{\pi}{2}\right)$，应取 $2\alpha - \beta = -\dfrac{3\pi}{4}.$

**例 9.4**    过点 $P(1, -2)$ 作圆 $x^2 + y^2 = 1$ 的切线，求切线方程.

**错解**    设过点 $P(1, -2)$ 的切线方程为 $y + 2 = k(x - 1)$，

则圆心 $(0, 0)$ 到切线 $-kx + y + k + 2 = 0$ 的距离等于半径 1，即

$$\frac{|k + 2|}{\sqrt{k^2 + 1}} = 1,$$

解之得 $k = -\dfrac{3}{4}$，则所求的切线方程为

$$3x + 4y + 5 = 0.$$

**分析**    从结果上来看，圆只有一条切线，但点 $P$ 在圆外，应该有两条切线，上述解答不正确.究其原因，是还有一条斜率不存在的直线被忽略了.这条直线不适合用点斜式方程，所以对直线方程的使用要分清类别，不能漏解.易知 $x = 1$ 为圆的另一条切线方程.

反思不仅包括以上三个方面，更重要的还有一题多解的寻找、解题错误的类型与归因、问题的比较与分析以及问题的拓展与延伸等，以下分别介绍.

## 第二节    寻找问题的多种解法

许多人在解题时往往满足于做出题目，未能对解题方法作进一步的思考.事实上，解题后反思是否还有其他解法或更佳解法，对于开阔视野，拓展思维的灵活、精细和新颖具有十分重要的意义.通过对多条途径的反思，我们既可看到知识的内在联系、巧妙转化和灵活运用，又可梳理出一般方法和思路.

## 一、一题多解的递进探索过程

数学解题中的一题多解,展示了解题者的思考及智慧.第一,通过对各种解法的差异分析,追根溯源,可以引发解题者不断地深入思考,加深对数学知识来龙去脉的认识和把握,并通过各种解法的比较和联系,更为广义地建构数学方法体系;第二,一题多解扮演着促进解题方法深化、广化的角色,是问题变式处理的体现;第三,一题多解也让解题者感受到数学解题的乐趣,体验攻坚克难后的喜悦,进入创新的境界.

**例 9.5** 证明:$\cos \dfrac{\pi}{7} - \cos \dfrac{2\pi}{7} + \cos \dfrac{3\pi}{7} = \dfrac{1}{2}$.

**分析** 由于题目字数较少,因此题意不难明了.直觉告诉我们,可以尝试用和差化积公式把等式左边化简,即把等式左边一、三两项利用和差化积公式,通过恒等变形,整理化简,得:

$$
左边 = 2\cos \frac{2\pi}{7} \cdot \cos \frac{\pi}{7} - \cos \frac{2\pi}{7} = \frac{\cos \frac{2\pi}{7} \cdot \sin \frac{2\pi}{7}}{\sin \frac{\pi}{7}} - \cos \frac{2\pi}{7}
$$

$$
= \frac{\sin \frac{4\pi}{7} - 2\sin \frac{\pi}{7} \cdot \cos \frac{2\pi}{7}}{2\sin \frac{\pi}{7}} \underline{\underline{积化和差}} \frac{\sin \frac{4\pi}{7} - \sin \frac{3\pi}{7} + \sin \frac{\pi}{7}}{2\sin \frac{\pi}{7}} = \frac{1}{2} = 右边.
$$

直觉延伸:开始阶段把分子分母同乘以 $\sin \dfrac{\pi}{7}$,也许可行.事实上,

$$
左边 = \frac{\sin \frac{\pi}{7} \cos \frac{\pi}{7} - \sin \frac{\pi}{7} \cos \frac{2\pi}{7} + \sin \frac{\pi}{7} \cos \frac{3\pi}{7}}{\sin \frac{\pi}{7}}
$$

$$
= \frac{\sin \frac{2\pi}{7} - \sin \frac{3\pi}{7} + \sin \frac{\pi}{7} + \sin \frac{4\pi}{7} - \sin \frac{2\pi}{7}}{2\sin \frac{\pi}{7}} = \frac{1}{2}.
$$

虽然解决了问题,但过程比较复杂,特别是有关计算还是比较繁琐的.能否有更巧妙的方法呢? 三个角之间有关联,这里面有没有突破口呢? 基于数形结合思想,从角的特殊性引发思维,我们可以探索能否构造一个三角形,使其中有 $\dfrac{\pi}{7}$、$\dfrac{2\pi}{7}$、$\dfrac{3\pi}{7}$.在不断地尝试过程中,我们可能会得到图 9.2.

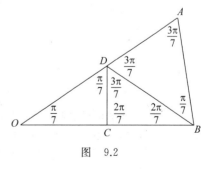

图 9.2

在图 9.2 中,$OA = OB$,$OC = CD = DB = BA$,不妨设为 1,则 $\cos \dfrac{\pi}{7} = \dfrac{1}{2} OD$,$\cos \dfrac{2\pi}{7} = \dfrac{1}{2} CB$,$\cos \dfrac{3\pi}{7} = \dfrac{1}{2} AD$.

$$\cos\frac{\pi}{7} - \cos\frac{2\pi}{7} + \cos\frac{3\pi}{7} = \frac{1}{2}(OD - CB + AD) = \frac{1}{2}(OA - CB) = \frac{1}{2}OC = \frac{1}{2}.$$

进一步延伸我们的直觉,可以思考怎样用向量表示 $\cos\frac{\pi}{7}$、$\cos\frac{2\pi}{7}$、$\cos\frac{3\pi}{7}$.事实上,这样的思维延伸可能无功而返,不过,我们由向量可能会想到利用复数解题.这里涉及怎样构造复数的问题了.

不妨构造复数 $\varepsilon = \cos\frac{\pi}{7} + i\sin\frac{\pi}{7}$,则

$$\varepsilon^2 = \cos\frac{2\pi}{7} + i\sin\frac{2\pi}{7}, \varepsilon^3 = \cos\frac{3\pi}{7} + i\sin\frac{3\pi}{7}, \cdots$$

然而,$\varepsilon - \varepsilon^2 + \varepsilon^3 = \varepsilon(1 - \varepsilon + \varepsilon^2) = \varepsilon\frac{(1 - \varepsilon + \varepsilon^2)(1 + \varepsilon)}{1 + \varepsilon} = \frac{\varepsilon(1 - \varepsilon^3)}{1 + \varepsilon}$ 运算量大,找不到规律.可是,在运算过程中,很快发现 $\varepsilon^5$ 与 $\varepsilon^2$ 的实部互为相反数,由此我们思考能否计算 $\varepsilon + \varepsilon^3 + \varepsilon^5$ 呢?事实上,

$$\varepsilon + \varepsilon^3 + \varepsilon^5 = \frac{\varepsilon(1 + \varepsilon^2 + \varepsilon^4)(1 - \varepsilon^2)}{1 - \varepsilon^2} = \frac{\varepsilon(1 - \varepsilon^6)}{1 - \varepsilon^2} = \frac{\varepsilon - \varepsilon^7}{1 - \varepsilon^2} = \frac{1 + \varepsilon}{1 - \varepsilon^2} = \frac{1}{1 - \varepsilon},$$

而 $\dfrac{1}{1 - \varepsilon} = \dfrac{1}{1 - \cos\frac{\pi}{7} - i\sin\frac{\pi}{7}} = \dfrac{1 - \cos\frac{\pi}{7} + i\sin\frac{\pi}{7}}{2\left(1 - \cos\frac{\pi}{7}\right)}.$

把实部相比较,显然有 $\cos\frac{\pi}{7} + \cos\frac{3\pi}{7} + \cos\frac{5\pi}{7} = \frac{1}{2}$,即

$$\cos\frac{\pi}{7} - \cos\frac{2\pi}{7} + \cos\frac{3\pi}{7} = \frac{1}{2}.$$

复数解法使用了 $\cos\frac{2\pi}{7} = -\cos\frac{5\pi}{7}$ 这一关系式,于是我们不难想到:

$$\cos\frac{2\pi}{7} = -\cos\frac{5\pi}{7}, \cos\frac{\pi}{7} = -\cos\frac{6\pi}{7}, \cos\frac{3\pi}{7} = -\cos\frac{4\pi}{7},$$

于是

$$\cos\frac{\pi}{7} - \cos\frac{2\pi}{7} + \cos\frac{3\pi}{7} = -\left(\cos\frac{2\pi}{7} + \cos\frac{4\pi}{7} + \cos\frac{6\pi}{7}\right).$$

既然正负量可以转换或抵消,那么构造向量去求解就有可能了.沿着这一思路,可以在单位圆上取分布均匀的 7 个点,构造 7 个方向不一却"合力平衡"的向量.不妨设为

$$\overrightarrow{a_1} = \left(\cos\frac{2\pi}{7}, \sin\frac{2\pi}{7}\right), \overrightarrow{a_2} = \left(\cos\frac{4\pi}{7}, \sin\frac{4\pi}{7}\right), \cdots, \overrightarrow{a_7} = \left(\cos\frac{14\pi}{7}, \sin\frac{14\pi}{7}\right).$$

显然,有 $\overrightarrow{a_1} + \overrightarrow{a_2} + \cdots + \overrightarrow{a_7} = \overrightarrow{0}$,则

$$\cos\frac{2\pi}{7}+\cos\frac{4\pi}{7}+\cos\frac{6\pi}{7}+\cos\frac{8\pi}{7}+\cos\frac{10\pi}{7}+\cos\frac{12\pi}{7}+\cos\frac{14\pi}{7}=0.$$

易得 $\cos\dfrac{\pi}{7}-\cos\dfrac{2\pi}{7}+\cos\dfrac{3\pi}{7}=\dfrac{1}{2}$.

利用向量求解告诉我们,解题的关键是在单位圆上找出均匀分布的 7 个向量,它们的横坐标之和为 0.由此,不难想到单位圆上有多个与上述性质一样的向量,也应当一样得到类似的结论.为便于思考,我们构造在单位圆上有 $(2n+1)$ 个分布均匀、"合力平衡"的向量,一样可以得到以下结论.

$$\cos\frac{2\pi}{2n+1}+\cos\frac{4\pi}{2n+1}+\cdots+\cos\frac{(4n+2)\pi}{2n+1}=0 \tag{①}$$

化简得

$$\cos\frac{\pi}{2n+1}-\cos\frac{2\pi}{2n+1}+\cos\frac{3\pi}{2n+1}+\cdots+(-1)^{n+1}\cos\frac{n\pi}{2n+1}=\frac{1}{2} \tag{②}$$

对于这一结论,我们也可以利用构造复数的方法加以证明.

**例 9.6** 已知函数 $f(x)=x^2+ax+\dfrac{1}{x^2}+\dfrac{a}{x}+b(x\in\mathbf{R},$ 且 $x\neq0).$若实数 $a$、$b$ 使得 $f(x)=0$ 有实根,则 $a^2+b^2$ 的最小值为( ).

A. $\dfrac{4}{5}$          B. $\dfrac{3}{4}$          C. 1          D. 2

**分析** 不同的视角下本例有不同的解法.

**解法 1** $f(x)=x^2+ax+\dfrac{1}{x^2}+\dfrac{a}{x}+b$ 改写为

$$f(a,b)=\left(x+\frac{1}{x}\right)a+b+\left(x^2+\frac{1}{x^2}\right).$$

令

$$f(a)=0\Rightarrow\left(x+\frac{1}{x}\right)a+b+\left(x^2+\frac{1}{x^2}\right)=0 \tag{①}$$

设 $M(a,b)$ 为直线①上一点,则 $|OM|^2=a^2+b^2$.又设原点到直线①的距离为 $d$,那么

$$d^2=a^2+b^2=\frac{\left(x^2+\dfrac{1}{x^2}\right)^2}{\left(x+\dfrac{1}{x}\right)^2+1}=\frac{\left(x^2+\dfrac{1}{x^2}\right)^2-9+9}{x^2+\dfrac{1}{x^2}+3}=x^2+\frac{1}{x^2}-3+\frac{9}{x^2+\dfrac{1}{x^2}+3}$$

$$=\left(x^2+\frac{1}{x^2}+3\right)+\frac{9}{x^2+\dfrac{1}{x^2}+3}-6.$$

再令 $t=x^2+\dfrac{1}{x^2}+3$,则 $t\geqslant5$.由于 $f(t)=t+\dfrac{9}{t}-6$ 在 $t\in[5,+\infty)$ 上递增,故

$[f(t)]_{\min}=f(5)=5+\dfrac{9}{5}-6=\dfrac{4}{5}$.也就是 $a^2+b^2$ 的最小值为 $\dfrac{4}{5}$,选 A.

众所周知,无论是函数还是方程,一次式比二次式简单得多.本解巧妙地"反客为主",达到了化繁为简、化难为易的目的.

**解法 2**  $f(x)=\left(x^2+\dfrac{1}{x^2}\right)+a\left(x+\dfrac{1}{x}\right)+b.$令 $x+\dfrac{1}{x}=t$,则有

$$f(t)=t^2+at+b-2\,(|t|\geqslant 2).$$

注意到抛物线 $f(t)$ 的开口向上且与 $t$ 轴有 $|t|\geqslant 2$ 的交点,而且抛物线的对称轴 $t=-\dfrac{a}{2}$ 应在$(-2,2)$内,否则将有 $|a|\geqslant 4,a^2+b^2$ 之值太大.因此其图象有且仅有如图 9.3 所示的三种情况.

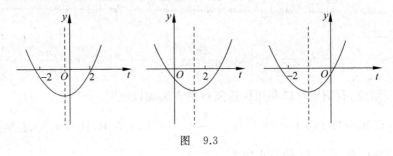

图 9.3

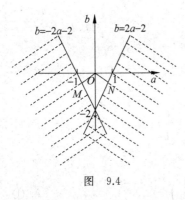

图 9.4

在上述三种情况中,$f(-2)\leqslant 0$,或 $f(2)\leqslant 0$ 至少有一个成立,也就是$b\leqslant -2a-2$ 或$b\leqslant 2a-2$ 至少有一个成立.在直角坐标系 $aOb$ 中,符合条件的点集中在图 9.4 所示的区域中.

由图 9.4 可知,原点到该区域中点的距离的最小值即线段 $OM$ 或 $ON$,不论用解析法或几何法都容易求出这个值的平方是 $\dfrac{4}{5}$,故选 A.

本解的基本特点是数形结合,直观易懂.

**解法 3**  $f(x)=\left(x^2+\dfrac{1}{x^2}\right)+a\left(x+\dfrac{1}{x}\right)+b.$

令 $x+\dfrac{1}{x}=t$,则有

$$f(t)=t^2+at+b-2 \quad (|t|\geqslant 2).$$

这里 $f(t)=0$,即 $t^2+at+b-2=0$ 有 $|t|\geqslant 2$ 的实数根.

为使 $a^2+b^2$ 最小,则 $a\neq 0$.否则若 $a=0$,则方程 $t^2+b-2=0$ 中,令 $|t|\geqslant 2$,则 $b=2-t^2\leqslant -2$,于是 $a^2+b^2\geqslant 4$,这个值太大.

又注意到为使 $a^2+b^2$ 最小,则 $|a|<2$ 且 $b<2$,否则若 $|a|\geqslant 2$ 或 $b\geqslant 2$,仍然有 $a^2+b^2\geqslant 4$,值太大.

于是我们知道,为使 $a^2+b^2$ 取得最小值,必须 $a\neq 0,a<2$ 且 $b<2$.在这种情况下,方程 $t^2+$

$at+b-2=0$ 有异号两个实根, $t=\dfrac{-a\pm\sqrt{a^2-4b+8}}{2}$,其中负根 $t_1=\dfrac{-a-\sqrt{a^2-4b+8}}{2}$ 的绝对值更小.令

$$|t_1|\geqslant 2\Rightarrow\frac{-a-\sqrt{a^2-4b+8}}{2}\leqslant -2\Rightarrow -\sqrt{a^2-4b+8}\leqslant a-4$$
$$\Rightarrow a^2-4b+8\geqslant 16+8a+a^2\Rightarrow a\leqslant -b-2\Rightarrow -a\geqslant b+2.$$
$$a^2+b^2\geqslant\frac{5}{4}b^2+b+1=\frac{5}{4}\left(b+\frac{2}{5}\right)+\frac{4}{5}\geqslant\frac{4}{5}.$$

故选 A.当且仅当 $b=-\dfrac{2}{5},a=-\dfrac{4}{5}$ 时, $(a^2+b^2)_{\min}=\dfrac{4}{5}$.

　　和前两种解法相比,本解有点繁杂.多数人容易想到这种解题方法,只是不容易坚持到底.这是因为在解题接近成功时,由于不善于处理变量的不等关系,导致半途而废,功亏一篑.这里根据 $a^2+b^2$ 必须取最小值而合理增加解题条件,终于破题成功.

　　**解法 4**　(特殊值法)仿照解法 1,将 $f(x)$ 改写为 $f(a,b)=at+b+t^2-2(|t|\geqslant 2)$.令
$$f(a,b)=0\Rightarrow at+b+t^2-2=0 \tag{①}$$

注意到 $|t|\geqslant 2$,则在直角坐标系 $aOb$ 中,原点到直线 ① 的距离
$$d=\frac{t^2-2}{\sqrt{t^2+1}}=\sqrt{t^2+1}-\frac{3}{\sqrt{t^2+1}}.$$

又令 $\sqrt{t^2+1}=m$,那么
$$d=m-\frac{3}{m}\quad(m\geqslant\sqrt{5}) \tag{②}$$

在四个选项中,排除 C、D 是很容易的,只需从选项 A、B 中确定一个.

假定 A 成立,即有 $d_{\min}=\dfrac{2}{\sqrt{5}}$,代入 ②,显然方程 $m-\dfrac{3}{m}=\dfrac{2}{\sqrt{5}}$ 有符合条件的解: $m=\sqrt{5}$,据此我们已经可以肯定 A 而排除 B.反之,假定 B 成立,即有 $d_{\min}=\dfrac{\sqrt{3}}{2}$,代入 ②,得方程
$$m-\frac{3}{m}=\frac{\sqrt{3}}{2}\Rightarrow 2m^2-\sqrt{3}m-6=0 \tag{③}$$

关于 $m$ 的二次函数 $g(m)=2m^2-\sqrt{3}m-6$ 的对称轴为 $m=\dfrac{\sqrt{3}}{4}$,而 $m\geqslant\sqrt{5}$,故此函数在 $[\sqrt{5},+\infty)$ 上递增,其最小值为 $g(\sqrt{5})=4-\sqrt{15}>0$.这说明方程 ③ 不存在 $m\geqslant\sqrt{5}$ 的实数解,也就是 $d_{\min}=\dfrac{\sqrt{3}}{2}$ 不能成立,故排除 B,选 A.

## 二、一题多解折射出不同知识之间的关联

　　**例 9.7**　如图 9.5 所示,已知 $O$ 为坐标原点, $F$ 为椭圆 $C:x^2+\dfrac{y^2}{2}=1$ 在 $y$ 轴正半轴上的焦

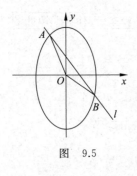

图 9.5

点,过 $F$ 且斜率为 $-\sqrt{2}$ 的直线 $l$ 与 $C$ 交于 $A$、$B$ 两点,点 $P$ 满足 $\overrightarrow{OA}+\overrightarrow{OB}+\overrightarrow{OP}=\vec{0}$.

(1) 证明:点 $P$ 在 $C$ 上;

(2) 设点 $P$ 关于点 $O$ 的对称点为 $Q$,证明:$A$、$P$、$B$、$Q$ 四点在同一圆上.

**分析**

第(1)问要证明点 $P$ 在椭圆 $C$ 上,而椭圆 $C$ 的方程已知,所以解决问题的关键是求点 $P$ 的坐标.

**解法1** 由题意知,焦点坐标为 $F(0,1)$,$l$ 的方程为 $y=-\sqrt{2}x+1$,将 $l$ 的方程代入椭圆的方程 $x^2+\dfrac{y^2}{2}=1$ 并化简得 $4x^2-2\sqrt{2}x-1=0$.设 $A(x_1,y_1)$,$B(x_2,y_2)$,则 $x_1+x_2=\dfrac{\sqrt{2}}{2}$,$y_1+y_2=-\sqrt{2}(x_1+x_2)+2=1$.设 $P(x_3,y_3)$,由题意知,$x_3=-(x_1+x_2)=-\dfrac{\sqrt{2}}{2}$,$y_3=-(y_1+y_2)=-1$,所以点 $P$ 的坐标为 $\left(-\dfrac{\sqrt{2}}{2},-1\right)$.经验证,点 $P$ 的坐标为 $\left(-\dfrac{\sqrt{2}}{2},-1\right)$,满足方程 $x^2+\dfrac{y^2}{2}=1$,所以点 $P$ 在椭圆 $C$ 上.

解法1是解析几何的基本方法,其特点是通过设点 $A$、$P$、$B$ 的坐标,根据直线 $l$ 的方程与椭圆 $C$ 的方程建立方程组并得出关系式,再根据 $A$、$P$、$B$ 三点的关系 $\overrightarrow{OA}+\overrightarrow{OB}+\overrightarrow{OP}=\vec{0}$,求出点 $P$ 的坐标,从而通过"代点验证的方法"来证明点 $P$ 在椭圆 $C$ 上.

**解法2** 同解法1,设 $M$ 为 $AB$ 的中点,则 $M\left(\dfrac{\sqrt{2}}{4},\dfrac{1}{2}\right)$.

又由已知 $\overrightarrow{OA}+\overrightarrow{OB}+\overrightarrow{OP}=\vec{0}$ 推出 $O$ 为 $\triangle ABP$ 的重心,则 $\overrightarrow{PO}=-2\overrightarrow{MO}$(或 $\overrightarrow{PO}=2\overrightarrow{OM}$,$\overrightarrow{PO}=\dfrac{2}{3}\overrightarrow{PM}$,$\overrightarrow{OM}=\dfrac{1}{3}\overrightarrow{PM}$).据此可以求出 $P\left(-\dfrac{\sqrt{2}}{2},-1\right)$,所以点 $P$ 在椭圆 $C$ 上.

解法2的特点是以坐标为工具,以向量为桥梁,充分利用条件 $\overrightarrow{OA}+\overrightarrow{OB}+\overrightarrow{OP}=\vec{0}$,推出 $O$ 为 $\triangle ABP$ 的重心的结论,求出点 $P$ 的坐标,证明点 $P$ 在椭圆 $C$ 上.

**解法3** 由题意得 $F(0,1)$,$l:y=-\sqrt{2}x+1$.

设椭圆的参数方程为 $\begin{cases}x=\cos\alpha,\\ y=\sqrt{2}\sin\alpha,\end{cases}$ 则有 $\sqrt{2}\sin\alpha=-\sqrt{2}\cos\alpha+1$,即 $\sqrt{2}(\sin\alpha+\cos\alpha)=1$,则 $\sin(\alpha+45°)=\dfrac{1}{2}$.设 $x$ 轴的正半轴到线段 $OA$ 的角为 $\alpha_1$,到线段 $OB$ 的角为 $\alpha_2$,由图9.5知 $\alpha_1+45°=150°$,$\alpha_2+45°=30°$,所以 $\alpha_1=105°$,$\alpha_2=-15°$.

设 $A(x_1,y_1)$,$B(x_2,y_2)$,则 $\begin{cases}x_1=\cos105°,\\ y_1=\sqrt{2}\sin105°,\end{cases}\begin{cases}x_2=\cos(-15°),\\ y_2=\sqrt{2}\sin(-15°).\end{cases}$

设 $AB$ 的中点为 $M(x_0,y_0)$.因为 $\overrightarrow{OA}+\overrightarrow{OB}+\overrightarrow{OP}=\vec{0}$,则 $O$ 为 $\triangle ABP$ 的重心,所以,

$$\overrightarrow{OP} = -2\overrightarrow{OM} = -(x_1 + x_2, y_1 + y_2)$$

$$= -(\cos 105° + \cos 15°, \sqrt{2}\sin 105° - \sqrt{2}\sin 15°) = -\left(\frac{\sqrt{2}}{2}, 1\right)$$

所以 $P\left(-\frac{\sqrt{2}}{2}, -1\right)$,所以点 $P$ 在椭圆 $C$ 上.

解法 3 的特点是应用数形结合的思想,结合椭圆的参数方程及图形,通过三角恒等变换求出点 $P$ 的坐标,证明点 $P$ 在椭圆 $C$ 上.

第(1)问求点 $P$ 的坐标至少有以上三种不同的解法,从解题思路及解题过程可以看出数学解题水平.

采用解法 1 的人对解析几何的基本思想和方法掌握得较扎实,解题思路清晰,运算能力较强.采用解法 2 的人对解析几何的基本思想和方法的本质,即"以坐标为工具,以向量为桥梁"不仅掌握得扎实,而且能灵活运用,能合理选择运算方法.采用解法 3 的人能应用椭圆的参数方程,数形结合,通过三角恒等变换巧妙求出点 $P$ 的坐标.虽说有点复杂,但从另一个侧面说明解题者能充分挖掘所学知识的内在联系,构建系统完整的知识网络.

再看第(2)问,在 $P$、$Q$ 两点关于原点 $O$ 对称的前提下,题目要证明 $A$、$P$、$B$、$Q$ 四点在同一个圆上.证明四点共圆的方法较多,以下从解析法、几何法两个视角分别给出并评析每种解法的特点及分类.

(1)解析法视角

以坐标为工具,围绕求圆心坐标、圆的半径或圆的方程进行运算,通过代数运算达到几何证明,充分体现"以数论形"的思想.

**解法 1**　由题意有 $P\left(-\frac{\sqrt{2}}{2}, -1\right)$ 和 $Q\left(\frac{\sqrt{2}}{2}, 1\right)$,设 $PQ$ 的垂直平分线为 $l_1$,则 $l_1$ 的方程为 $y = -\frac{\sqrt{2}}{2}x$.设 $AB$ 的中点为 $M$,$AB$ 的垂直平分线为 $l_2$,则 $M$ 为 $\left(\frac{\sqrt{2}}{4}, \frac{1}{2}\right)$.$l_2$ 的方程为 $y = \frac{\sqrt{2}}{2}x + \frac{1}{4}$.$l_1$ 与 $l_2$ 的交点为 $N\left(-\frac{\sqrt{2}}{8}, \frac{1}{8}\right)$,

$$|NP| = \frac{3}{8}\sqrt{11}, \quad |AB| = \sqrt{1 + (-\sqrt{2})^2} \cdot |x_1 - x_2| = \frac{3\sqrt{2}}{2},$$

$$|AM| = \frac{3\sqrt{2}}{4}, \quad |NM| = \frac{3}{8}\sqrt{3},$$

$$|NA| = \sqrt{|AM|^2 + |MN|^2} = \frac{3\sqrt{11}}{8},$$

故 $|NP| = |NA|$.

又 $|NP| = |NQ|$,$|NA| = |NB|$,所以

$$|NA| = |NP| = |NB| = |NQ|.$$

由此可知 $A$、$P$、$B$、$Q$ 四点在以 $N\left(-\frac{\sqrt{2}}{8}, \frac{1}{8}\right)$ 为圆心,半径长为 $\frac{3\sqrt{11}}{8}$ 的圆上.

此解法称之为交轨法.此法证明四点共圆的依据是圆的定义"到一个定点的距离相等的点在同一个圆上",解题思路清晰自然,解题过程体现了"以形定数",但计算量比较大.

**解法 2**  同解法 1,$P\left(-\dfrac{\sqrt{2}}{2},-1\right)$,$Q\left(\dfrac{\sqrt{2}}{2},1\right)$,$l_1$ 与 $l_2$ 的交点 $N\left(-\dfrac{\sqrt{2}}{8},\dfrac{1}{8}\right)$.

由 $\begin{cases} x^2+\dfrac{y^2}{2}=1 \\ y=-\sqrt{2}x+1 \end{cases}$  求得 $A\left(\dfrac{\sqrt{2}-\sqrt{6}}{4},\dfrac{\sqrt{3}+1}{2}\right)$,$B\left(\dfrac{\sqrt{2}+\sqrt{6}}{4},\dfrac{1-\sqrt{3}}{2}\right)$.

从而 $NP^2=NQ^2=\dfrac{99}{64}$,$NA^2=NB^2=\dfrac{99}{64}$,即

$$NQ=NA=NP=NB.$$

此解法也是一种交轨法,体现的是以坐标为工具的解析几何的基本思想,由于应用了线段的垂直平分线的性质及勾股定理,所以运算量略微少了一些.

从以上两种解法可以看出,要证明 $A$、$B$、$P$、$Q$ 四点共圆,必须要找到并确定所共圆的圆心 $N$.而围绕如何确定所共圆的圆心 $N$,又有以下两种解法.

**解法 3**  由第(1)问求得 $P\left(-\dfrac{\sqrt{2}}{2},-1\right)$,$Q\left(\dfrac{\sqrt{2}}{2},1\right)$,又设 $A(x_1,y_1)$,$B(x_2,y_2)$,则有

$x_1+x_2=\dfrac{\sqrt{2}}{2}$,$y_1+y_2=1$.设 $A$、$B$、$P$、$Q$ 四点共圆,且它们所在的圆的方程为 $(x-a)^2+(y-b)^2=r^2$,将 $A$、$B$、$P$ 四点的坐标分别代入所设的圆的方程,得

$$(x_1-a)^2+(y_1-b)^2=r^2,(x_2-a)^2+(y_2-b)^2=r^2,$$

于是有

$$(x_1-x_2)(x_1+x_2-2a)+(y_1-y_2)(y_1+y_2-2b)=0, \tag{①}$$

将 $\dfrac{y_1-y_2}{x_1-x_2}=K_{AB}=-\sqrt{2}$,$x_1+x_2=\dfrac{\sqrt{2}}{2}$ 及 $y_1+y_2=1$ 代入 ① 式化简,得

$$2a-2\sqrt{2}b+\dfrac{\sqrt{2}}{2}=0.$$

又 $\left(-\dfrac{\sqrt{2}}{2}-a\right)^2+(-1-b)^2=r^2$,$\left(\dfrac{\sqrt{2}}{2}-a\right)^2+(1-b)^2=r^2$,所以

$$\sqrt{2}a+2b=0.$$

联立方程组,求出解,并且解唯一为 $\begin{cases} a=-\dfrac{\sqrt{2}}{8}, \\ b=\dfrac{1}{8}. \end{cases}$

说明 $A$、$B$、$P$、$Q$ 四点同在一个圆上,且圆心为 $N(a,b)$,不难证明 $|NA|=|NP|$,从而 $A$、$B$、$P$、$Q$ 四点在以 $N$ 为圆心,$|NA|$ 为半径的圆上.

该解法依据待定系数法,先假设 $A$、$B$、$P$、$Q$ 四点共圆及圆的标准方程,再将坐标分别代入圆的方程,并利用一元一次方程根与系数及两点所在直线的斜率公式简化运算,推证出 $A$、$B$、$P$、$Q$ 四点共于一圆.

**解法 4**　由题意 $P\left(-\dfrac{\sqrt{2}}{2},-1\right)$ 和 $Q\left(\dfrac{\sqrt{2}}{2},1\right)$,进一步求得

$$A\left(\frac{\sqrt{2}-\sqrt{6}}{4},\frac{1+\sqrt{3}}{2}\right),B\left(\frac{\sqrt{2}+\sqrt{6}}{4},\frac{1-\sqrt{3}}{2}\right).$$

因为 $A$、$P$、$B$、$Q$ 四点中任意三点均不共线,因此经过其中任意三点(比如 $A$、$P$、$B$)有且只有一个圆,设过这三点的圆的方程为 $(x-a)^2+(y-b)^2=r^2$,将这三点的坐标分别代入,联立方程组求出 $a$、$b$、$r$ 的值,从而确定圆的方程.再将第四点(比如 $Q$)的坐标代入圆的方程.若此点的坐标满足方程,即得证.由于此方法计算量较大,在此略去不证.

（2）几何法视角

在平面几何中,证明四点共圆经常使用以下方法.

① 证在某一线段(如本题中的 $PB$)同旁的两点(本题中的 $A$、$Q$)对此线段所张之角相等(如 $\angle PAB=\angle PQB$).

② 证此四点所确定的四边形(本题中的 $APBQ$)的对角互补(如本题中的 $\angle PAQ$ 与 $\angle PBQ$ 互补).

③ 相交弦定理的逆定理:对于凸四边形 $ABCD$,其对角线 $AC$、$BD$ 交于点 $P$,$AP\cdot PC=BP\cdot PD\Leftrightarrow$ 四点共圆.

④ 割线定理的逆定理:对于凸四边形 $ABCD$,其边的延长线 $AB$、$CD$ 交于点 $P$,$PA\cdot PB=PC\cdot PD\Leftrightarrow$ 四点共圆.

⑤ 托勒密定理的逆定理:对于凸四边形 $ABCD$,$AB\cdot CD+AD\cdot BC=AC\cdot BD\Leftrightarrow$ 四点共圆.

就本题而言,结合上述方法 ①②,证明四点共圆又出现了以下解法.

**解法 5**　通过证明 $\angle PAB=\angle PQB$,求证 $A$、$P$、$B$、$Q$ 四点共圆.

为方便,我们把原图中的相关图形分离出来,如图 9.6 所示.由题意有

图　9.6

$P\left(-\dfrac{\sqrt{2}}{2},-1\right)$ 和 $Q\left(\dfrac{\sqrt{2}}{2},1\right)$,通过联立椭圆 $C$ 与直线 $l$ 的方程解得:

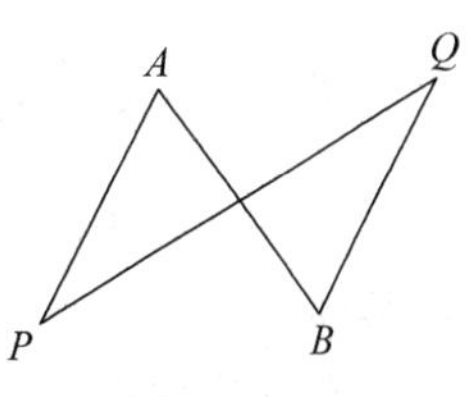

$$A\left(\frac{\sqrt{2}-\sqrt{6}}{4},\frac{1+\sqrt{3}}{2}\right),B\left(\frac{\sqrt{2}+\sqrt{6}}{4},\frac{1-\sqrt{3}}{2}\right).$$

用斜率公式求得 $K_{AB}=-\sqrt{2}$,$K_{PQ}=\sqrt{2}$,$K_{AP}=2\sqrt{2}+\sqrt{6}$,$K_{BQ}=-\sqrt{6}-2\sqrt{2}$.

所以,$\tan\angle PAB=\dfrac{3\sqrt{2}+\sqrt{6}}{3+2\sqrt{3}}$,

$$\tan\angle PQB=\frac{3\sqrt{2}+\sqrt{6}}{3+2\sqrt{3}}.$$

即 $\angle PAB = \angle PQB$，从而 $A$、$B$、$P$、$Q$ 四点共圆.

此解法虽然是依据几何原理，但证明仍以坐标为桥梁，通过计算斜率，再由直线斜率求两直线的夹角，从而证明角相等，达到证明四点共圆的目的.

**解法 6**  通过证明 $\angle PAQ$ 与 $\angle PBQ$ 互补，求证 $A$、$B$、$P$、$Q$ 四点共圆.为方便，我们把原图中的相关图形分离出来，如图 9.7 所示.

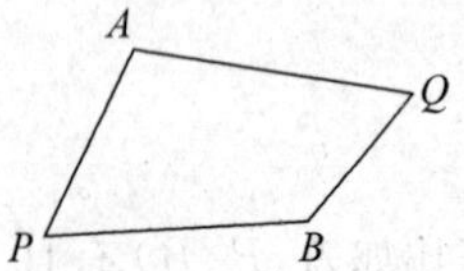

图 9.7

由 $A\left(\dfrac{\sqrt{2}-\sqrt{6}}{4}, \dfrac{1+\sqrt{3}}{2}\right), B\left(\dfrac{\sqrt{2}+\sqrt{6}}{4}, \dfrac{1-\sqrt{3}}{2}\right), P\left(-\dfrac{\sqrt{2}}{2}, -1\right)$ 和 $Q\left(\dfrac{\sqrt{2}}{2}, 1\right)$，得 $K_{AQ} = \sqrt{6} - 2\sqrt{2}, K_{AP} = \sqrt{6} + 2\sqrt{2}, K_{BP} = 2\sqrt{2} - \sqrt{6},$ $K_{BQ} = -2\sqrt{2} - \sqrt{6}.$

则 $\tan\angle PAQ = 4\sqrt{2}, \tan\angle PBQ = -4\sqrt{2}$，由 $\angle PAQ$、$\angle PBQ \in (0, \pi)$，有 $\angle PAQ + \angle PBQ = \pi$，所以 $A$、$B$、$P$、$Q$ 四点共圆.

此解法通过证明四边形的对角互补，达到证明 $A$、$B$、$P$、$Q$ 四点共圆的目的，从中显出"以坐标为桥梁"的作用.

**解法 7**  四边形对角互补的另一种证法.

由 $P\left(-\dfrac{\sqrt{2}}{2}, -1\right), Q\left(\dfrac{\sqrt{2}}{2}, 1\right), A\left(\dfrac{\sqrt{2}-\sqrt{6}}{4}, \dfrac{\sqrt{3}+1}{2}\right), B\left(\dfrac{\sqrt{2}+\sqrt{6}}{4}, \dfrac{1-\sqrt{3}}{2}\right)$，

可以求出 $\overrightarrow{PA} = \left(\dfrac{3\sqrt{2}-\sqrt{6}}{4}, \dfrac{3+\sqrt{3}}{2}\right), \overrightarrow{PB} = \left(\dfrac{3\sqrt{2}+\sqrt{6}}{4}, \dfrac{3-\sqrt{3}}{2}\right),$

所以，$\cos\langle \overrightarrow{PA}, \overrightarrow{PB}\rangle = \dfrac{\dfrac{3}{4}+\dfrac{3}{2}}{|\overrightarrow{PA}||\overrightarrow{PB}|} = \dfrac{\sqrt{33}}{11}.$

同理，$\overrightarrow{QA} = \left(-\dfrac{\sqrt{2}+\sqrt{6}}{4}, -\dfrac{1-\sqrt{3}}{2}\right), \overrightarrow{QB} = \left(-\dfrac{\sqrt{2}-\sqrt{6}}{4}, -\dfrac{1+\sqrt{3}}{2}\right),$

所以 $\cos\langle \overrightarrow{QA}, \overrightarrow{QB}\rangle = \dfrac{-\dfrac{3}{4}}{|\overrightarrow{QA}||\overrightarrow{QB}|} = -\dfrac{\sqrt{33}}{11},$

又 $\langle \overrightarrow{PA}, \overrightarrow{PB}\rangle \in (0, \pi), \langle \overrightarrow{QA}, \overrightarrow{QB}\rangle \in (0, \pi), \angle APB + \angle AQB = \pi$，从而 $A$、$B$、$P$、$Q$ 四点共圆.

本解法以坐标为桥梁，以向量为工具，应用向量的积求两个向量的夹角，通过证明四边形的对角互补，证明四点共圆.

以下用框图表示第(2)问各种解法之间的关系，如图 9.8 所示.

任何一个数学知识在各自产生和发展的过程中，都与其他概念相关联，这种关联既有纵向联系，也有与其他知识的横向联系，这种知识间的本质联系就是"知识网络".一题多解不仅解法灵活，显现出解题者的不同水平，更能折射出题目所依附的"知识网络".本题的一题多解所折射出的知识网络如图 9.9 所示.

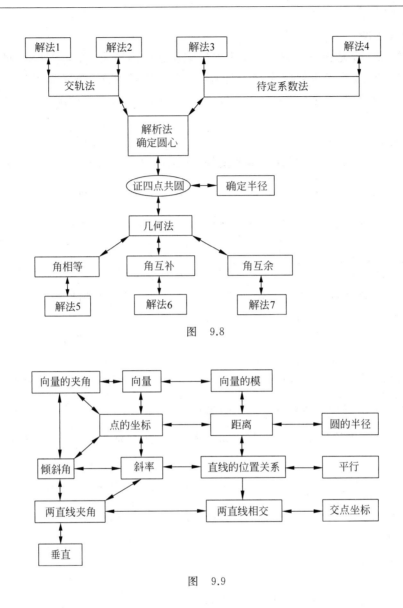

图 9.8

图 9.9

## 第三节 解题错误的类型与归因

解题的过程中会出现各种各样的错误,像审题不清、考虑不全面、计算疏漏等,都会影响思考,以至于不能一次性正确地解决问题.

### 一、常见的数学解题错误类型

解题错误的原因,除知识结构不完善之外,还应考虑到解题者认知结构上的不足.常见的解题错误分为四大类:知识性错误、逻辑性错误、策略性错误、心理性错误.

**1. 知识性错误**

知识性错误主要是指由于数学知识上的缺陷所造成的错误,如误解题意、概念不清、记错法则、用错定理、不顾范围使用等.核心是所涉及的内容是否符合数学事实.

**例 9.8**　已知关于 $x$ 的不等式 $(m^2-4)x^2+(m+2)x-1>0$ 的解集为空集,求实数 $m$ 的取值范围.

**错解**　关于 $x$ 的不等式 $(m^2-4)x^2+(m+2)x-1>0$ 的解集为空集,说明函数 $y=(m^2-4)x^2+(m+2)x-1$ 的函数值都要等于或小于零,则需满足

$$\begin{cases} m^2-4<0 \\ \Delta=(m+2)^2-4(m^2-4)(-1)\leqslant 0 \end{cases} \Rightarrow \begin{cases} -2<m<2, \\ -2\leqslant m\leqslant \dfrac{6}{5}, \end{cases}$$

解得:$-2<m\leqslant \dfrac{6}{5}$.所以实数 $m$ 的取值范围为 $-2<m\leqslant \dfrac{6}{5}$.

**分析**　错误的原因在于忽视了对二次项系数 $m^2-4=0$ 这种情形的讨论.当 $m^2-4=0$ 时,不等式 $(m^2-4)x^2+(m+2)x-1>0$ 就是一元一次不等式.

**正解**　当 $m=-2$ 时,不等式 $(m^2-4)x^2+(m+2)x-1>0$ 变为 $-1>0$,此时不等式的解集为空集,所以 $m=-2$ 满足题意.

当 $m=2$ 时,不等式 $(m^2-4)x^2+(m+2)x-1>0$ 变为 $4x-1>0$,此时不等式的解集为 $\left\{x \mid x>\dfrac{1}{4}\right\}$,不是空集,所以 $m=2$ 不满足题意.

当 $m\neq\pm 2$ 时,不等式 $(m^2-4)x^2+(m+2)x-1>0$ 为一元二次不等式.解集为空集,则必须满足

$$\begin{cases} m^2-4<0 \\ \Delta=(m+2)^2-4(m^2-4)(-1)\leqslant 0 \end{cases} \Rightarrow \begin{cases} -2<m<2, \\ -2\leqslant m\leqslant \dfrac{6}{5}, \end{cases}$$

解得:$-2\leqslant m\leqslant \dfrac{6}{5}$.

综上所述,实数 $m$ 的取值范围为 $-2\leqslant m\leqslant \dfrac{6}{5}$.

**2. 逻辑性错误**

从本质上来说,逻辑也属于知识范畴.一部分数学解题出错的原因在于逻辑,而不在于数学.主要有以下几种表现:①潜在假设,即还没经过讨论论证的,就认为是正确的、必然的.例如"圆锥的轴截面在过顶点的所有截面中面积最大",这个问题如果没经过证明很难判断其正确性.这一点,在立体几何的证明题中经常出现;②"偷梁换柱";③对参数的分类不当;④非等价变换;⑤"循环论证";⑥因果关系不明等.

**例 9.9**　函数 $y=\cos x, x\in\left[-\dfrac{\pi}{6},\dfrac{\pi}{2}\right]$ 的值域是(　　).

A. $[0,1]$　　　　B. $[-1,1]$　　　　C. $\left[0,\dfrac{\sqrt{3}}{2}\right]$　　　　D. $\left[-\dfrac{1}{2},1\right]$

**分析**　有人错选 C,误以为最值在定义域的端点取得,这就犯了潜在假设的错误.

**例 9.10**　如图 9.10 所示,在三棱锥 $S-ABC$ 中,$AC=BC=a$,$SC=b$,$\angle ACB=120°$,$\angle ACS=\angle BCS=90°$,求二面角 $S-AB-C$ 的正切值.

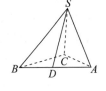

图　9.10

**错解**

(1) 过 $S$ 作 $AB$ 的垂线,连结 $CD$.

(2) 因为 $SC\perp AC$,$SC\perp BC$,由三垂线定理知 $CD\perp AB$.

(3) 则 $\angle SDC$ 即为二面角 $S-AB-C$.

(4) 在 $\triangle BCD$ 中,$\angle CBD=30°$,所以 $CD=\dfrac{a}{2}$.

(5) 在 $\triangle SCD$ 中,$\tan\angle SDC=\dfrac{a}{2b}$.

**分析**　因果关系不明在解题中比较普遍,尤其在论证题中.上题主要有下面几点不清楚.

(1) 垂足没指明.

(2) 先证 $SC\perp$ 平面 $ABC$.

(3) 二面角与平面角是两个不同的概念.

(4) $\angle CBD=30°$ 成立的理由不足.

(5) 求 $\tan\angle SDC=\dfrac{a}{2b}$ 之前,应证明 $\triangle SCD$ 是直角三角形.

**3. 策略性错误**

策略性错误是指解题思路阻塞或一种策略产生错误导向,或指一种策略明显增加了过程的难度和复杂性,由于时间的限制,问题最终得不到解决.主要有两种:①方法不当;②不能正确转化问题或运用模式.

**例 9.11**　已知 $\tan\alpha=\dfrac{1}{3}$,求 $\dfrac{\sin\alpha+\cos\alpha}{2\sin\alpha-3\cos\alpha}$ 的值?

**繁解**　因为 $\tan\alpha=\dfrac{1}{3}$,所以 $\tan\dfrac{\alpha}{2}=-3+\sqrt{10}$ 或 $\tan\dfrac{\alpha}{2}=-3-\sqrt{10}$.

当 $\tan\dfrac{\alpha}{2}=-3+\sqrt{10}$ 时,$\sin\alpha=\dfrac{-6+2\sqrt{10}}{20-6\sqrt{10}}$,$\cos\alpha=\dfrac{-18+6\sqrt{10}}{20-6\sqrt{10}}$,

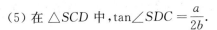

$$原式=\dfrac{\dfrac{-6+2\sqrt{10}}{20-6\sqrt{10}}+\dfrac{-18+6\sqrt{10}}{20-6\sqrt{10}}}{2\times\dfrac{-6+2\sqrt{10}}{20-6\sqrt{10}}-3\times\dfrac{-18+6\sqrt{10}}{20-6\sqrt{10}}}=1.$$

当 $\tan\dfrac{\alpha}{2}=-3-\sqrt{10}$ 时,同理可得原式 $=1$.

**优解**　原式 $=\dfrac{\tan\alpha+1}{2\tan\alpha-3}=1$.

**4. 心理性错误**

有时,解题者虽然具备了解决问题的必要知识和技能,但可能由于某些心理原因解题错误.

（1）心理能力的缺乏.这里所说的心理能力包括识别能力、记忆能力、信息加工能力、想象能力.比如一个三角形里有多条线段的图形,对于感知能力较差的人在识别特定三角形的过程中就会产生消极影响.人的记忆就像一个能改变容量的仓库,随着年龄而发生变化,我们发现当一个习题的数据较多的时候,有些人往往顾此失彼.

（2）没有正确的心态.和谐漂亮的量的关系,人们容易接近;反之,大多数人会产生抗拒心理.如换底公式 $\log_a b = \dfrac{\lg b}{\lg a}$,因为形美而容易被记住,但有时却会犯下如"$\dfrac{1}{x} < 2 \Rightarrow x > \dfrac{1}{2}$"的错误.

（3）停留在旧知识结构中.大家知道,随着每天的学习,旧的知识结构应不断被打破,但由于思维的惰性必然出现不同程度的停留,也会导致错误.比如学习一元二次方程是在实数范围内,当学习了复数后,应作具体分类思考.

（4）缺乏"整体观念".例如要求函数 $y = \sin\alpha + \cos\alpha + 2\sin\alpha\cos\alpha$ 的值域,如果把 $\sin\alpha$ 和 $\cos\alpha$ 看成两个独立的元素,显然不好入手.但如果把 $\sin\alpha + \cos\alpha$ 和 $\sin\alpha\cos\alpha$ 作为整体对待,就容易联想到用换元法来解决.

**例 9.12**　实数 $a$ 为何值时,圆 $x^2 + y^2 - 2ax + a^2 - 1 = 0$ 与抛物线 $y^2 = \dfrac{1}{2}x$ 有两个公共点?

**错解**　将圆 $x^2 + y^2 - 2ax + a^2 - 1 = 0$ 与抛物线 $y^2 = \dfrac{1}{2}x$ 联立,消去 $y$,得

$$x^2 - \left(2a - \frac{1}{2}\right)x + a^2 - 1 = 0 \quad (x \geqslant 0). \qquad ①$$

因为有两个公共点,所以方程 ① 有两个相等正根,得 $\begin{cases} \Delta = 0, \\ 2a - \dfrac{1}{2} > 0, \\ a^2 - 1 > 0. \end{cases}$

解之,得 $a = \dfrac{17}{8}$.

**分析**　如图 9.11 和图 9.12 所示,显然,当 $a = 0$ 时,圆与抛物线有两个公共点.

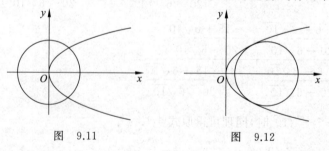

图 9.11　　　　　　图 9.12

要使圆与抛物线有两个交点的充要条件是方程 ① 有一个正根、一个负根或有两个相等的正根.

当方程 ① 有一个正根、一个负根时,得 $\begin{cases} \Delta > 0, \\ a^2 - 1 < 0. \end{cases}$ 解之,得 $-1 < a < 1$.

因此,当 $a = \dfrac{17}{8}$ 或 $-1 < a < 1$ 时,圆 $x^2 + y^2 - 2ax + a^2 - 1 = 0$ 与抛物线 $y^2 = \dfrac{1}{2}x$ 有两个公共点.

## 二、中学数学解题错误归因

### 1. 知识遗忘、概念模糊

**例 9.13**　过原点的动直线 $l$ 与抛物线 $C : y^2 = 4(x-2)$ 有公共点,求 $l$ 的倾斜角范围.

**错解**　设动直线 $l$ 的方程为 $y = \tan\theta \cdot x$,带入 $C$,化简得

$$x^2 \tan\theta - 4x + 8 = 0.$$

因为 $l$ 与 $C$ 有公共点,则 $\Delta \geqslant 0$,即

$$16 - 32\tan^2\theta \geqslant 0, \tan^2\theta \leqslant \frac{1}{2}, -\frac{\sqrt{2}}{2} \leqslant \tan\theta \leqslant \frac{\sqrt{2}}{2},$$

所以,　　　　　$-\arctan\dfrac{\sqrt{2}}{2} \leqslant \theta \leqslant \arctan\dfrac{\sqrt{2}}{2}.$

**分析**　此题的正确答案应为 $0 \leqslant \theta \leqslant \arctan\dfrac{\sqrt{2}}{2}$ 或 $\pi - \arctan\dfrac{\sqrt{2}}{2} \leqslant \theta \leqslant \pi$.错误的原因是由于对直线倾斜角的概念模糊,忘记了 $0 \leqslant \theta \leqslant \pi$.

### 2. 对有关定理、法则、公式等的理解不准确,生搬硬套

**例 9.14**　求直线 $\begin{cases} x = \dfrac{1}{2}t \\ y = 3 + t \end{cases}$ 与圆 $x^2 + y^2 = 5$ 相交的弦长.

**错解**　将 $\begin{cases} x = \dfrac{1}{2}t \\ y = 3 + t \end{cases}$ 代入 $x^2 + y^2 = 5$,并整理得

$$5t^2 + 24t + 16 = 0, t_1 = -4, t_2 = -\frac{4}{5}.$$

则所求弦长 $d = |t_1 - t_2| = \dfrac{16}{5}$.

**分析**　一般地,方程 $\begin{cases} x = x_0 + t\cos\alpha \\ y = y_0 + t\sin\alpha \end{cases}$ ($t$ 为参数)表示经过点 $P_0(x_0, y_0)$、倾斜角为 $\alpha$ 的直线参数方程,参数 $t$ 的几何意义是由 $t$ 所确定的点 $P(x, y)$ 到 $P_0(x_0, y_0)$ 的距离等于 $|t|$. 而方程 $\begin{cases} x = x_0 + at \\ y = y_0 + bt \end{cases}$ ($a \neq 0$, $t$ 为参数)表示过点 $P_0(x_0, y_0)$、斜率为 $\dfrac{b}{a}$ 的直线,当 $a^2 + b^2 \neq 1$ 时,这里的参数 $t$ 无上述几何意义.在例 9.14 中,$a = \dfrac{1}{2}$,$b = 1$,$a^2 + b^2 \neq 1$.由于对知识生搬硬套,错误地把 $t$ 当成定点 $(0, 3)$ 到动点的有向距离.

在例 9.14 中,若令 $t = \dfrac{t'}{\sqrt{a^2 + b^2}} = \dfrac{2}{\sqrt{5}}t'$,

原方程为 $\begin{cases} x = \dfrac{1}{\sqrt{5}}t', \\ y = 3 + \dfrac{2}{\sqrt{5}}t', \end{cases}$ 则可求得弦长为 $\dfrac{8\sqrt{5}}{5}$.

3. 审题不全面, 解题中遗漏部分已知条件

**例 9.15** 已知方程 $|x| = ax + 1$ 有一个负根, 而且没有正根, 求 $a$ 的范围.

**错解** 因为方程有一个负根, 设 $x < 0$, 则

$$-x = ax + 1, \quad x = -\frac{1}{a+1} < 0,$$

所以 $a > -1$.

**分析** 上述解答忽视了"没有正根"这一重要条件. 其正确解法应补充:

若令 $x > 0$, 得 $a < 1$, 因为方程没有正根, 所以 $a \geqslant 1$.

4. 对隐含条件分辨不清

**例 9.16** 已知方程 $4x^2 - 4mx + 2m - 3 = 0$ 有两个实根, 当 $m$ 为何值时, 两个实根平方和有最小值.

**错解** 令方程两个实根为 $x_1$ 和 $x_2$, 则

$$x_1^2 + x_2^2 = (x_1 + x_2)^2 - 2x_1 x_2 = m^2 - m - \frac{3}{2} = \left(m - \frac{1}{2}\right)^2 - \frac{7}{4},$$

当 $m = \dfrac{1}{2}$ 时, $x_1^2 + x_2^2$ 有最小值.

**分析** 上述解答忽略了 $\Delta \geqslant 0$ 这一隐含条件.

事实上, 因为方程有两个实根, 则

$$\Delta = (-4m)^2 - 4 \times 4 \times (2m + 3) \geqslant 0,$$

得 $m \in (-\infty, -1] \bigcup [3, +\infty)$,

再应用二次函数的单调性, 易得当 $m = -1$ 时, $x_1^2 + x_2^2$ 有最小值 $\dfrac{1}{2}$.

5. 观察图形不全面

**例 9.17** 已知 $A(-2, 3)$、$B(3, 0)$ 和直线 $l: kx - y - 1 = 0$, 如图 9.13 所示, 若直线 $l$ 和线段 $AB$ 无公共点, 求 $k$ 的范围.

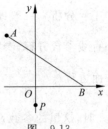

图 9.13

**错解** 因为线段 $AB$ 的斜率 $k_{AB} = -\dfrac{3}{5}$, 直线 $l: y = kx - 1$ 是过定点 $P(0, -1)$ 的一条直线. 所以当 $k \neq -\dfrac{3}{5}$ 时, 直线 $l$ 与线段 $AB$ 无公共点.

**分析** 上述做法是错误的, 因为 $l$ 与线段 $AB$ 无公共点, 除 $k \neq k_{AB}$ 外, 当 $k < k_{BP}$ 或 $k > k_{AP}$ 时也无公共点. 正确答案应为 $-2 < k < \dfrac{1}{3}$.

6. 审题不清或出现增解

由于未审清题意,对题中隐含条件没有引起充分注意,往往会出现增解.

**例 9.18**　二次方程 $x^2 - ax + b = 0$ 的两个根为 $\sin\theta$ 和 $\cos\theta$,求点 $P(a,b)$ 的轨迹方程.

**错解**　由韦达定理知 $\begin{cases} a = \sin\theta + \cos\theta, \\ b = \sin\theta \cdot \cos\theta, \end{cases}$ 消去 $\theta$,得点 $P(a,b)$ 的轨迹方程为 $a^2 - 2b = 1$.

**分析**　此题的解答结果出现了增解,其原因是忽略了 $\sin\theta$ 和 $\cos\theta$ 有界性这一隐含条件.其正确的解法应补充为

又 $\Delta = a^2 - 4b = (\sin\theta + \cos\theta)^2 - 4\sin\theta \cdot \cos\theta = (\sin\theta - \cos\theta)^2 \geqslant 0$,且 $a = \sqrt{2}\sin\left(\theta + \dfrac{\pi}{4}\right)$, $b = \dfrac{1}{2}\sin 2\theta$,则 $|a| \leqslant \sqrt{2}$, $|b| \leqslant \dfrac{1}{2}$.所以,$P(a,b)$ 的轨迹方程为 $a^2 - 2b = 1(|a| \leqslant \sqrt{2})$.

**例 9.19**　如图 9.14 所示,将曲线 $\log_2 x + \log_2 y = 2$ 沿 $x$ 轴向右平移两个单位,沿 $y$ 轴向上平移一个单位,此时与直线 $x + y = a$ 相切,求 $a$ 的值.

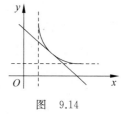

图　9.14

**错解**　由题意知,平移后的曲线方程为 $\log_2(x-2) + \log_2(y-1) = 2$,即 $(x-2)(y-1) = 4,(x > 2, y > 1)$.这时曲线与直线 $x + y = a$ 相切.

于是有 $(x-2)(a-x-1) = 4$,即 $x^2 - (a+1)x + 2a + 2 = 0$,$\Delta = (a+1)^2 - 8(a+1) = 0$,解得 $a = -1$ 或 $a = 7$.

**分析**　在此题的答案中,当 $a = -1$ 时,$x = 0$ 不合题意,即 $a = -1$ 为增解,很容易被忽略.

7. 解题不规范或出现漏解

在解题过程中,没有严格遵循解题顺序,有时会出现漏解.

**例 9.20**　解方程 $\lg(x-3)^2 = 2$.

**错解**　由原方程得 $2\lg(x-3) = 2$,即 $\lg(x-3) = 1$.所以,$x - 3 = 10$,则 $x = 13$.

**分析**　显然 $x = -7$ 也是原方程的解,它是在方程变形时,缩小了自变量的允许值范围,从而导致漏解.

在解题中出现增解和漏解,实质上也是错解,因此,必须严格要求,认真审题,找出隐含条件,严格遵循解题顺序,注意方程的恒等变形,求出结果时认真检验,防止出现增解和漏解现象.

# 第四节　"形"与"质"的比较与分析

顾名思义,"形"是指问题的形式,"质"是指问题的本质.日积月累,当我们把许多数学问题解决以后,会发现一些问题总是在形式上有差异,但所运用的方法或原理相同;而有些问题虽然看上去形式相似,但本质上却有很大不同.对于形异质同和形同质异问题的反思,有助于我们更好地理解数学问题的本质,提高观察、分析和解决问题的能力.

## 一、形异质同

"形异质同"意即若干问题间看似没有什么关联或相似性,但究其本质却是相同的.

**例 9.21**    3 个班分别从 5 个风景点中选择 1 处游览,不同选法的种数有多少?

**分析**    3 个班分别从 5 个风景点中选择 1 处游览的不同选法等价于从集合 $A = \{1,2,3\}$ 到集合 $B = \{a,b,c,d,e\}$ 的映射的个数.可分为三类:第一类 3 对 1,共有 $C_5^1$ 种可能情况;第二类 2 对 1 和 1 对 1,共有 $C_3^2 A_5^2$ 种可能情况;第三类 3 对 3,共有 $A_5^3$ 种可能情况.根据加法原理,共有 $C_5^1 + C_3^2 A_5^2 + A_5^3 = 125$(种)不同的选法.

也可以从乘法原理的角度进行理解,第一个班级有 5 种选法,其他两个班级也是这样,共有的选法就是 $5 \times 5 \times 5 = 125$(种).

让我们再看下面几道题.

(1) 一辆公交车有 5 个下客站,则车上 3 名乘客不同的下车方式种数是多少?

(2) 3 名工人分别要在 5 天中选择 1 天休息,则不同选择方法的种数是多少?

(3) 将 3 封信投入 5 个邮筒,则不同的投法种数是多少?

(4) 3 名同学去听同时进行的 5 个课外知识讲座,每名同学可自由选择听其中的 1 个讲座,则不同的选法种数是多少?

(5) 3 名学生分别编入 5 个班级,则不同的编排方法种数是多少?

以上几道题的形式各不相同,但解题的思维本质完全相同,都是求从集合 $A = \{a_1, a_2, a_3\}$ 到集合 $B = \{b_1, b_2, b_3, b_4, b_5\}$ 的不同映射的个数,答案都是 $5^3$.

**例 9.22**    请分别计算以下各题.

(1) 将 10 个相同的小球分装到 3 个不同的盒子中,每一种分法中的盒子可以为空,共有多少种不同的分法?

(2) 三项式 $(a+b+c)^{10}$ 的展开式中一共有多少项?

**分析**    在本例(2)中,三项式 $(a+b+c)^{10}$ 的展开式各项的基本形式都是 $a^i b^j c^k$,且 $i + j + k = 10$,本质上与(1)相同,也可以看成是将 10 个相同的元素分配到 3 个盒子中,且可以出现空盒的情形.这个问题的解决方法是插板法,可以把求非负整数解转化为求正整数解,即求 $I + J + K = 13$(其中 $I = i + 1, J = j + 1, K = k + 1$).答案都是 $C_{12}^2 = 66$(种).

**例 9.23**    已知关于 $x$ 的方程 $\sin^2 x + a\cos x - 2a = 0$ 有实数解,求实数 $a$ 的取值范围.

**分析**    原题等价于"求函数 $a = \dfrac{\sin^2 x}{2 - \cos x}$ 的值域",易知

$$a = \frac{1 - \cos^2 x}{2 - \cos x} = \frac{4 - \cos^2 x - 3}{2 - \cos x} = 2 + \cos x - \frac{3}{2 - \cos x}$$

$$= -\left(2 - \cos x + \frac{3}{2 - \cos x}\right) + 4 \leqslant 4 - 2\sqrt{3}.$$

又 $2 - \cos x \in [1,3]$,故 $0 \leqslant a \leqslant 4 - 2\sqrt{3}$.

又如以下三题.

(1) 若方程 $x^2 - ax + 2a - 1 = 0$ 在 $x \in [-1,1]$ 上有实数解,求 $a$ 的取值范围.

(2) 求函数 $y = \dfrac{1 - x^2}{2 - x}$($|x| \leqslant 1$)的值域.

(3) 实数 $a$ 为何值时,圆 $(x+2)^2+y^2=1$ 与抛物线 $y^2=-ax$ 有交点?(设 $x+2=\cos\theta$, $y=\sin\theta$)

上述三题都是围绕求 $\dfrac{\sin^2 x}{2-\cos x}$ 的值域这一核心问题进行变化和延伸的,核心问题解决了,各个问题也就不攻自破了.

接下来我们比较例 9.24 和例 9.25 两道例题.

**例 9.24** 如图 9.15 所示,已知离心率为 $\dfrac{\sqrt{3}}{2}$ 的椭圆 $C:\dfrac{x^2}{a^2}+\dfrac{y^2}{b^2}=1(a>b>0)$ 过点 $M(2,1)$,$O$ 为坐标原点,平行于 $OM$ 的直线 $l$ 交椭圆 $C$ 于不同的两点 $A$、$B$.

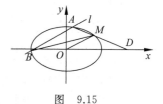

图 9.15

(1) 求椭圆的方程;

(2) 证明:直线 $MA$、$MB$ 与 $x$ 轴围成一个等腰三角形.

**分析**

(1) 设椭圆 $C$ 的方程为 $\dfrac{x^2}{a^2}+\dfrac{y^2}{b^2}=1(a>b>0)$.由题意得

$$\begin{cases} \dfrac{c}{a}=\dfrac{\sqrt{3}}{2}, \\ a^2=b^2+c^2, \\ \dfrac{4}{a^2}+\dfrac{1}{b^2}=1, \end{cases} \Rightarrow \begin{cases} a^2=8, \\ b^2=2, \end{cases}$$

所以,椭圆方程为

$$\dfrac{x^2}{8}+\dfrac{y^2}{2}=1.$$

(2) 由直线 $l /\!/ OM$,可设 $l:y=\dfrac{1}{2}x+m$,将其代入椭圆 $C$ 得 $x^2+2mx+2m^2-4=0$.

设 $A(x_1,y_1)$,$B(x_2,y_2)$,则 $x_1+x_2=-2m$,$x_1x_2=2m^2-4$.

设直线 $MA$、$MB$ 的斜率分别为 $k_1$、$k_2$,

则 $k_1+k_2=\dfrac{\dfrac{1}{2}x_1+m-1}{x_1-2}+\dfrac{\dfrac{1}{2}x_2+m-1}{x_2-2}=1+m\left(\dfrac{1}{x_1-2}+\dfrac{1}{x_2-2}\right)$

$=1+m\times\dfrac{x_1+x_2-4}{x_1x_2-2(x_1+x_2)+4}=1+m\times\dfrac{-2m-4}{2m^2-4-2(-2m)+4}=0.$

所以,$\angle MBD=\angle MDB$.故直线 $MA$、$MB$ 与 $x$ 轴围成一个等腰三角形.

**例 9.25** 如图 9.16 所示,圆 $C$ 与 $y$ 轴相切于点 $T(0,2)$,与 $x$ 轴正半轴相交于两点 $M$、$N$(点 $M$ 在点 $N$ 的左侧),且 $|MN|=3$.

(1) 求圆 $C$ 的方程;

(2) 过点 $M$ 任作一条直线与椭圆 $\Gamma:\dfrac{x^2}{4}+\dfrac{y^2}{8}=1$ 相交于两点 $A$、$B$,连结 $AN$、$BN$,判断

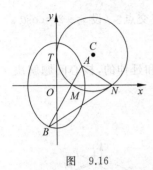

图　9.16

∠ANM 与 ∠BNM 是否相等,若相等请给出证明,若不相等请说明理由.

**分析**　在(1)中,设圆 $C$ 的半径为 $r(r>0)$,依题意,圆心坐标为 $(r,2)$.

由 $|MN|=3$,知 $r^2=\left(\dfrac{3}{2}\right)^2+2^2$,解得 $r^2=\dfrac{25}{4}$.

所以,圆 $C$ 的方程为

$$\left(x-\frac{5}{2}\right)^2+(y-2)^2=\frac{25}{4}.$$

在(2)中,∠ANM = ∠BNM,理由如下.

① 当 $AB\perp x$ 轴时,由椭圆对称性可知 ∠ANM = ∠BNM.

② 当 $AB$ 与 $x$ 轴不垂直时,把 $y=0$ 带入方程 $\left(x-\dfrac{5}{2}\right)^2+(y-2)^2=\dfrac{25}{4}$,解得 $x=1$ 或 $x=4$,即点 $M(1,0)$、$N(4,0)$,设直线 $AB$ 的方程为 $y=k(x-1)$.

联立方程 $\begin{cases} y=k(x-1), \\ 2x^2+y^2=8, \end{cases}$ 消去 $y$ 得 $(k^2+2)x^2-2k^2x+k^2-8=0$.

设直线 $AB$ 交椭圆 $\Gamma$ 于 $A(x_1,y_1)$、$B(x_2,y_2)$ 两点,则 $x_1+x_2=\dfrac{2k^2}{k^2+2}$,$x_1\cdot x_2=\dfrac{k^2-8}{k^2+2}$.

$$k_{AN}+k_{BN}=\frac{y_1}{x_1-4}+\frac{y_2}{x_2-4}=\frac{k(x_1-1)}{x_1-4}+\frac{k(x_2-1)}{x_2-4}$$

$$=\frac{2(k^2-8)}{k^2+2}-\frac{10k^2}{k^2+2}+8=0,$$

所以,　　　　　　　　　∠ANM = ∠BNM.

以上两题的第(2)问都是抓住了两个角所对应直线的倾斜角互补这一本质,进而再把证明两个角的相等问题转化为证明两个角所对应直线的斜率互为相反数问题,从而使问题迅速得到解决.

## 二、形同质异

有些数学问题具有一定的迷惑性,如果概念不清,见识不广,就容易混淆,错误地将不同问题混为一谈.所以通过反思形同质异的题目,能够提高辨别能力,避免错解的发生.

**例 9.26**　请判断以下各题.

(1)已知 $p$:实数 $x$ 满足 $|5x-2|>3$;$q$:实数 $x$ 满足 $(x-3)(5x+1)\geqslant 0$.试判断 ¬$p$ 是 ¬$q$ 的什么条件?

(2)已知 $p$:实数 $x$ 满足 $|5x-2|>3$;$q$:实数 $x$ 满足 $\dfrac{x-3}{5x+1}\geqslant 0$.试判断 ¬$p$ 是 ¬$q$ 的什么条件?

**分析**　两题中 ¬$p$ 集合的解集都是 $\left[-\dfrac{1}{5},1\right]$,第(1)题 $q$ 的解集含有 $-\dfrac{1}{5}$,第(2)题 $q$

的解集中不含 $-\dfrac{1}{5}$,由此两题中的 $\neg q$ 解集不相同,因而使得(1)是不充分不必要条件,(2)是充分但不必要条件.

**例 9.27** 设函数 $f(x)=\sqrt{1+5^x+a\cdot 25^x}$.

(1) $f(x)$ 在 $x\in(-\infty,1]$ 有意义,求 $a$ 的取值范围;

(2) $f(x)$ 的定义域为 $(-\infty,1]$,求 $a$ 的值.

**分析** 函数在 $A$ 上有意义指的是 $1+5^x+a\cdot 25^x\geqslant 0$ 在 $A$ 上恒成立,属于不等式恒成立问题;函数定义域为 $A$ 指的是不等式 $1+5^x+a\cdot 25^x\geqslant 0$ 的解集为 $A$,属于解不等式成立问题.

(1) 由 $1+5^x+a\cdot 25^x\geqslant 0$ 恒成立,得 $a\geqslant-\left[\left(\dfrac{1}{5}\right)^{2x}+\left(\dfrac{1}{5}\right)^x\right]$,显然 $y=-\left[\left(\dfrac{1}{5}\right)^{2x}+\left(\dfrac{1}{5}\right)^x\right]$ 在 $(-\infty,1]$ 上为增函数,$y_{\max}=-\dfrac{6}{25}$,故 $a\in\left[-\dfrac{6}{25},+\infty\right)$.

(2) 由 $1+5^x+a\cdot 25^x\geqslant 0$ 得 $\left[\left(\dfrac{1}{5}\right)^x\right]^2+\left(\dfrac{1}{5}\right)^x+a\geqslant 0$,解得 $\left(\dfrac{1}{5}\right)^x\geqslant\dfrac{-1+\sqrt{1-4a}}{2}$ 或 $\left(\dfrac{1}{5}\right)^x\leqslant\dfrac{-1-\sqrt{1-4a}}{2}$(舍去).

由 $\left(\dfrac{1}{5}\right)^x\geqslant\dfrac{-1+\sqrt{1-4a}}{2}$,得 $x\leqslant\log_{\frac{1}{5}}\dfrac{-1+\sqrt{1-4a}}{2}$,又因为 $f(x)$ 的定义域为 $(-\infty,1]$,所以 $\log_{\frac{1}{5}}\dfrac{-1+\sqrt{1-4a}}{2}=1$,得 $a=-\dfrac{6}{25}$.

**例 9.28** (1) 若函数 $f(x)=x^2+kx-3$ 是 $[1,+\infty)$ 上的单调递增函数,求实数 $k$ 的取值范围;

(2) 设 $b_n=n^2+kn-3$,若 $\{b_n\}$ 是单调递增数列,求实数 $k$ 的取值范围.

**分析** 第(1)题利用二次函数的单调性,只需对称轴 $-\dfrac{k}{2}\leqslant 1$.而第(2)题当 $-\dfrac{k}{2}\leqslant 1$ 时,能得到数列 $\{b_n\}$ 是单调递增数列,但非充要条件,数列的图象是离散的点.$b_1$ 的对应点可以在对称轴的左侧,其余的点在右侧,只需满足 $b_1$ 的对应点的位置最低.所以正确的做法是将两种情形全部考虑进去,列式应为 $-\dfrac{k}{2}-\dfrac{1}{2}\leqslant 1$(也可以直接由 $b_{n+1}-b_n>0(n\in\mathbf{N}_+)$ 恒成立得到),这也是容易错的地方.

**例 9.29** 对不等式 $x+(a+1)\sqrt{x}+a<0$,分别求出满足下列条件的实数 $a$ 的取值范围.

(1) 不等式的解集为 $[0,3)$;

(2) 不等式在 $[0,3)$ 上有解;

(3) 不等式在 $[0,3)$ 上恒成立;

(4) 不等式的解集是 $[0,3)$ 的子集.

**分析** 由 $x+(a+1)\sqrt{x}+a<0\Leftrightarrow(\sqrt{x}+1)(\sqrt{x}+a)<0\Leftrightarrow\sqrt{x}+a<0$

当 $a \geqslant 0$ 时，$\sqrt{x} + a < 0$ 无解，原不等式解集为空集；当 $a < 0$ 时，原不等式解集为 $(0, a^2)$. 则

(1) 必须且只需 $a < 0$ 时，$[0, 3) = [0, a^2) \Leftrightarrow a^2 = 3$ 且 $a < 0$，故 $a = -\sqrt{3}$；

(2) 必须且只需 $[0, 3) \cap (0, a^2) \neq \varnothing$，则 $a < 0$ 时均适合，即 $a \in (-\infty, 0)$；

(3) 必须且只需 $[0, 3) \subseteq [0, a^2)$，且 $a < 0 \Leftrightarrow a^2 \geqslant 3$ 且 $a < 0$，则 $a \leqslant -\sqrt{3}$，即 $a \in (-\infty, -\sqrt{3}]$；

(4) 应有 $a < 0$ 时，$[0, a^2) \subseteq [0, 3)$，此时 $a \in [-\sqrt{3}, 0)$ 或为空集（$a \geqslant 0$ 时），故 $a \in [-\sqrt{3}, +\infty)$.

上述四个小题常容易混淆，通过反思各种解决方法的不同，能够帮助弄清四个不同的概念及相应的解题方法.

**例 9.30** 设 $M = \{a, b, c, d\}$，$N = \{-1, 0, 1\}$，取适当的对应法则 $f$.

(1) 求从 $M$ 到 $N$ 建立不同映射的个数；

(2) 以 $M$ 为定义域，$N$ 为值域的函数有多少个？

**分析** 函数是特殊的映射. $M$ 到 $N$ 的映射允许 $M$ 到 $N$ 的多对一、允许 $N$ 中存在元素没有原像，而以 $M$ 为定义域、$N$ 为值域的函数要求 $N$ 中的每一个元素在 $M$ 中都有元素与它对应. 事实上，本题中第 (1) 题，从 $M$ 到 $N$ 建立不同映射的个数为 $3^4$；第 (2) 题，以 $M$ 为定义域，$N$ 为值域的函数有 36 个. 可以在 (1) 中去掉 $M$ 中所有元素对应 $N$ 中一个元素和 $M$ 中所有元素对应 $N$ 中两个元素的情形，这样算会比较麻烦. 也可以换一个角度去思考，$M$ 中选两个元素捆绑有 $C_4^2 = 6$ 种，然后相当于两个三元素集合之间的一一对应有 6 种，再运用乘法原理得出 $6 \times 6 = 36$（种）.

**例 9.31** (1) 已知 $f(x) = \begin{cases} (3-a)x & (x \leqslant 3), \\ a^{x-2} & (x > 3), \end{cases}$ 若对 $\forall x, y \in \mathbf{R}(x \neq y)$ 都有 $\dfrac{f(x) - f(y)}{x - y} > 0$，求 $a$ 的取值范围；

(2) 已知数列 $\{a_n\}$ 满足 $a_n = \begin{cases} (3-a)n & (n \leqslant 3) \\ a^{n-2} & (n > 3) \end{cases} (n \in \mathbf{N}_+)$，且对 $\forall m, n \in \mathbf{N}_+ (m \neq n)$ 都有 $\dfrac{a_n - a_m}{n - m} > 0$，求 $a$ 的取值范围.

**分析** 数列是特殊的函数，定义域为正整数集，图象为一些孤立的散点. 数列的独特性使得数列的单调性和函数单调性有较大差异. 分段函数为增函数需要满足：①左支、右支均为增函数；②左支的最大值小于或等于右支的最小值. 而分段数列为递增数列需要满足：①左支、右支均为递增数列；②左支的最大项小于右支的最小项.

(1) 由题意 $f(x)$ 为递增函数知

$$\begin{cases} (3-a) > 0, \\ a > 1, \\ 3(3-a) \leqslant a^{3-2}, \end{cases} \quad \text{解得} \ a \in \left[\frac{9}{4}, 3\right);$$

(2) 由题意数列 $\{a_n\}$ 为递增数列知

$$\begin{cases}(3-a)>0,\\a>1,\\a_3<a_4,\end{cases}\quad 即\begin{cases}(3-a)>0,\\a>1,\\3(3-a)\leqslant a^{4-2},\end{cases}\quad 解得\ a\in\left(1,\dfrac{-3+3\sqrt5}{2}\right).$$

**例 9.32**　已知常数 $p>0$,若函数 $f(x)$ 满足:

(1) $f(x)=f\left(x-\dfrac{p}{2}\right)(x\in\mathbf{R})$,求 $f(x)$ 的一个正周期;

(2) $f(px)=f\left(px-\dfrac{p}{2}\right)(x\in\mathbf{R})$,求 $f(px)$ 的一个正周期.

**分析**　周期函数的定义:若 $f(x)$ 为定义在 $D$ 上的函数,如果存在常数 $T\neq0$,对任何 $x\in D$ 都有 $x\pm T\in D$,且 $f(x+T)=f(x)$ 成立,则称 $f(x)$ 为周期函数,常数 $T$ 叫作 $f(x)$ 的一个周期.

对于 $f(x)=f\left(x-\dfrac{p}{2}\right)(x\in\mathbf{R})$,很明显 $\dfrac{p}{2}$ 为 $f(x)$ 的一个正周期.

复合函数的周期不能简单套用周期函数定义,否则会得到错误答案 $\dfrac{p}{2}$.事实上,令 $F(x)=f(px)$,则 $F\left(x-\dfrac{1}{2}\right)=f\left[p\left(x-\dfrac{1}{2}\right)\right]$,由题意 $F(x)=F\left(x-\dfrac{1}{2}\right)$,易知 $F(x)$ 的一个正周期为 $\dfrac{1}{2}$,即 $f(px)$ 的一个正周期为 $\dfrac{1}{2}$.

特别指出:函数 $f(x)$ 为定义在 $D$ 上的周期函数,最小正周期为 $T$,则函数 $y=f(ax+b)(a\neq0,ax+b\in D)$ 是以 $\dfrac{T}{|a|}$ 为最小正周期的周期函数.

**例 9.33**　已知函数 $f(x)=2x^3+4x^2-40x,g(x)=7x^2-28x-t$.
(1) $\forall x_1\in[-3,3],\forall x_2\in[-3,3]$,都有 $f(x_1)\geqslant g(x_2)$ 成立,求 $t$ 的取值范围;
(2) $\forall x_1\in[-3,3],\exists x_2\in[-3,3]$,使 $f(x_1)\geqslant g(x_2)$ 成立,求 $t$ 的取值范围;
(3) $\exists x_1\in[-3,3],\forall x_2\in[-3,3]$,使 $f(x_1)\geqslant g(x_2)$ 成立,求 $t$ 的取值范围;
(4) $\exists x_1\in[-3,3],\exists x_2\in[-3,3]$,使 $f(x_1)\geqslant g(x_2)$ 成立,求 $t$ 的取值范围.

**分析**　本题主要涉及全称命题和特称命题相关的函数问题,容易引起混淆.
(1) $\forall x_1\in D_1,\forall x_2\in D_2,f(x_1)\geqslant g(x_2)$ 恒成立 $\Rightarrow f(x)_{\min}\geqslant g(x)_{\max}$;
(2) $\forall x_1\in D_1,\exists x_2\in D_2,f(x_1)\geqslant g(x_2)$ 成立 $\Rightarrow f(x)_{\min}\geqslant g(x)_{\min}$;
(3) $\exists x_1\in D_1,\forall x_2\in D_2,f(x_1)\geqslant g(x_2)$ 成立 $\Rightarrow f(x)_{\max}\geqslant g(x)_{\max}$;
(4) $\exists x_1\in D_1,\exists x_2\in D_2,f(x_1)\geqslant g(x_2)$ 成立 $\Rightarrow f(x)_{\max}\geqslant g(x)_{\min}$.

$$f'(x)=6x^2+8x-40=2(3x^2+4x-20)=3(3x+10)(x-2).$$

令 $f'(x)=0$,得 $x_1=2,x_2=-\dfrac{10}{3}$,且 $f(2)=-48,f(3)=-30,f(-3)=102$.所以 $f(x)$ 在 $[-3,3]$ 上有 $f(x)_{\max}=102,f(x)_{\min}=-48.g'(x)=14x-28$,令 $g'(x)=0$,得 $x_0=2$,且 $g(-3)=147-t,g(2)=-28-t,g(3)=-21-t$.

所以 $g(x)$ 在 $[-3,3]$ 上有 $g(x)_{\max}=147-t,g(x)_{\min}=-28-t$.

(1) 由 $f(x)_{\min}\geqslant f(x)_{\max}$,得 $-48\geqslant147-t$,故 $t\geqslant195$;

(2) 由 $f(x)_{\min} \geqslant g(x)_{\min}$,得 $-48 \geqslant -28-t$,故 $t \geqslant 20$;

(3) 由 $f(x)_{\max} \geqslant g(x)_{\max}$,得 $102 \geqslant 147-t$,故 $t \geqslant 45$;

(4) 由 $f(x)_{\max} \geqslant g(x)_{\min}$,得 $102 \geqslant -28-t$,故 $t \geqslant -130$.

**例 9.34**　如图 9.17 所示,(1) 在等腰 Rt$\triangle ABC$ 中,在斜边 $AB$ 上任取一点 $M$,求 $AM$ 小于 $AC$ 的概率.

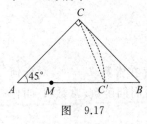

图　9.17

(2) 在等腰 Rt$\triangle ABC$ 中,过直角顶点 $C$ 在 $\triangle ABC$ 的内部任作一条射线 $CM$,与线段 $AB$ 交于点 $M$,求 $AM$ 小于 $AC$ 的概率.

**分析**　这两题的区别在于等可能基本事件不同,"在斜边 $AB$ 上任取一点 $M$"与"在 $\triangle ABC$ 的内部任作一条射线 $CM$",前者着眼于取点,点对应线段,所以应考虑线段之比;后者对应于作射线,射线对应角,所以应考虑角度之比.

(1) 记"$AM$ 小于 $AC$"为事件 $A$,在线段 $AB$ 上截取 $AC' = AC$.当点 $M$ 落在线段 $AC'$ 上时,事件 $A$ 发生,则 $P(A) = \dfrac{AC'}{AB} = \dfrac{AC}{AB} = \dfrac{\sqrt{2}}{2}$.

(2) 如图 9.17 所示,连结 $CC'$,则 $\angle ACC' = 67.5^\circ$,记"$AM$ 小于 $AC$"为事件 $B$,当 $\angle ACM < \angle ACC'$,事件 $B$ 发生,则 $P(B) = \dfrac{67.5^\circ}{90^\circ} = \dfrac{3}{4}$.

对此类背景相似的问题,一定要弄清楚等可能基本事件是什么(即 $D$ 是什么),事件 $A$ 发生到底与哪些点对应(即 $d$ 是什么),只有从正确的角度切入,才能得到正确的答案.

**例 9.35**　(1) 设有一个正方形网格,其中每个最小正方形的边长都等于 6cm,现用直径等于 2cm 的硬币投掷到此网格上,求硬币落下后与格线有公共点的概率.

(2) 设有一个正方形,其边长等于 6cm,现用直径等于 2cm 的硬币投掷到正方形上,不考虑硬币完全落在正方形外的情况,求硬币落下后落入正方形的概率.

**分析**　这两个问题看起来非常相似,但仔细审题不难发现,前者是"正方形网格",后者只有"一个正方形",正是这个差异导致了几何区域 $D$(即样本空间的 $\Omega$) 不同.

(1) 在正方形网格中取一个单位格(见图 9.18),考虑硬币中心 $O$ 的位置,把正方形各边向内缩 1cm,得到一个边长为 4cm 的小正方形,当点 $O$ 落在小正方形内,才能保证硬币落下后与格线无公共点,记"硬币落下后与格线有公共点"为事件 $A$,则 $P(A) = \dfrac{6^2 - 4^2}{6^2} = \dfrac{5}{9}$.

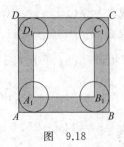

图　9.18

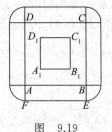

图　9.19

(2) 本题要考虑硬币部分落在正方形外的情况.考察硬币中心 $O$ 的位置,几何区域应当是一个圆角矩形(见图 9.19),当点 $O$ 落在小正方形 $A_1 B_1 C_1 D_1$ 中时,才算硬币完全落入正方形内,记

"硬币落下后落入正方形内"为事件 $B$,则 $P(B) = \dfrac{S_{\text{小正方形}}}{S_{\text{圆角矩形}}} = \dfrac{S_{A_1B_1C_1D_1}}{S_{ABCD} + 4S_{ABEF} + S_{\text{单位圆}}} = \dfrac{16}{60 + \pi}$.

# 第五节　问题的拓展与延伸

数学问题的拓展与延伸有许多方法,改变问题的提问方式,革新问题结构与覆盖面,通过类比拓展问题空间,将问题作一般化处理等都是行之有效的途径.

## 一、改变问题的提问方式

一题多变,举一反三,从点到面形成知识网络,可以深化数学理性思维的发展.在对问题的拓展与延伸中,首先是改变问题的提问方式.例如,把证明题改为探索题,将结论隐蔽起来,这样便增加了难度;可以增加中间的设问,把单问改成分步设问,这样就降低了难度.还可以改变题设条件,例如,适当增删已知条件,隐蔽条件明朗化,明显条件隐蔽化,直接条件间接化,抽象条件具体化,具体条件抽象化,还可以将问题类比、延伸、拓广等.

**例 9.36**　将 4 个不同的小球放入 3 个不同的盒子中,有多少种不同的放法.本题可以作如下变式.

**变式 1**　将 4 个不同的小球放入 4 个不同的盒子中,恰有一个空盒的放法有多少种.变式 1 和原问题相比,只是多了一个盒子,实质上还是 4 个不同的小球放入 3 个不同的盒子,但比原问题难度增大.原问题的解答是先从 4 个不同的小球中任选 2 个组合,然后相当于 3 个球的全排列,即 $C_4^2 A_3^3$.而变式 1 的解答是先选出要放入球的盒子为 $C_4^3$,再就是类似原问题 $C_4^2 A_3^3$,因而结果为 $C_4^3 C_4^2 A_3^3$.

**变式 2**　将编号为 1、2、3、4 的四个小球放入编号为 1、2、3、4 的四个盒子中,每盒恰有一球,且球与盒子的编号不相同的放法有多少种.

变式 2 和变式 1 相比,将球与盒子分别编号,而且要求球的号码和放入的盒子的号码不能相同,难度进一步增大,需要考虑的情况更为复杂,当然解法也有多种,一是可以利用间接做法,但需要排除的情形太多,结果是 $A_4^4 - (C_4^1 C_2^1 + C_4^2 + 1) = 9$.这里提供一种较为简捷的方法——树图法(见图 9.20).

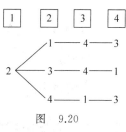

图　9.20

将编号的盒子放好,然后 1 号盒子中先放入 2 号球,这样共有 3 种不同的放法,类似地,若 1 号盒子中放入 3 号或 4 号球,同样也各有 3 种不同的放法,因此,共有 9 种不同的放法.通过问题情境条件的变换,解决问题的方法也相应改变,涉及的知识点和方法也就更多了,对问题的认识就会更全面,更便于我们形成和梳理知识网络,做到举一反三,触类旁通.

## 二、革新问题结构与覆盖面

**例 9.37**　已知 $x > 0, y > 0, 2x + y = 2$,求 $\dfrac{1}{x} + \dfrac{4}{y}$ 的最小值.

**分析**　在不同章节知识点间进行引申与推广.

(1) 已知 $x > 0, y > 0, \dfrac{1}{x} + \dfrac{4}{y} = 2$,求 $2x + y$ 的最小值.(将条件与结论对换)

(2) 已知函数 $y = -2\log_a(x-1) + 1 (a > 0,$ 且 $a \neq 1)$ 的图象恒过定点 $A$，且点 $A$ 在直线 $mx + ny - 4 = 0$ 上，其中 $mn > 0$，求 $\dfrac{2}{m} + \dfrac{1}{n}$ 的最小值．

由题意，可知点 $A$ 的坐标为 $(2,1)$．代入直线方程，得 $2m + n = 4$．本题就转化为：若 $2m + n = 4$，且 $mn > 0$，求 $\dfrac{2}{m} + \dfrac{1}{n}$ 的最小值．

(3) 已知直线 $l$ 过点 $P(2,1)$，且与 $x$ 轴、$y$ 轴的正半轴分别交于点 $A$、$B$．求直线 $l$ 在两坐标轴上截距之和的最小值．

可设所求直线的方程为 $\dfrac{x}{a} + \dfrac{y}{b} = 1 (a > 0, b > 0)$，由于过点 $P(2,1)$，可得 $\dfrac{2}{a} + \dfrac{1}{b} = 1$．所以，上述问题转化为：已知 $\dfrac{2}{a} + \dfrac{1}{b} = 1 (a > 0, b > 0)$，求 $a + b$ 的最小值．

(4) 若直线 $2ax - by + 2 = 0 (a > 0, b > 0)$ 始终平分圆 $x^2 + y^2 + 2x - 4y + 1 = 0$ 的周长，求 $\dfrac{1}{a} + \dfrac{1}{b}$ 的最小值．

若直线平分圆的周长，则此直线必过圆心 $(-1,2)$，整理得 $a + b = 1$．上述问题转化为：若 $a + b = 1$，且 $a > 0, b > 0$，求 $\dfrac{1}{a} + \dfrac{1}{b}$ 的最小值．

(5) 在算式 $9 \times \triangle + 1 \times \square = 48$ 中的 $\triangle$、$\square$ 中，分别填入两个正整数，使他们的倒数和最小，这两个数 $(\triangle、\square)$ 应分别为 _____．

该问题即为：若 $x、y \in \mathbf{N}_+, 9x + y = 48$，求 $\dfrac{1}{x} + \dfrac{1}{y}$ 取最小值时，并求出相应的 $x、y$ 的值．

(6) 求 $y = \dfrac{2}{\sin^2 x} + \dfrac{8}{\cos^2 x}$ 的最小值．

该问题为：设 $a = \sin^2 x > 0, b = \cos^2 x > 0$．若 $a + b = 1$（因为 $\sin^2 x + \cos^2 x = 1$），求 $y = \dfrac{2}{a} + \dfrac{8}{b}$ 的最小值．

## 三、通过类比拓展问题空间

**例 9.38**　如图 9.21 所示，设双曲线 $x^2 - y^2 = 2018$ 的左、右顶点分别为 $A_1$、$A_2$，$P$ 为其右支上一点，且 $\angle A_1 P A_2 = 4\angle P A_1 A_2$，则 $\angle P A_1 A_2 = $ _____．

**分析**　设直线 $PA_1$、$PA_2$ 的斜率分别为 $k_1$、$k_2$，则 $k_1 = \tan\angle PA_1A_2 = \dfrac{y}{x + \sqrt{2018}}, k_2 = \tan\angle PA_2F = \dfrac{y}{x - \sqrt{2018}}$，即

$$k_1 \cdot k_2 = \dfrac{y}{x + \sqrt{2018}} \cdot \dfrac{y}{x - \sqrt{2018}} = \dfrac{y^2}{x^2 - 2018}.$$

因为点 $P(x,y)$ 为双曲线右支上的一点，则有 $y^2 = x^2 - 2018$，代入上式，得 $k_1 \cdot k_2 = 1$，即 $\tan\angle PA_1A_2 \cdot \tan\angle PA_2F = 1$．

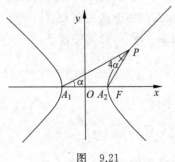

图　9.21

因为 $\angle PA_1A_2$、$\angle PA_2F \in (0°,90°)$，则 $\angle PA_1A_2 + \angle PA_2F = 90°$，即 $\alpha + 5\alpha = 90°$，所以 $\alpha = 15°$，即 $\angle PA_1A_2 = 15°$.

**类比 1**　把题中双曲线方程中的"2018"可以改成任意的正实数，不影响结论.在这一改变下，也可以把方程改成"$y^2 - x^2 = a^2(a > 0)$"，即

"设双曲线 $y^2 - x^2 = a^2 (a > 0)$ 的两个顶点分别为 $B_1$、$B_2$，$P$ 为其下支上一点，且 $\angle B_1PB_2 = 4\angle PB_1B_2$，则 $\angle PB_2B_1 =$ ＿＿＿＿＿＿＿＿＿".

**类比 2**　更进一步地，可以把方程改为一般情形，即"$\dfrac{x^2}{a^2} - \dfrac{y^2}{b^2} = 1(a、b > 0)$".于是原题可以改编为：

"设双曲线 $\dfrac{x^2}{a^2} - \dfrac{y^2}{b^2} = 1(a、b > 0)$ 的左右顶点分别为 $A_1$、$A_2$，$P$ 为双曲线上异于顶点的一动点，那么，直线 $PA_1$、$PA_2$ 的斜率乘积是定值吗？请说明你的理由."

**证明**　由题意得，$A_1(-a,0)$，$A_2(a,0)$，则 $k_{PA_1} \cdot k_{PA_2} = \dfrac{y}{x+a} \cdot \dfrac{y}{x-a} = \dfrac{y^2}{x^2 - a^2}$.

又点 $P(x,y)$ 为双曲线上一点，则有 $y^2 = b^2\left(\dfrac{x^2}{a^2} - 1\right)$，代入上式，得

$$k_{PA_1} \cdot k_{PA_2} = \frac{b^2\left(\dfrac{x^2}{a^2} - 1\right)}{x^2 - a^2} = \frac{\dfrac{b^2}{a^2}(x^2 - a^2)}{x^2 - a^2} = \frac{b^2}{a^2} = \frac{c^2 - a^2}{a^2} = e^2 - 1.（定值）$$

**类比 3**　发散思维，还可以运用类比的方法把双曲线拓展延伸到椭圆上来，把原题改编为：

"设椭圆 $\dfrac{x^2}{a^2} + \dfrac{y^2}{b^2} = 1(a、b > 0)$ 的左右顶点分别为 $A_1$、$A_2$，$P$ 为椭圆上异于顶点的一动点，则直线 $PA_1$、$PA_2$ 的斜率乘积是定值."

不妨设椭圆的左、右顶点分别为 $A_1(-a,0)$、$A_2(a,0)$，点 $P$ 的坐标为 $(x,y)$，则 $k_{PA_1} \cdot k_{PA_2} = \dfrac{y}{x+a} \cdot \dfrac{y}{x-a} = \dfrac{y^2}{x^2 - a^2}$.又点 $P(x,y)$ 为椭圆上一点，则有 $y^2 = b^2\left(1 - \dfrac{x^2}{a^2}\right)$，代入上式，得 $k_{PA_1} \cdot k_{PA_2} = \dfrac{b^2\left(1 - \dfrac{x^2}{a^2}\right)}{x^2 - a^2} = \dfrac{\dfrac{b^2}{a^2}(a^2 - x^2)}{x^2 - a^2} = -\dfrac{b^2}{a^2} = \dfrac{c^2 - a^2}{a^2} = e^2 - 1.（定值）$

**类比 4**　类比本题思考方法，也可以思考这样的问题.

如图 9.22 所示，圆上任意一点 $P$ 与一直径的两个端点 $A$、$B$（$P$ 与 $A$、$B$ 互异）的连线的斜率之积等于 $-1$，那么类比椭圆（见图 9.23），你可以得到什么结论呢？

如图 9.24 所示，设椭圆的方程为 $\dfrac{x^2}{a^2} + \dfrac{y^2}{b^2} = 1(a、b > 0)$，弦 $CD$ 过椭圆中心 $O$，点 $P$ 是椭圆上与 $C$、$D$ 互异的一动点，试判断 $k_{PC} \cdot k_{PD}$ 是否为定值？并写出证明过程.

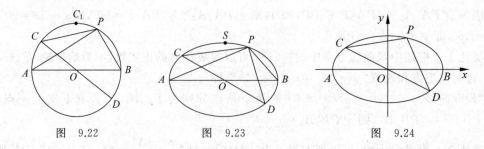

图　9.22　　　　　　图　9.23　　　　　　图　9.24

**证明**　设 $P(x,y)$、$C(m,n)$、$D(-m,-n)$，则 $k_{PC}=\dfrac{y-n}{x-m}$，$k_{PD}=\dfrac{y+n}{x+m}$，即

$$k_{PC}\cdot k_{PD}=\frac{y-n}{x-m}\cdot\frac{y+n}{x+m}=\frac{y^2-n^2}{x^2-m^2}.$$

因为点 $P(x,y)$、$C(m,n)$ 在椭圆上，则 $y^2=b^2\left(1-\dfrac{x^2}{a^2}\right)$，$n^2=b^2\left(1-\dfrac{m^2}{a^2}\right)$，$y^2-n^2=$
$b^2\left(1-\dfrac{x^2}{a^2}\right)-b^2\left(1-\dfrac{m^2}{a^2}\right)=-\dfrac{b^2}{a^2}(x^2-m^2)$.代入上式，得

$$k_{PC}\cdot k_{PD}=\frac{-\dfrac{b^2}{a^2}(x^2-m^2)}{x^2-m^2}=-\frac{b^2}{a^2}=\frac{c^2-a^2}{a^2}=e^2-1.$$

如图 9.25 所示，若椭圆的中心在原点，焦点在 $y$ 轴上，弦 $CD$ 过椭圆中心 $O$，点 $P$ 是椭圆上与 $C$、$D$ 互异的一动点，则有 $k_{PC}\cdot k_{PD}=-\dfrac{a^2}{b^2}=\dfrac{1}{e^2-1}$.（将第一种情况中的 $a$、$b$ 互换即可）

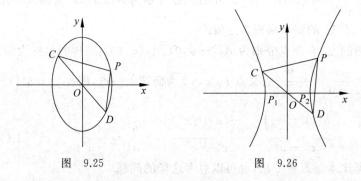

图　9.25　　　　　　　　　图　9.26

**类比 5**　把上述结论从椭圆类比到双曲线上来，于是又得到：双曲线过中心的弦的两端点与双曲线上异于该端点的任一点的连线的斜率之积为定值.当焦点在 $x$ 轴上时，该定值为 $e^2-1$；当焦点在 $y$ 轴上时，该定值为 $\dfrac{1}{e^2-1}$.

事实上，如图 9.26 所示，设双曲线 $\dfrac{x^2}{a^2}-\dfrac{y^2}{b^2}=1(a,b>0)$，$P(x,y)$，$C(m,n)$，$D(-m,-n)$，且 $PC$、$PD$ 与 $x$ 轴不垂直.则 $k_{PC}=\dfrac{y-n}{x-m}$，$k_{PD}=\dfrac{y+n}{x+m}$，即

$$k_{PC} \cdot k_{PD} = \frac{y-n}{x-m} \cdot \frac{y+n}{x+m} = \frac{y^2-n^2}{x^2-m^2}.$$

因为点 $P(x,y)$、$C(m,n)$ 在双曲线上，则 $y^2 = b^2\left(\dfrac{x^2}{a^2}-1\right)$，$n^2 = b^2\left(\dfrac{m^2}{a^2}-1\right)$，$y^2-n^2 = b^2\left(\dfrac{x^2}{a^2}-1\right) - b^2\left(\dfrac{m^2}{a^2}-1\right) = \dfrac{b^2}{a^2}(x^2-m^2)$. 代入上式，得

$$k_{PC} \cdot k_{PD} = \frac{\dfrac{b^2}{a^2}(x^2-m^2)}{x^2-m^2} = \frac{b^2}{a^2} = \frac{c^2-a^2}{a^2} = e^2-1.$$

同理可以证明，若双曲线的焦点在 $y$ 轴上，$PC$、$PD$ 与 $x$ 轴不垂直，则有 $k_{PC} \cdot k_{PD} = \dfrac{1}{e^2-1}$.（将上面证明过程中的 $a$、$b$ 互换即可）

综上所述，可以得到以下定理.

**定理 1** 已知椭圆的方程为 $\dfrac{x^2}{a^2} + \dfrac{y^2}{b^2} = 1(a、b > 0)$，弦 $CD$ 过椭圆中心，点 $P$ 是椭圆上与 $C$、$D$ 互异的一动点，$e$ 为离心率，若焦点在 $x$ 轴上，那么直线 $PC$ 与 $PD$ 的斜率之积为 $e^2-1$.

**推论** 已知椭圆的方程为 $\dfrac{x^2}{a^2} + \dfrac{y^2}{b^2} = 1(a、b > 0)$，弦 $CD$ 过椭圆中心，点 $P$ 是椭圆上与 $C$、$D$ 互异的一动点，$e$ 为离心率，若焦点在 $y$ 轴上，那么直线 $PC$ 与 $PD$ 的斜率之积为 $\dfrac{1}{e^2-1}$.

**定理 2** 已知双曲线的方程为 $\dfrac{x^2}{a^2} - \dfrac{y^2}{b^2} = 1(a、b > 0)$，弦 $CD$ 过双曲线中心，点 $P$ 是双曲线上与 $C$、$D$ 互异的一动点（$P$ 与 $C$、$D$ 的连线与坐标轴不垂直），$e$ 为离心率，若焦点在 $x$ 轴上，那么直线 $PC$ 与 $PD$ 的斜率之积为 $e^2-1$.

**推论** 已知双曲线的方程为 $\dfrac{x^2}{a^2} - \dfrac{y^2}{b^2} = 1(a、b > 0)$，弦 $CD$ 过双曲线中心，点 $P$ 是双曲线上与 $C$、$D$ 互异的一动点（$P$ 与 $C$、$D$ 的连线与坐标轴不垂直），$e$ 为离心率，若焦点在 $y$ 轴上，那么直线 $PC$ 与 $PD$ 的斜率之积为 $\dfrac{1}{e^2-1}$.

## 四、将问题作一般化处理

一般化方法除解决数学问题外，还常常在数学问题的拓展与延伸中用到. 一般化方法是数学概念形成与深化的重要手段，也是推广数学命题的重要方法.

**例 9.39** 在平面上给出五个点，连结这些点的直线互不平行，互不垂直，也不重合. 过每一点作两两连结其余四点的所有直线的垂线，若不计原来给定的五点，这些垂线彼此间的交点最多能有多少个？

**分析** 设给定的点为 $P_1$、$P_2$、$P_3$、$P_4$、$P_5$，它们之间的连线共有 $C_5^2 = 10$（条）. 这些连线构成的三角形共有 $C_5^3 = 10$（个）. 通过点 $P_i(i=1,2,3,4,5)$ 作不通过该点的连线的垂线共有 $5C_4^2 = 30$（条）.

因"两直线最多能决定一个交点",则不难算出这30条垂线可能有的交点数最多有 $C_{30}^2 = 435$(个).但是任一条连线都作有三条垂线,而它们互相平行,并不相交,故从总数中必须除去 $10C_3^2 = 30$(个)交点(即 $C_5^2 \cdot C_3^2$).

又在各连线所构成的10个三角形中,垂直于三边的垂线作为三角形的高则相交于一点,因此从总数中又必须除去 $10 \cdot (C_3^2 - 1) = 20$(个)交点.

此外,考虑到30条垂线有部分交点与 $P_i$ 重合,而在每一点 $P_i$ 恰有 $C_4^2 = 6$(条)垂线相交.所以从总数中还必须除去 $5C_6^2 = 75$(个)交点.于是,所有垂线彼此间的交点(除去 $P_i$)最多有 $435 - 30 - 20 - 75 = 310$(个)交点.

对于此例的一个简单推广是:在平面上给出 $n$ 个点,连结这些点的直线互不平行,互不垂直,也不重合.过每一点作两两连结其余 $n-1$ 个点的所有直线的垂线,若不计原来给定的 $n$ 点,这些垂线彼此间的交点最多能有多少个?

**例 9.40** 设 $a$、$b$、$c$ 为三个非负的实数,试证:

$$\sqrt{a^2 + b^2} + \sqrt{b^2 + c^2} + \sqrt{c^2 + a^2} \geqslant \sqrt{2}(a + b + c).$$

**分析** 由题设和均值不等式有

$$\sqrt{a^2 + b^2} = \frac{1}{\sqrt{2}}\sqrt{2a^2 + 2b^2} \geqslant \frac{1}{\sqrt{2}}\sqrt{a^2 + 2ab + b^2} = \frac{1}{\sqrt{2}}(a + b).$$

同理有

$$\sqrt{b^2 + c^2} \geqslant \frac{1}{\sqrt{2}}(b + c), \quad \sqrt{c^2 + a^2} \geqslant \frac{1}{\sqrt{2}}(c + a).$$

于是有

$$\sqrt{a^2 + b^2} + \sqrt{b^2 + c^2} + \sqrt{c^2 + a^2} \geqslant \frac{1}{\sqrt{2}}(a + b + b + c + c + a) = \sqrt{2}(a + b + c)$$

这个不等式可以作如下各种推广(等号一般仅当 $a_i$ 相等且非负时成立).

(1) 在已知数的适用范围内作推广,即本例中的 $a$、$b$、$c$ 可以为任意实数,等号当且仅当 $a = b = c \geqslant 0$ 时成立.

(2) 在字母及根号个数上作推广.

**问题 1** 设 $a_i (i = 1, 2, \cdots, n)$ 为任意实数,求证:

$$\sqrt{a_1^2 + a_2^2} + \sqrt{a_2^2 + a_3^3} + \cdots + \sqrt{a_{n-1}^2 + a_n^2} + \sqrt{a_n^2 + a_1^2} \geqslant \sqrt{2}(a_1 + a_2 + \cdots + a_n).$$

**问题 2** 设 $a_i (i = 1, 2, \cdots, n)$ 为任意实数,则 $\sum\limits_{i \neq j} \sqrt{a_i^2 + a_j^2} \geqslant \dfrac{n-1}{\sqrt{2}} \sum\limits_{j=1}^{n} a_j$,这里 $\sum\limits_{i \neq j} \sqrt{a_i^2 + a_j^2}$ 表示取一切 $i \neq j$ 的形如 $\sqrt{a_i^2 + a_j^2}$ 的各项之和.

问题2可由均值不等式证得.事实上,$\sum\limits_{i \neq j} \sqrt{a_i^2 + a_j^2} \geqslant \dfrac{1}{\sqrt{2}} \sum\limits_{i \neq j} (a_i + a_j) = \dfrac{n-1}{\sqrt{2}} \sum\limits_{j=1}^{n} a_j$.

(3) 在根号内字母个数上作推广.

**问题 3** 设 $a_i \in \mathbf{R} (i = 1, 2, \cdots, n)$,则 $\sum\limits_{i=1}^{n} \sqrt{\sum\limits_{i \neq j} a_j^2} \geqslant \sqrt{n-1} \sum\limits_{i=1}^{n} a_i$.

其中,$\sum_{i=1}^{n}\sqrt{\sum_{i\neq j}a_j^2}=\sqrt{a_2^2+a_3^2+\cdots+a_n^2}+\sqrt{a_1^2+a_3^2+\cdots+a_n^2}+\cdots+\sqrt{a_1^2+a_2^2+\cdots+a_{n-1}^2}$.

要证上述不等式,可以利用 Cauchy 不等式加以证明. 事实上, 在 Cauchy 不等式

$\left(\sum_{i=1}^{n}a_ib_i\right)^2\leqslant\sum_{i=1}^{n}a_i^2\sum_{i=1}^{n}b_i^2$ 中,令 $b_1=b_2=\cdots=b_n=1$,即得 $\left(\sum_{i=1}^{n}a_i\right)^2\leqslant n\sum_{i=1}^{n}a_i^2$,所以

$$\sqrt{a_1^2+a_3^2+\cdots+a_n^2}\geqslant\frac{1}{\sqrt{n-1}}(a_1+a_3+\cdots+a_n).$$

同理可得其他相应的不等式,再累加求和,则问题 3 得证.

## 五、一道经典数学题的拓展与延伸

### 1. 问题与解法

**例 9.41**　如图 9.27 所示,三个相同大小的正方形并列摆放,

试证: $\angle 1+\angle 2+\angle 3=\dfrac{\pi}{2}$.

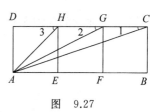

图　9.27

**分析**　本题的证法很多,但大致有下面三类.

(1) 几何证法. 方法较多,最简单的是由证明 $\triangle GHA\backsim$

$\triangle AHC$ 得到. 既有 $\angle 1=\angle GAH$,又 $\angle 2=\angle GAB$,且 $\angle 3=\dfrac{\pi}{4}$,有

$\angle 1+\angle 2+\angle 3=\dfrac{\pi}{2}$.

(2) 三角证法. 只需注意到

$$\tan\angle 1=\frac{1}{3},\tan\angle 2=\frac{1}{2},\tan\angle 3=1.$$

再由和角的正切公式 $\tan(\alpha+\beta)=\dfrac{\tan\alpha+\tan\beta}{1-\tan\alpha\tan\beta}$,有

$$\tan(\angle 1+\angle 2)=\frac{\frac{1}{3}+\frac{1}{2}}{1-\frac{1}{3}\cdot\frac{1}{2}}=1,$$

故 $\angle 3=\dfrac{\pi}{4}$,$\angle 1+\angle 2=\dfrac{\pi}{4}$.

当然还可以用反函数去考虑.

(3) 代数证法. 用复数考虑.

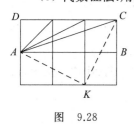

图　9.28

以 $A$ 为坐标原点,$AB$ 为实轴建立坐标系,且令 $|AB|=3$,又 $H$、$G$、$C$ 分别代表复数 $z_1$、$z_2$、$z_3$.

由 $z_1=1+\mathrm{i},z_2=2+\mathrm{i},z_3=3+\mathrm{i}$.

故 $\angle 1+\angle 2+\angle 3=\arg z_3+\arg z_2+\arg z_1=\arg(z_1z_2z_3)=\arg(10\mathrm{i})=\dfrac{\pi}{2}$.

当然它也可以用解析几何方法去考虑.比如图 9.28 中的网格证法也比较直观(即格子点法),这只需考虑证明 $\triangle AKC$ 是等腰直角三角形,再利用部分图形对于 $AB$ 的对称性即可.

**2. 变形**

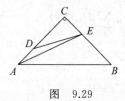

图　9.29

这道题不仅解法较多,题目变换花样也不少.下面的各问题实际上均与上面命题类似(只是形式上似有不同).

如图 9.29 中 $\triangle ABC$ 是等腰三角形($\angle C = 90°$),又 $AD = \dfrac{1}{3}AC$,$CE = \dfrac{1}{3}BC$,连结 $AE$ 和 $DE$,则 $\angle CDE = \angle EAB$.

如图 9.30 中同底上有三个等腰三角形,它们的高 $C_3D = \dfrac{1}{2}AB$,$C_2D = AB$,$C_1D = \dfrac{3}{2}AB$.试证它们的三个顶角和为 $180°$.

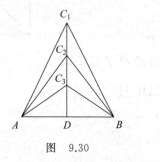

图　9.30

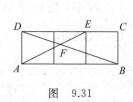

图　9.31

如图 9.31 所示三个同样大小的正方形并排摆放,求 $\angle AFB$.

当然,这个题目还可以有一些变化,比如可以仅为三角、代数等问题.

**3. 拓广**

**(1) 从维数上推广**

原命题中是三个正方形并列摆放,我们可以将其推广到 $n$ 个正方形的情形,比如:

如图 9.32 所示,8 个同样的正方形并列摆放,试证:$\alpha_1 + \alpha_2 + \alpha_3 + \alpha_4 = 45°$.

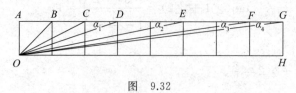

图　9.32

只需连结 $OB$、$OC$,证明 $\triangle BCO \backsim \triangle BOD$ 即可,有 $\angle BOC = \angle BDO = \alpha_1$.

同理 $\angle COD = \angle CFO = \alpha_3$,$\angle DOE = \angle DGO = \alpha_4$.

又 $\angle EOH = \angle OEB = \alpha_2$.

上面四式相加可得 $\alpha_1 + \alpha_2 + \alpha_3 + \alpha_4 = \angle BOH = 45°$,当然还可以用三角、代数方法求证.

**(2) 类比推广**

原来问题的形式与方法常可为某些新命题的建立提供信息,比如:

如图 9.33 所示,在矩形 $ABCD$ 中,$AA_1 = A_1A_2 = A_2A_3 = A_3A_4 = A_4D = a$,$AB_1 = B_1B_2 = B_2B = \sqrt{3}a$,又 $A_1E /\!/ AB$.试证:

$$\angle B_1A_1E + \angle B_2A_1E + \angle BDC = \frac{\pi}{2}.$$

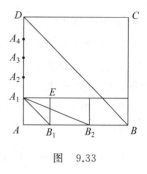

图　9.33

(3) 联合推广

原问题在维数和方法上进行联合推广,可见下面的例子.

求不定方程 $\dfrac{1}{n} = \dfrac{1}{x} + \dfrac{1}{y} + \dfrac{1}{nxy}$ ……① 的解时发现有无穷多个(相同的)单位正方形并排摆放(见图 9.34),若将正方形各顶点(它们依次记为 $1,2,\cdots$)与 $O$ 连结,则产生一个角序列 $\{\alpha_n\}$.

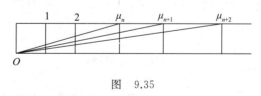

图　9.34

$$\tan\alpha_n = \frac{1}{n},\ \tan\alpha_x = \frac{1}{x},\ \tan\alpha_y = \frac{1}{y}.$$

根据①式,显然有 $\tan\alpha_n = \tan(\alpha_x + \alpha_y)$.于是,对于①的解 $(n,x,y)$(以小到大排列)则角序列满足关系:$\alpha_n = \alpha_x + \alpha_y$.

特别地,若 $\mu_n$ 是第 $n$($n$ 是偶数)项斐波那契数列,由该数列性质 $\mu_{n+2} = \mu_n + \mu_{n+1}$,则对于角序列 $\{\alpha_{\mu_n}\}$ 可知(见图 9.35)$\alpha_{\mu_n} = \alpha_{\mu_{n+1}} + \alpha_{\mu_{n+2}}$.

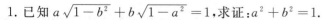
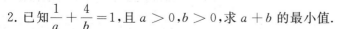

图　9.35

从上面的论述中我们可以看到:有些问题不仅存在多种解法,而且可将他们变形、推广用同一方法去考虑,这便是"一题多解"与"多题一解".

# 习　题　九

1. 已知 $a\sqrt{1-b^2} + b\sqrt{1-a^2} = 1$,求证:$a^2 + b^2 = 1$.

2. 已知 $\dfrac{1}{a} + \dfrac{4}{b} = 1$,且 $a > 0, b > 0$,求 $a + b$ 的最小值.

3. 解方程 $x^2 - 2x + 3 = \cos x$.

4. 若方程 $x^2 + (m+2)x + 3 = 0$ 的两个根都比 1 大,求 $m$ 的取值范围.

5. 当 $-\dfrac{\pi}{2} \leqslant x \leqslant \dfrac{\pi}{2}$ 时,求函数 $f(x) = \sin x + \sqrt{3}\cos x$ 的最大值和最小值.

6. 解方程 $\sqrt{x^2-x-2}+\sqrt{x^2+x-6}=\sqrt{2x^2-8}$.

7. 方程 $x^2-3\sqrt{3}x+4=0$ 的两个实根为 $x_1$、$x_2$,记 $\alpha=\arctan x_1$,$\beta=\arctan x_2$,求 $\alpha+\beta$ 的值.

8. 已知一个各项均为实数的数列,前四项之积为 81,第二项与第三项之和为 10,试求这个等比数列的公比.

9. 抛物线 $y=ax^2-1(a\neq 0)$ 上总有关于直线 $l:x+y=0$ 对称的两点,试求实数 $a$ 的取值范围.

10. 已知各项全不为零的数列 $\{a_k\}$ 的前 $k$ 项和为 $S_k$,且 $S_k=\dfrac{1}{2}a_k a_{k+1}(k\in \mathbf{N}_+)$,其中 $a_1=1$.

(1) 求数列 $\{a_k\}$ 的通项公式;

(2) 对任意给定的正整数 $n(n\geqslant 2)$,数列 $\{b_n\}$ 满足 $\dfrac{b_{k+1}}{b_k}=\dfrac{k-n}{a_{k-1}}(k=1,2,\cdots,n-1)$,$b_1=1$. 求 $b_1+b_2+\cdots+b_n$.

11. 请分别求解以下各题.

(1) 已知曲线 $y=\dfrac{1}{3}x^3$ 上一点 $P\left(2,\dfrac{8}{3}\right)$,求曲线在点 $P$ 处的切线方程;

(2) 已知曲线 $y=\dfrac{1}{3}x^3$ 上一点 $P\left(2,\dfrac{8}{3}\right)$,求曲线过点 $P$ 的切线方程.

12. 如图 9.36 所示,直三棱柱 $ABC$—$A_1B_1C_1$ 的各条棱长都相等,$D$ 为 $BC$ 边上一点.在截面 $\triangle ADC_1$ 中,若 $\angle ADC_1=90°$,求二面角 $D$—$AC_1$—$C$ 的大小.

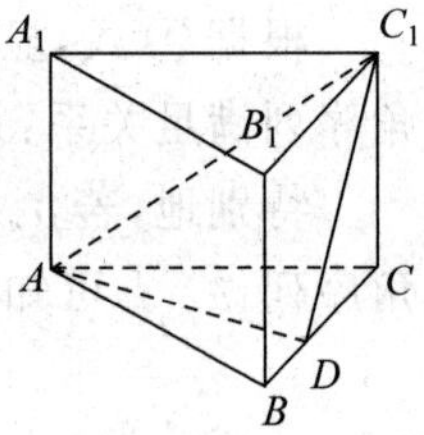

13. 当实数 $k$ 取何值时,方程组 $\begin{cases} k(x^4+1)+|x|-y=1 \\ x^2-y^2=-1 \end{cases}$ 有唯一实数解?

图 9.36

14. 求函数 $y=\dfrac{\sin 2x}{1-\sin x-\cos x}+\sin 2x$ 的值域.

15. 有一凸多边形,最小内角为 $\dfrac{2}{3}\pi$,各内角弧度数成等差数列,公差为 $\dfrac{\pi}{36}$,求它的边数.

16. 已知 $f(x)=ax+\dfrac{x}{b}$,若 $-3\leqslant f(1)\leqslant 0,3\leqslant f(2)\leqslant 6$,求 $f(3)$ 的范围.

17. 30 支足球队进行淘汰赛,决出一个冠军,问需要安排多少场比赛?

18. 设 $\alpha$、$\beta$ 是方程 $x^2-2kx+k+6=0$ 的两个实根,则 $(\alpha-1)^2+(\beta-1)^2$ 的最小值是多少?

19. 已知函数 $f(x)=\dfrac{1}{2}x^4-2x^3-3m$,$f(x)+9\geqslant 0$ 恒成立,则实数 $m$ 有取值范围,求实数 $m$ 的取值范围.

20. 在椭圆 $\dfrac{x^2}{a^2}+\dfrac{y^2}{b^2}=1$ 的第一象限部分上求一点 $P$,使该点处的切线、椭圆及两坐标轴所围成的图形的面积最小(椭圆的面积等于 $\pi ab$).

21. (1) 一根长为 6m 的绳子,随机将绳子剪成两段,求两段之间的差的绝对值小于 1m

的概率.

(2) 一根长为 6m 的绳子, 随机将绳子剪成 3 段, 求 3 段构成三角形的概率.

22. (1) 甲、乙两人各自在 300m 长的环形跑道上跑步, 在任一时刻两人在跑道上相距不超过 50m (跑道上的曲线长) 的概率为多少?

(2) 甲、乙两人各自在 300m 长的直线跑道上跑步, 在任一时刻两人在跑道上相距不超过 50m (跑道上的曲线长) 的概率为多少?

23. (1) 求在面积为 $S$ 的 $\triangle ABC$ 边 $AB$ 上任取一点 $P$, 使 $\triangle PBC$ 的面积大于 $\dfrac{S}{3}$ 的概率.

(2) 求在面积为 $S$ 的 $\triangle ABC$ 的内部上任取一点 $P$, 使 $\triangle PBC$ 的面积大于 $\dfrac{S}{3}$ 的概率.

24. (1) 设有一个正三角形网格, 其中每个最小三角形的边长都是 $4\sqrt{3}\,\mathrm{cm}$, 现在将一枚直径为 2cm 的硬币投到此网格上, 求硬币落下后与格线没有公共点的概率.

(2) 有一个半径为 5 的圆, 现将一枚半径为 1 的硬币向圆投去, 如果不考虑硬币完全落在圆外的情况, 试求硬币落入圆内的概率.

25. 已知二次函数 $f(x) = ax^2 - bx + c$ 且 $f(x) = 0$ 的两个根 $x_1$、$x_2$ 都在 $(0,1)$ 内, 求证: $f(0) \cdot f(1) \leqslant \dfrac{a^2}{16}$.

26. 已知 $a_i$、$b_i > 0 (i = 1, 2, \cdots, n)$, 证明:

$$\sum_{i=1}^{n} \sqrt{a_i^2 + b_i^2} \geqslant \sqrt{\sum_{i=1}^{n} a_i^2 + \sum_{i=1}^{n} b_i^2}, \text{ 等号当且仅当 } \dfrac{a_1}{b_1} = \dfrac{a_2}{b_2} = \cdots = \dfrac{a_n}{b_n} \text{ 时成立.}$$

27. 已知 $m = \left(\dfrac{k}{k+1}\right)^k, n = \left(\dfrac{k}{k+1}\right)^{k+1}, k$ 为正整数.

(1) 求证 $m^m = n^n$;

(2) 若点 $P(m, n)$ 在指数函数 $y = a^x (a > 0, a \neq 1)$ 的图象上, 则对同一个 $a$, 点 $P$ 也在对数函数 $y = \log_a x$ 的图象上.

# 参 考 文 献

[1] A.M.弗里德曼.怎样解数学题[M].陈淑敏,尹世超,译.北京:北京师范大学出版社,1988.

[2] A.B.瓦西列夫斯基.数学解题教学法[M].李光宇,王力新,译.长沙:湖南科学技术出版社,1982.

[3] Paul Zeitz.怎样解题——数学竞赛攻关宝典[M].李胜宏,译.北京:人民邮电出版社,2010.

[4] M.克莱因.古今数学思想[M].张理京,张锦炎,等,译.上海:上海科学技术出版社,1979.

[5] 乔治·波利亚.怎样解题[M].阎育苏,译.北京:科学出版社,1982.

[6] 乔治·波利亚.数学的发现[M].欧阳绛,译.北京:科学出版社,1982.

[7] 乔治·波利亚.数学与似真推理[M].李心灿,等,译.北京:科学出版社,1985.

[8] W.A.威克尔格伦.怎样解题[M].汪贵枫,袁崇义,译.北京:原子能出版社,1981.

[9] L.C.拉松.通过问题学解题[M].陶懋颀,等,译.合肥:安徽教育出版社,1986.

[10] 徐利治.数学方法论选讲[M].武汉:华中工学院出版社,1988.

[11] 徐利治.数学方法论丛书(1—12)[M].南京:江苏教育出版社,1988—1990.

[12] 徐利治,朱梧槚,郑毓信.数学方法论教程[M].南京:江苏教育出版社,1992.

[13] 郑毓信.数学方法论[M].南宁:广西教育出版社,1991.

[14] 史久一,朱梧槚.化归与归纳·类比·联想[M].大连:大连理工大学出版社,2008.

[15] 苏贤昌,袁泉芳.高中数学解题36术:思维突破+真题演练[M].上海:华东理工大学出版社,2016.

[16] 程新民.数学求异思维[M].北京:新华出版社,2010.

[17] 罗增儒.中学数学解题的理论与实践[M].南宁:广西教育出版社,2008.

[18] 罗增儒.数学解题学引论[M].西安:陕西师范大学出版社,2008.

[19] 罗增儒.怎样解答高考数学题[M].西安:陕西师范大学出版社,1997.

[20] 王屏山,傅学顺.中学生数学灵感的培育[M].广州:广东教育出版社,1991.

[21] 过伯祥.怎样学好数学[M].南京:江苏教育出版社,1995.

[22] 刘兆明,等.中学数学方法论[M].武汉:湖北教育出版社,1987.

[23] 王仲春,李元中,等.数学思维与数学方法论[M].北京:高等教育出版社,1989.

[24] 戴再平.数学习题理论[M].上海:上海教育出版社,1996.

[25] 王振鸣,等.数学解题方法论[M].海口:南海出版公司,1990.

[26] 李玉琪,等.数学方法论[M].海口:南海出版公司,1991.

[27] 张奠宙.数学方法论稿[M].上海:上海教育出版社,1993.

[28] 喻平.数学问题化归理论与方法[M].南宁:广西教育出版社,1999.

[29] 唐以荣.中学数学综合解题规律讲义[M].重庆:西南师范大学出版社,1987.

[30] 胡炳生.数学解题研究与发现[M].北京:中国展望出版社,1989.

[31] 王延文,王光明.数学能力研究导论[M].天津:天津教育出版社,1999.

[32] 吴振奎.数学解题的特殊方法[M].哈尔滨:哈尔滨工业大学出版社,2011.

[33] 王亚辉.数学方法论——问题解决的理论[M].北京:北京大学出版社,2007.

[34] 鲍曼.中学数学方法论[M].哈尔滨:哈尔滨工业大学出版社,2002.

[35] 汤炳兴,叶红.中学数学解题学习[M].北京:化学工业出版社,2010.

[36] 陈自强.数学解题思维方法导引[M].长沙:中南工业大学出版社,1996.

[37] 和洪云,和林功.数学解题方法研究[M].北京:经济科学出版社,2016.

[38] 余红兵,严镇军.构造法解题[M].合肥:中国科学技术大学出版社,2009.

[39] 王思俭.高中数学思维与方法——高考数学解题智慧[M].南京:南京师范大学出版社,2015.

[40] 马波.中学数学解题研究[M].北京:北京师范大学出版社,2013.

[41] 王培甫.数学中之类比:一种富有创造性的推理方法[M].北京:高等教育出版社,2008.

[42] 熊斌,陈双双.解题高手[M].上海:华东师范大学出版社,2003.

[43] 熊晓东.熊晓东高中数学专题讲座20讲[M].上海:百家出版社,2005.

[44] 毛文凤.数学活动中的直觉与灵感——打开数学宝库的金钥匙[M].北京:中国大百科全书出版社,2006.

[45] 刘云章,唐志华.数学·教学·哲学[M].大连:大连理工大学出版社,2009.

[46] 顾越岭.数学解题通论[M].南宁:广西教育出版社,2000.

[47] 沈文选,杨清桃.数学解题引论[M].哈尔滨:哈尔滨工业大学出版社,2017.

[48] 杨世明.原则与策略——从波利亚"解题表"谈起[M].哈尔滨:哈尔滨工业大学出版社,2013.

[49] 朱华伟,钱民望.数学解题策略[M].北京:科学出版社,2016.

[50] 马岷兴,幸世强.高中数学解题方法与技巧典例分析[M].北京:科学出版社,2017.

[51] 章士藻,段志贵.数学方法论简明教程[M].3版.南京:南京大学出版社,2013.

[52] 章士藻,段志贵,左铨如.解析几何解疑[M].2版.北京:北京师范大学出版社,2018.

[53] 冯寅.数学解题中的六大观察法[J].中学数学杂志(高中版),2002(3):25-26.

[54] 农秀丽.论高考数学试题解法的一题多解[J].百色学院学报,2011,24(6):88-94.

[55] 刘成龙,余小芬,杨坤林."形同质异"的函数问题辨析(上)[J].理科考试研究(高中版),2017(7):19-22.

[56] 刘成龙,余小芬,杨坤林."形同质异"的函数问题辨析(下)[J].理科考试研究(高中版),2017(8):13-16.

[57] 谢吉.例谈几何概型中的"形同质异"[J].中学数学研究(华南师范大学):上半月,2016(11):46-47.

[58] 段志贵.加强数学题组训练　培养学生良好的思维品质[J].职业技能培训教学,2000(8):25-26.

[59] 段志贵.从直觉到构造:数学解题的突破[J].中学数学教学参考:上半月高中,2010(11):34-36.

[60] 段志贵.联想:数学解题的重要思维形式[J].吉林师范大学学报:自然科学版,2003(1):89-91.

[61] 段志贵.基于认知心理分析的数学直觉思维探究[J].数学学习与研究:教研版,2011(22):100-101.

[62] 段志贵,刘进.基于数学直觉的解题发现[J].数学之友,2013(24):67-70.

[63] 段志贵.基于小学数学开放题教学的直觉思维的培养[J].新课程研究:上旬,2014(2):51-53.

[64] 段志贵.直觉起步　构造突破[J].福建中学数学,2014(6):47-49.

[65] 段志贵,徐茜.切莫让错题打包——初一学生数学错题管理的调查及分析[J].数学之友,2017(24):68-71.

[66] 段志贵.变通:让解题有更充分的预见[J].数学通报,2017,56(12):50-54.

[67] 段志贵,黄琳.数学解题观察的有效视角[J].高中数学教与学,2018(6):44-47.

[68] 段志贵.融审美于数学解题之中[J].中小学数学(高中版),2018(9):53-57.

[69] 段志贵,宁耀莹.类比:数学解题的引擎[J].中国数学教育,2018(12):58-61.

[70] 段志贵.构造:让解题突破思维瓶颈[J].数学通报,2018,57(9):53-57.

[71] 宁耀莹,段志贵.特殊化解题:路在何方[J].数学之友,2019(4):61-63.

[72] 段志贵,周延吉,卫文钰.拓展延伸:在解题反思中发展数学思维[J].中国数学教育,2020(8):60-64.